全国高职高专计算机立体化系列规划教材

基于.NET平台的企业应用开发

主　编　严月浩
副主编　王晓玲　杨　勇　王俊海
　　　　林勤花　黄源源
参　编　刘亚飞　杨雅志　舒晓岑
　　　　毛红霞　罗　勇　廖若飞
主　审　赵克林

内 容 简 介

"基于.Net平台的企业应用开发"是中国计算机教育专业委员会与北大出版社联合发起的"创新型教学改革及其成果转化"中"工学结合模式下软件专业核心课程体系研究"项目子项模块。本书按照"学生的思维，工程师的实用、教授的严谨"思想来编写，充分体现应用型工程教育学生学习特征——理论适度，强调实践工程能力的培养；全书包含十三章，第1章面向对象与组件，第2章COM的互操作性，第3章使用GDI+绘图，第4章文件和注册表，第5章消息队列，第6章多线程，第7章.Net网络编程，第8章XML，第9章Ajax Web应用程序，第10章Web Service，第11章Windows移动开发，第12章部署，第13章GEO飞行模拟系统。第13章实战项目设计利用完整项目来贯穿全书所学的知识，本章既可作为教学内容也可以作为学生实训的项目。

本书精选了大量实用的实例，引入了CDIO培养模式，激发学生的编程兴趣；最后利用项目统领全书知识点，体现技能型、应用型、工程型人才培养特征。本书还提供了教学指导文档、电子教案、ppt、程序源代码、试题答案及相关的教学支持。

本书可作为工程教育本科学生、高职高专、成人教育或其他院校信息技术及其相关专业的教材，也可以作为.Net平台初、中、高级程序员培训的培训教材或参考书。

图书在版编目(CIP)数据

基于.NET平台的企业应用开发/严月浩主编. —北京：北京大学出版社，2014.1
(全国高职高专计算机立体化系列规划教材)
ISBN 978-7-301-23465-5

Ⅰ.①基… Ⅱ.①严… Ⅲ.①企业—计算机网络—高等职业教育—教材 Ⅳ.①TP393.18

中国版本图书馆CIP数据核字(2013)第269118号

书　　　　名：	基于.NET平台的企业应用开发
著作责任者：	严月浩　主编
策 划 编 辑：	林章波
责 任 编 辑：	刘国明
标 准 书 号：	ISBN 978-7-301-23465-5/TP·1314
出 版 发 行：	北京大学出版社
地　　　址：	北京市海淀区成府路205号　100871
网　　　址：	http://www.pup.cn　新浪官方微博：@北京大学出版社
电 子 信 箱：	pup_6@163.com
电　　　话：	邮购部 62752015　发行部 62750672　编辑部 62750667　出版部 62754962
印 刷 者：	北京飞达印刷有限责任公司
经 销 者：	新华书店
	787mm×1092mm　16开本　21.75印张　504千字
	2014年1月第1版　2014年1月第1次印刷
定　　　价：	44.00元

未经许可，不得以任何方式复制或抄袭本书之部分或全部内容。
版权所有，侵权必究
举报电话：010-62752024　电子信箱：fd@pup.pku.edu.cn

序

我国高等教育已经进入大众化教育阶段,社会对人才的需求是多样化的,既需要一定数量的科学家和大量的工程师,还需要更多的专业技师。高职高专院校在我国高等教育领域占有非常重要地位,特别是计算机类等工科专业,更是承担着重要的工程技术教育任务,为培养技能型的工程技术人才做出了重大的贡献。

新时期人才培养重在提高学生科学与工程素养,强化学生创造性地解决工程实际问题能力的培养,使得探寻恰当的"工学结合"的"工程教育"模式成为改革的重点而备受关注。

"以服务为宗旨、以就业为导向"就是职业教育以社会需求为导向,学校和企业双方共同参与人才培养过程,合作培养实用人才。工程教育、职业教育将为国家培养大批创新能力强、适应经济社会发展需要的、高质量的各类型、各层次的工程技术人才。为提高其教育水平,国家积极推进"卓越工程师教育培养计划",以及在教育中探究实施"CDIO 工程教育模式"。

从 2000 年起,以美国麻省理工学院(MIT)为首的世界几十所大学开始实施 CDIO 工程教育模式,是近年来国际工程教育改革的最新成果,已取得了显著的成效。该模式引导基于工程项目全过程的学习,改革以课堂讲授为主的教学模式,倡导"做中学",深受学生欢迎,更得到产业界高度评价。目前,正在我国普通高等院校和高职高专学院中推广应用。

CDIO 分别代表"构思(Conceive)、设计(Design)、实现(Implement)和运作(Operate)",沿着从产品研发到产品运行的生命周期,将技术应用贯穿于过程实践,让学生以主动的、实践的、课程之间有机联系的方式学习。鉴于这种教育模式与传统的教育模式有着较大的差异,要想很好地适应它,必须加大教材内容以及相应的内容组织的改革力度,按照新的观念和思路进行教材编写。

根据上述改革要求,编委会组织了这套教材。本套教材的作者通过努力探索如何将近些年积累的教学改革成果融入教材,使之形成一些较为明显的特点。例如,有的力求遵循 CDIO 的模式,有的采用案例和业务流程的模式,有的突出工程应用项目过程的知识技能模式。

这个系列教材力图体现这些年来高职高专院校在教育改革中取得的成果,也是高职高专院校与产业界、出版界合作的成果。希望此系列教材在工程技术人才培养中起到积极的、有效的作用,并不断地改进、完善。

中国计算机学会教育专业委员会主任
蒋宗礼　教授
2013 年 8 月 8 日

编写说明

　　教育部提出了"以服务为宗旨、以就业为导向"的办学指导方针，"校企合作、工学结合"的人才培养模式。校企合作是职业教育学校以市场和社会就业需求为导向，学校和企业双方合作共同参与的人才培养过程的一种培养模式。

　　工学结合是将学习与工作结合在一起的教育模式，主体包括学生、企业、学校。它以职业为导向，充分利用学校内、外不同的教育环境和资源，把以课堂教学为主的学校教育和直接获取实际经验的校外工作有机结合，贯穿于学生的培养过程之中。

　　在这样的教育模式下，我们应当提供什么样的教材？教材的内容如何能够适应教育模式？适应不同的专业和教学方式？这就是教材编写者必须考虑的问题。

　　我们认为，教材的编写者有几个观察和思考角度。首先，专业的角度，你要讲述什么内容？如何讲清楚这些内容？编写者自己能否讲清楚？其次，要站在受教育对象的角度，要学习理解这些内容，需要具有什么样的知识基础？通过学习，我能够得到什么？第三，从业界的角度，这些内容是否是业界感兴趣的？社会所需要的？技术应用是否有价值？第四，站在教学的角度，课程内容与教学计划和课程设置是否适当？教材内容通过什么方式体现到教学过程中？理论、实践、技术、技能等的比例如何掌握等？有了这样的思考，编写者才能更好地构思、构建教材的编写框架，继而以丰富的内容充实这个框架，也让读者从这个框架中能够很快找到他们自己想要的东西。

　　工学结合工程应用型人才培养系列教材的推出，是以示范性软件学院为组织单位，企业工程师、大学一线教师在教育改革中的一项成果，是教育界与产业界、出版界合作，实施"创新型教学改革及成果转化"项目的成果。更多的高职高专院校的参与，更多的教学改革课题的实施，更多的教师把自己的专业知识的积累凝练和教学经验贡献出来，充实到教材内容编写中，对推动工学结合、工程型人才培养无疑是有大促进的。

　　此系列教材的推出，凝聚了各个学校教师的辛勤劳动，各位编委会委员的无私奉献，也得到了中国计算机学会教育专业委员会的积极支持，在此表示衷心的感谢。

　　也希望读者在使用教材的过程中，与我们多方沟通、联系，反映你们的意见，提出你们的建议，帮助我们将这个系列的教材编写得更好、使用得更有效。

工学结合工程应用型人才培养教材编委会
刘乃琦　教授
2013 年 8 月

前　　言

"基于.Net 平台的企业应用开发"是中国计算机教育专业委员会与北大出版社联合发起的"创新型教学改革及其成果转化"工程中"工学结合模式下软件专业核心课程体系研究"项目子项模块。该项目包含《Viscual C#程序设计基础》《基于.NET 平台的 Web 开发》《基于.NET 平台的企业应用开发》《基于.NET 平台设计模式及实训案例》系列教材。该项目遵照教育部提出的"以服务为宗旨、以就业为导向"的办学指导方针，"校企合作、工学结合"的人才培养模式；工学结合是将学习与工作结合在一起的教育模式，主体包括学生、企业、学校；它以职业为导向，充分利用学校、企业不同的教育环境和资源，把以课堂教学为主的学校教育和直接获取实际经验的校外工作有机结合，贯穿于学生的培养过程之中。本书将软件企业初、中级程序员岗位所使用的知识、技术、技巧、技能融入到教材之中，按照先易后难、理论与实践相结合编排知识点。

本书按照"学生的思维，工程师的实用、教授的严谨"思想来编写，按照人类认知事物的规律，循序渐进地讲解知识，融入软件工程师的实用性和实践经验，贯彻知识讲授的系统性和严谨性，充分体现技能型、应用型、工程型人才学习特征"理论适度，强调实践动手能力"的培养模式。

在章节的设计上，按照由浅入深、先易后难渐进式方式，充分体现高职高专学生学习规律；每个章节均有"内容提示""教学要求""内容框架"作为章节导游图，让学生、老师能够知道本章能够解决什么样的问题、能够学到什么。在章节内部使用的是基于工作过程的任务教学方式，做到一次课程一个任务；推出"实例教学"，把知识点与实例相结合，一个知识点一个例子；按照"例子描述""解题思路""实现步骤""代码分析""工程师提示"来讲解程序设计的思路；在每章节末用"任务"来贯穿本章节的知识点，实现在实例中"学"，在任务中"做"。全书有 106 个案例、20 余个任务，250 余习题，最后用一个完整真实的项目——"GEO 飞行模拟系统"串联全书知识；它充分考虑软件企业对技能型、应用型、工程型人才的专业和职业素质要求，突出学生实践动手能力和技术应用能力的培养，激发了学生的编程兴趣，实施了 CDIO 工程人才培养模式。

本书包含十三章，第 1 章面向对象与组件，第 2 章 COM 的互操作性，第 3 章使用 GDI+绘图，第 4 章文件和注册表，第 5 章消息队列，第 6 章多线程，第 7 章.Net 网络编程，第 8 章 XML，第 9 章 Ajax Web 应用程序，第 10 章 Web Service，第 11 章 Windows 移动开发，第 12 章部署，第 13 章 GEO 飞行模拟系统。该章节设计利用完整项目来贯穿全书所学的知识，本章既可作为教学内容也可以作为学生实训的项目。

本书建议根据学生实际情况选择章节学习，课时具体分布如下：

章节	名称	参考理论课时数	参考实践课时数
第 1 章	面向对象与组件	6	6
第 2 章	COM 的互操作性	4	4
第 3 章	GDI+绘图	8	8
第 4 章	文件和注册表	4	6
第 5 章	消息队列	2	2

续表

章节	名称	参考理论课时数	参考实践课时数
第 6 章	多线程	8	8
第 7 章	.Net 网络编程	14	16
第 8 章	XML	6	6
第 9 章	Ajax Web 应用程序	4	4
第 10 章	Web Service	6	8
第 11 章	Windows 移动开发	2	2
第 12 章	部署	2	2
第 13 章	GEO 飞行模拟系统	4	10
合计	总课时 152	70	82

　　本书由严月浩副教授担任主编，赵克林教授担任主审，王晓玲高级项目经理、杨勇、王俊海、林勤花、黄源源博士担任副主编。刘亚飞、杨雅志、舒晓岑、毛红霞、罗勇、廖若飞参与了编写；在本书编著过程中得到联合国教科文组织产学合作教席主持人查建中博士、刘乃琦教授、马在强教授、李成大教授、李建平教授、李晓平教授的支持和帮助；静挚工作室邓志忠、罗林、陈阳、田海森等工程师在代码的调试、文字和图片的处理中做了大量的工作，在此一并感谢；本书是四川省示范高等职业院校建设项目中的软件技术专业建设教材。

　　由于编者水平有限、时间催促，在书中难免存在不妥之处，敬请广大读者、同仁提出批评指正，作者深表谢意，来信请发 Email:yanyuehao@126.com。

编者于成都
2013 年 8 月

目　　录

第1章　面向对象与组件 ... 1
- 1.1　.NET 的理论知识 ... 2
- 1.2　面向对象的高级编程 ... 5
- 1.3　控件的生命周期 ... 19
- 1.4　用户控件和自定义控件 ... 21
- 1.5　正则表达式 ... 32
- 本章小结 ... 35
- 课后练习 ... 36

第2章　COM 的互操作性 ... 38
- 2.1　COM 概述 ... 39
- 2.2　COM 使用原理 ... 40
- 2.3　Windows 常用 COM ... 43
- 本章小结 ... 50
- 课后练习 ... 51

第3章　使用 GDI+绘图 ... 52
- 3.1　GDI+概述 ... 53
- 3.2　GDI+重要的类 ... 55
- 3.3　坐标系统 ... 61
- 3.4　图片的复制与剪切 ... 63
- 3.5　System.Drawing.Imaging ... 65
- 本章小结 ... 73
- 课后练习 ... 73

第4章　文件和注册表 ... 75
- 4.1　管理文件系统 ... 76
- 4.2　文件的操作功能实现 ... 85
- 4.3　读写文件 ... 88
- 4.4　读写注册表 ... 91
- 本章小结 ... 97
- 课后练习 ... 97

第5章　消息队列 ... 101
- 5.1　消息流 ... 102
- 5.2　消息挂接函数 ... 104
- 5.3　消息处理函数 ... 104
- 本章小结 ... 108
- 课后练习 ... 108

第6章　多线程 ... 110
- 6.1　线程的概述 ... 111
- 6.2　Thread 类 ... 113
- 6.3　线程的控制 ... 117
- 6.4　线程池 ... 123
- 6.5　线程同步与异步 ... 128
- 6.6　多线程会出现的问题 ... 131
- 本章小结 ... 135
- 课后练习 ... 135

第7章　.NET 网络编程 ... 137
- 7.1　TCP/IP 协议和 ISO 简介 ... 138
- 7.2　C#套接字编程 ... 146
- 7.3　UDP/电子邮件协议 ... 165
- 7.4　FTP 编程 ... 177
- 7.5　HTTP 编程 ... 179
- 本章小结 ... 181
- 课后练习 ... 182

第8章　XML ... 185
- 8.1　XML 基础 ... 186
- 8.2　读取流格式的 XML ... 192
- 8.3　在.NET 中使用 DOM ... 201
- 8.4　在.NET 中使用 XPath 和 XSLT ... 204
- 8.5　XML 与 ADO.NET ... 212
- 本章小结 ... 217
- 课后练习 ... 217

第9章　Ajax Web 应用程序 ... 218
- 9.1　Ajax 简介 ... 219
- 9.2　Ajax 基础 ... 221
- 9.3　Web 服务 ... 229

9.4 常用 Ajax 实例...................................230
本章小结..236
课后练习..236

第 10 章 Web Service...................................239
10.1 Web Service 概述..............................240
10.2 Web Service 原理..............................241
10.3 Web Service 的关键技术......................242
10.4 创建 Web Service..............................244
10.5 Web Service 的发布............................246
10.6 调用 Web Service..............................248
10.7 Web Service 开发应注意的问题.........252
10.8 解决 Web Service 的安全的方式.......253
本章小结..259
课后练习..260

第 11 章 Windows 移动开发...................261
11.1 Windows CE、Windows Mobile 概念介绍...262

11.2 Windows Mobile 开发......................262
11.3 实例开发......................................269
本章小结..271
课后练习..271

第 12 章 部署...................................272
12.1 .NET Framework 的概述..................273
12.2 部署的几种常用模式......................273
12.3 B/S 模式打包................................275
12.4 C/S 模式打包................................277
本章小结..278
课后练习..278

第 13 章 GEO 飞行模拟系统.....................280
13.1 项目背景....................................280
13.2 项目需求分析..............................280
13.3 系统设计....................................288
13.4 项目架构分析..............................292

参考文献...................................335

第 1 章　面向对象与组件

 内容提示

本章将介绍.NET 的发展历史、面向对象的高级体征、自定义控件的创建和使用以及正则表达式。

 教学要求

(1) 熟练掌握面向对象高级编程中的继承、接口、多态、委托、反射。
(2) 熟练掌握用户控件和自定义控件的创建和使用。
(3) 掌握正则表达式在.NET 中的使用。

 内容框架图

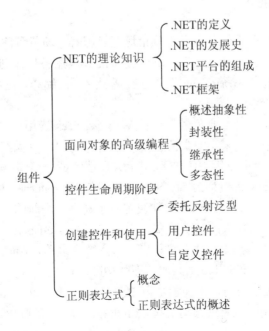

1.1 .NET 的理论知识

1.1.1 .NET 的定义

微软公司对.NET 的定义为：.NET=新平台+标准协议+统一开发工具。微软总裁兼首席执行官 Steve Ballmer 对.NET 定义为：.NET 代表一个集合，一个环境，一个可以作为平台支持下一代 Internet 的可编程结构、新一代互联软件和服务战略，它可以使微软现有的软件不仅适用于传统的个人计算机，而且能够满足新设备(如移动设备)的需要。

网络服务的最终目的就是让用户在任何地方、任何时间利用任何设备都能访问所需的信息、文件和程序。用户不需要知道这些信息文件、程序放在什么地方，只需要发出请求，然后接收就可以了，所有后台的复杂性是完全屏蔽起来的，这就是"下一代 Windows 服务(Next Generation Windows Services，NGWS)"，而.NET 的典型特征是连通性和敏捷性。

(1) 连通性：.NET 的远景是将所有的事物都连接起来。无论是人、信息、系统，还是设备；无论是一个企业的内部员工、外部合作伙伴，还是客户；无论是 UNIX、Windows，还是 MainFrame；无论是 SAP、Siebel，还是 Oracle ERP 套件；无论是桌面 PC、手机，还是手表。在一个异构的 IT 环境里，技术能够将不同的系统、设备连接起来。

(2) 敏捷性：商务敏捷性和 IT 敏捷性。.NET 能使面向服务的商务体系结构跟面向服务的 IT 体系结构很好地配合在一起。SOA (Service-Oriented Architecture)能够给一个企业带来 IT 敏捷性和商务敏捷性。该技术是基于 SOA 思想和原则设计的，并且采用了像 XML 和 Web Services 这些支持应用整合和系统互操作的开放标准。因此，采用技术开发应用，能够带来灵活性和敏捷性的.NET 是一个非常合适的技术平台，可以用来创建支持 SOA 体系结构的 IT 系统并通过这些系统的开发和部署运行实现 IT 和商务的敏捷性。

1.1.2 .NET 的发展史

20 世纪 90 年代中后期，在软件开发工具市场正经历着一场革命，微软为了保住在 Windows 平台上开发工具的霸主地位，开始着手"下一代 Windows 服务"计划。当时 Java 开发者利用虚拟机实现应用程序与操作系统(OS)的无关性实现了"一次编译，处处运行"，这导致了一些微软用户群可能会转向 Java 开发平台。

微软公司推出的开发平台主要是用于开发 Web Services 应用程序，它希望 Web Services 能够成为程序员在新的平台上采用的主流应用程序类型，正如 20 世纪 90 年代初，微软以它能够开发带有图形用户界面的桌面应用程序吸引了大批程序员一样，微软本身也计划使用该平台开发它自己的公共 Web Services(称为 My Services)，它将给 Internet 上的客户提供数据存储以及其他的功能。在这种背景下，1998 年微软决定着手建立一个新的平台。Anders Hejlsberg 作为框架的重要成员参与这次伟大的技术革命。(注：Anders Hejlsberg，丹麦人，微软的技术专家，C#语言的主要设计者，框架的重要设计者，进入微软之前，Anders 是 Borland 的 TCO，开发了 Turbo Pascal，是 Delphi 开发工具的首席架构师。)

2000 年 6 月 22 日微软公司在雷德蒙德市(Redmond)召开了企业复兴会议，在会上宣布了一项发展 Microsoft 的计划，以重塑公司的技术和业务内容。为了强化微软在人们心中的印象，微软在此时展开了一场强化运动，几乎所有的虚拟产品都打上了 Microsoft 的标签。会上宣称

"Microsoft 将会影响到程序员们编写的每一段程序代码"。这表明微软将以网络为中心，彻底转换产品研发和发布的方式，改变产品和服务的范围。随着这一计划的推出，迫切需要一种简单而专业化的语言，一个简单而专业化的平台且便于软件人员编写优秀软件的 C#(See Sharp)语言就诞生了。于是经过一年多的喧嚣，2001 年 5 月 31 日 Office XP 正式发布，微软强调这个 XP 版本加强的是"体验"(Experience)及其与网络的整合，而"用户体验"和"与网络的融合"都是战略的一部分。

微软公司在 2000 年发布了.NET Framework 1.0 测试版本，当时只提供了一些最基本的开发工具和文档，要想编写程序，只能采用第三方的编辑器(比如 UltraEdit)完成代码的编写工作，再手动使用相应的语言编译器生成可执行的程序文件，极不方便。2002 年 2 月，微软发布了.NET Framework 1.0 正式版，相应地推出了 Visual Studio 2002，它是微软在开发工具上积累 4 年经验之后的一次大革新，它全面支持基于.NET 平台的各种应用程序开发，是第一个开发工具。2003 年 4 月微软又推出了.NET Framework 1.1，相应地发布了 Visual Studio 2003 开发工具。2005 年 11 月.NET Framework 2.0 发布，相应地发布了 Visual Studio 2005 开发工具，其中集成了许多软件工程工具(比如单元测试、分布式系统设计器等)，使之成为 Visual Studio 历史上对团队开发支持最好的版本。2007 年 11 月微软发布了.NET Framework 3.5，相应地发布了 Visual Studio 2008 开发工具。2010 年微软发布了.NET Framework 4.0，相应地发布了 Visual Studio 2010，2012 年 8 月发布了 Visual Studio 2012 和.Net Framework 4.5。本书的开发环境以 Visual Studio 2010 为蓝本。

1.1.3 .NET 平台的组成

.NET 平台主要包含 4 个部分的内容：底层操作系统、企业服务器、.NET 框架和集成开发工具 Visual Studio。

1. 底层操作系统

微软借助其在桌面操作系统的领导地位，将 Windows 系列操作系统融入.NET 平台中。目前 Windows 2000、Windows XP、Windows 2003、Windows Vista、Windows 7、Windows 8 等操作系统都支持该平台。

2. 企业服务器

该平台还提供了系列服务器供企业使用。

(1) Exchange 2000 Server 及以后的版本：Exchange 不仅是单纯的 E-mail 服务器，它更是一个复杂的信息平台。

(2) SQL Server 2000 及以后的版本：SQL Server 提供完善的数据处理功能，包含数据挖掘和 XML 的直接 Internet 支持。目前在 Windows CE 中又推出了 SQL Server 2000 Windows CE Edition。

(3) BizTalk Server 2000 及以后的版本：用于企业间交换商务信息，它利用 XML 作为企业内部及企业间文档传输的数据格式，可以屏蔽平台、操作系统间的差异，使商业系统的集成成为可能。

(4) Commerce Server 2000 及以后的版本：用于快速创建在线电子商务。

(5) Mobile Information Server：为移动信息服务器提供可靠且具有伸缩性的平台。

3. .NET 框架

.NET 框架主要包括公共语言运行时(Common Language Runtime，CLR)和框架类库(Framework Class Library，FCL)。目前已发布了.NET Framework 4.5 版本。

4. 集成开发工具 Visual Studio

微软将全部开发语言都集成在 Visual Studio 工具中，在 Visual Studio 中可以用 C#语言、C++语言、Basic 语言、J#语言开发。它可以开发桌面应用程序、Web 应用程序、智能设备应用程序等。

1.1.4 .NET 框架

.NET 框架是由多个组件组成的，如图 1.1 所示，也可将框架分为两部分，即 CLR 和 FCL。

图 1.1 .NET 框架结构图

CLR 是.NET 的虚拟程序执行环境(相当于 Java 中的虚拟机)，.NET 生成的代码都在 CLR 中执行，CLR 是.NET 框架的基础。用户可以将运行库看做一个在执行时管理代码的代理，它提供核心服务(如内存管理、线程管理和远程处理)，还强制实施严格的类型安全，确保安全和可靠，这就是代码管理的概念，也是运行库的基本原则。以通用运行库为目标执行的代码称为托管代码，而不以通用运行库为目标执行的代码称为非托管代码。

框架的另一个主要组件是类库，它是一个综合性的面向对象的可重用类型集合，用户可以使用它开发多种程序，包含从传统的命令行应用程序、图形用户界面(GUI)的 Windows 应用程序到基于 ASP.NET 所提供的最新创新的应用程序(如 Web 窗体和 XML Web Services)在内的应用程序。图 1.2 显示了 CLR 的主要功能结构。

图 1.2 CLR 的主要功能结构

框架可由非托管组件承载，这些组件在公共语言运行时加载到它们的进程中并启动托管代码的执行，从而创建一个可以同时利用托管和非托管功能的软件环境。框架不但提供了若干个运行库宿主，而且还支持第三方运行库宿主的开发。例如，ASP.NET 承载运行库为托管代码提供可伸缩的服务器端环境；ASP.NET 直接使用运行库以启用 Web 窗体应用程序和 XML Web Services。

1.2 面向对象的高级编程

类是思维的领域,对象是现实的领域。现实世界的个体可抽象化为程序中的对象。面向对象其实指的就是解决问题的一种方法。

面向对象分为面向对象的分析、面向对象的设计、面向对象的编程等。

(1) 面向对象的分析指的是一种分析方法,它以在问题域的词汇表中找到的类和对象的观点来审视需求。

(2) 面向对象的设计指的是一种设计方法,它包含面向对象的分解过程,一种表示方法,用一种方法来描写设计中系统的逻辑模型与物理模型,以及静态模型与动态模型。

(3) 面向对象的编程指的是一种实现方法,程序被组织成对象的协作集合,每一个对象代表某个类的实例,而类则是用于生产对象的模板。类通过继承关系组织在一起,代表了该类的所有对象。

1.2.1 概述

抽象性、封装性、继承性与多态性是面向对象编程的基本特征。抽象性就是忽略事物中与当前目标无关的非本质特征,更充分地注意与当前目标有关的本质特征。封装性用于隐藏调用者不需要了解的信息;继承性则简化了类的设计;多态性是指类为名称相同的方法提供不同实现方式的能力。

1.2.2 抽象性

把众多的事物进行归纳、分类是人们在认识客观世界时经常采用的思维方法,"物以类聚,人以群分"就是分类的意思,分类所依据的原则是抽象。找出事物的共性,并把具有共性的事物划为一类,得到一个抽象的概念。例如,在设计一个学生成绩管理系统的过程中,考察学生张三这个对象时,就只关心他的班级、学号、成绩等,而忽略他的身高、体重等信息。因此,抽象性是对事物的抽象概括描述,实现了客观世界向计算机世界的转化。将客观事物抽象成对象及类是比较难的过程,这也是面向对象方法的第一步。

1.2.3 封装性

在面向对象编程中,封装是指把一组相关的属性、方法和其他成员视为一个单元或对象封装在一个类中,然后向外部提供方法或者接口供调用者使用。例如打电话,只要知道对方的电话号码,并按拨号键进行拨号就行了,并不需要知道它是如何工作的。

在设计类时,应尽可能隐藏实现的细节,只提供给调用者需要知道的操作和数据。这样做的好处是让设计者修改实现的细节时,可以不影响调用者与类的交互方式。怎样隐藏呢?在一个对象的内部,某些代码和某些数据可以是私有的,不能被外界访问。通过这种方式,对象对内部数据提供了不同级别的保护。具体隐藏的方法见表1-1。

表 1-1 具体隐藏的方法

访问修饰符	作用
Private	私有的,只能在本类中访问
Protected	只有本类和其子类可以访问
Public	对任何类和成员的访问都不受限制
Protected Internal	只能在同一应用程序集内通过本类或派生类访问
Internal	只能在同一应用程序集内使用本类

1. 封装的好处

(1) 使用者只需要了解如何通过类的接口使用该类就行了。

(2) 高内聚、低耦合一直是开发者所追求的目标,用好封装可以减少耦合。

(3) 类内部的实现可以自由修改,因而可以很好地应对变化。

(4) 类具有简洁清晰的对外接口,可以降低使用者的学习难度。

2. 高内聚、低耦合

高内聚、低耦合指的是一个模块内各个元素彼此结合的紧密程度高,只负责一项任务。模块之间联系越紧密,其耦合性就越强,模块的独立性就越差,模块间耦合的高低取决于模块间接口的复杂性、调用的方式以及传递的信息。对于低耦合,一个完整的系统,模块与模块之间应尽可能使其独立存在;模块与模块之间的接口应尽量少而简单。

1.2.4 继承性

为了提高软件模块的可扩充性,以便提高软件的开发效率,就需要通过继承使程序设计人员能够利用已有的开发成果,同时在开发过程中又能够有足够的灵活性。在C#语言中,作为基础的、被继承的类称为基类,继承基类的子类称为派生类。

要继承一个派生类的语法:

```
[访问修饰符] class 派生类名称:基类名称
{
  //程序代码
}
```

继承规则如下。

(1) 构造函数和析构函数不能被继承。

(2) 继承是可以传递的,比如说c从b中派生,b从a中派生,那么c不仅继承了b中声明的成员,也继承了a中声明的成员。

(3) 派生类是对基类的扩展,派生类可以添加新成员,但不能移除已经继承的成员。

(4) 派生类如果定义了与基类相同命名的新成员,那么继承的成员将被覆盖。

(5) 类可以定义虚方法、虚属性,派生类可以重载这些成员,使类呈现多态性。

(6) 派生类只能从一个类中继承,可以通过接口实现多重继承。

C#语言提供两种实现继承的方式:类继承和接口继承。类继承只允许单一继承,即只有一个基类。如果必须使用多重继承,可以通过接口来实现。

【工作任务】
【实例1-1】 通过类来实现继承。
【解题思路】
本实例要求继承ParentClass类的方法,将里面的方法写好,然后再建一个ChildClass类,用来继承ParentClass里面的方法。
(1) 通过base.<方法名>()调用父类的方法。
(2) 通过显式类型转换。
【实现步骤】
(1) 新建一个窗体控制台应用程序项目。
(2) 写入以下代码:

```
public class ParentClass
{
    public ParentClass()
    {
        //在此添加构造函数
    }
    public void SayHello()
    {
        Console.WriteLine("Hello,我是父类! ");
    }
}
public class ChildClass : ParentClass//ChildClass 继承 ParentClass
{
    public void Say()
    {
        base.SayHello();//通过base.<方法名>()调用基类的方法
    }
    public static void Main(string[] args)
    {
        ChildClass cc = new ChildClass();
        cc.SayHello();//继承调用基类的方法
        cc.Say();
        ((ParentClass)cc).SayHello();//显式类型装换
        Console.ReadLine();
    }
}
```

显示结果如图1.3所示。

图1.3 通过类来实现继承结果图

1. 隐藏基类的方法

隐藏基类的方法是当原设计人员在该方法前没有加 virtual 关键字，后来的设计人员也没有源代码时，就不能用 override 来重写基类的方法。在派生类中，使用 new 关键字来实现隐藏基类，即使用一个完全不同的方法取代旧的方法。

【工作任务】
【实例 1-2】隐藏基类的方法。
【实现步骤】
(1) 新建一个窗体控制台应用程序项目。
(2) 写入以下代码：

```
public class ParentClass
{
    public ParentClass()
    {
        //在此添加构造函数
    }
    public void SayHello()
    {
        Console.WriteLine("Hello，我是父类！");
    }
}
public class ChildClass : ParentClass
{
    Public new void SayHello()
    {
        Console.WriteLine("Hello，我是子类");//隐藏基类的方法
    }
    public static void Main(string[] args)
    {
        ChildClass cc = new ChildClass();
        cc.SayHello();
        Console.ReadLine();
    }
}
```

显示结果如图 1.4 所示。

图 1.4 隐藏基类程序的运行结果图

2. 密封类

如果程序员不想自己写的类被继承，或者不需要再继承的时候就可以用到密封类。密封类是指不能被其他类继承的类。在 C#语言中，使用 sealed 关键字声明，方法名为：

```csharp
    public sealed class ParentClass
    {
        //代码
    }
public class ChildClass : ParentClass
    {
        //代码
    }
```

3. 接口

从某种程度上说，接口也是类，一种特殊的类或抽象类。更准确地说，接口只包含方法、委托或事件的签名。方法的实现是在实现接口的类中完成的。在 C#中，使用 interface 关键字声明一个接口。

常用的语法是：

```
[访问修饰符] interface 接口名称
{
   // 接口体
}
```

接口分为显式实现和隐式实现。

(1) 隐式实现，接口和类都可以访问。
(2) 显式实现，只有接口可以访问。

【工作任务】

【实例 1-3】隐式实现。

【实现步骤】

(1) 新建一个窗体控制台应用程序项目。
(2) 写入以下代码：

```csharp
    public interface Yrealize
    {
        void GetReviews();
    }
    public class ReadFunction : Yrealize
    {
        public void GetReviews()
        {
            Console.WriteLine("我是隐式的,接口和类都可以访问");
        }
        static void Main(string[] args)
        {
            Yrealize yi = new ReadFunction();//接口访问
            yi.GetReviews();
            ReadFunction rf = new ReadFunction();//类访问
            rf.GetReviews();
            Console.ReadLine();
        }
```

显式结果如图 1.5 所示。

图 1.5　隐式实现结果图

【工作任务】
【实例 1-4】显式实现。
【实现步骤】
(1) 新建一个窗体控制台应用程序项目。
(2) 写入以下代码：

```
public interface Yrealize
{
    void GetReviews();
}
public class ReadFunction : Yrealize
{
    void Yrealize.GetReviews()
    {
        Console.WriteLine("我是显式的,只有接口可以访问");
    }
    static void Main(string[] args)
    {
        Yrealize yi = new ReadFunction();
        yi.GetReviews();
        Console.ReadLine();
    }
}
```

显式结果如图 1.6 所示。

图 1.6　显式实现运行结果图

4. 接口实现多重继承

C#中类的继承只可以是一个，即派生类只能继承一个基类，但是 C#允许类派生多个接口，当想继承多个类的特性时，接口可以满足这种需求，实现多重继承。

【工作任务】
【实例 1-5】用显式的方法实现多重继承。

【解题思路】

声明两个接口，IFace1 和 IFace2。

【实现步骤】

(1) 新建一个窗体控制台应用程序项目。

(2) 写入以下代码：

```csharp
public interface IFace1
{
    void GetReviews();
}
public interface IFace2
{
    void GetReviews();
}
public class ReadFunction : IFace1, IFace2
{
    void IFace1.GetReviews()
    {
        Console.WriteLine("这是用显式实现的方法实现多重继承");
    }
    void IFace2.GetReviews()
    {
        Console.WriteLine("这是用显式实现的方法实现多重继承");
    }
}
static void Main(string[] args)
{
    IFace1 if1 = new ReadFunction();
    if1.GetReviews();
    IFace2 if2 = new ReadFunction();
    if2.GetReviews();
    Console.ReadLine();
}
```

显式结果如图 1.7 所示。

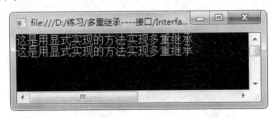

图 1.7　显式实现多重继承的运行结果图

工程师提示

在使用不同接口里面的相同名称方法时，都可以通过显式接口的方式"void IFace1.GetReviews()"来实现上面的例子。

1.2.5 多态性

多态性指类为名称相同的方法提供不同实现方式的能力。利用多态性，就可以调用类中的某个方法，无须考虑该方法是如何实现的。多态性分为两种，一种是编译时的多态性，一种是运行时的多态性。编译时的多态性指的是通过重载来实现的，对于非虚的成员来说，系统在编译时，根据传递的参数、返回的类型等信息决定实现何种操作。运行时的多态性指的是直到系统运行时，才根据实际情况决定实现何种操作。

可以实现多态性的方式有以下几种。

(1) 通过继承来实现多态性。
(2) C#中运行时的多态性是通过覆写虚成员实现的。
(3) 通过抽象类实现多态性。
(4) 通过接口实现多态性。

继承和接口前面已经讲过，这里就不再重复。C#中运行时的多态性是通过覆写虚成员实现的。只有虚方法和抽象方法才能被覆写。在子类中为了满足不同需要可以重复定义某个方法的不同实现，通过使用 override 关键字来实现覆写。

具体要求有以下几点。

(1) 相同的方法名称。
(2) 相同的参数列表。
(3) 相同的返回值类型。

覆写基类的方法有两种：虚拟方法，抽象类方法。

1. 虚拟方法(抽象方法)

(1) 声明使用 virtual 关键字。
(2) 调用虚方法，运行时将确定调用的对象是什么类的实例，并调用适当的重写方法。

【工作任务】

【实例 1-6】通过虚拟方法重写信息。

【解题思路】

写两个类，一个是基类，一个是用于覆写的子类，需要先在基类中写一个虚拟方法，在子类里面还要写一个与基类同名的虚拟方法。

【实现步骤】

(1) 新建一个窗体控制台应用程序项目。
(2) 写入以下代码：

```
public class ParentClass
{
    public ParentClass()
    {
        //在此添加构造函数
    }
    public virtual void Say()
    {
        Console.WriteLine("你好");//也可以不写,因为会被覆写
    }
```

```
}
public class ChildClass:ParentClass
{
    public override void Say()
    {
        //base.Say();
        Console.WriteLine("我是通过虚拟方法实现的");
    }
}
class Program
{
    static void Main(string[] args)
    {
        ChildClass cc = new ChildClass();
        cc.Say();
        Console.ReadLine();
    }
}
```

显式结果如图 1.8 所示。

图 1.8　通过虚拟方法重写信息的运行结果图

2. 抽象类方法

抽象类使用 abstract 修饰符，用于表示所修饰的类是不完整的，即类中的成员(例如方法)不一定全部实现，可以只有声明没有实现。抽象类只能用作基类。抽象类与非抽象类相比有以下 3 个主要不同之处。

(1) 抽象类不能直接被实例化，只能在派生类中通过继承使用，对抽象类使用 new 运算符会产生编译错误。

(2) 抽象类可以包含抽象成员，而非抽象类不能包含抽象成员。当从抽象类派生非抽象类时，这些非抽象类必须具体实现所继承的所有抽象成员。

(3) 不能用 sealed 修饰符修饰抽象类，这意味着抽象类不能被密封。

【工作任务】
【实例 1-7】通过抽象类方法重写信息。
【解题思路】
写两个类，一个是基类，一个是用于覆写的子类，需要先在基类中写一个抽象类方法，在子类里面还要写一个与基类同名的抽象类方法。
【实现步骤】
(1) 新建一个窗体控制台应用程序项目。
(2) 写入以下代码：

```csharp
public abstract class ParentClass
{
    public ParentClass()
    {
      //添加构造函数
    }
    public abstract void Say();
}
public class ChildClass : ParentClass
{
    public override void Say()
    {
        Console.WriteLine("我是通过抽象类方法实现的");
    }
}
class Program
{
    static void Main(string[] args)
    {
        ChildClass cc = new ChildClass();
        cc.Say();
        Console.ReadLine();
    }
}
```

显式结果如图 1.9 所示。

图 1.9　通过抽象类重写信息的运行结果图

1.2.6　委托

委托(Delegate)是一种引用方法的类型，提供类似 C++中函数指针的功能，不同的是 C++的函数指针只能够指向静态的方法，而委托除了可以指向静态的方法之外，还可以指向对象实例的方法。当为委托分配了方法时，委托将与该方法具有完全相同的行为。委托的主要作用是启动线程和通用类库。

声明委托：

```csharp
public delegate void MyDelegate(string name);
```

代码分析：代码中先定义一个 delegate 类型，名为 MyDelegate，它包含一个 string 类型的传入参数 name，没有返回值。当 C#编译器编译这行代码时，会生成一个新的类，该类继承自 System.Delegate 类，而类的名称为 MyDelegate。从语法形式上看，定义一个委托非常类似于定义一个方法。

访问修饰符 delegate 类型 委托名(参数序列)

方法有方法体，而委托没有方法体。因为它执行的方法是在使用委托时动态指定的。

【工作任务】

【实例1-8】用委托实现两个不同国家的人向你问好。

【实现步骤】

(1) 新建一个窗体控制台应用程序项目。

(2) 写入以下代码：

```
public delegate void MyDelegate(string people);
public class ClassPeople
{
    public void Chinese(string people)
    {
        Console.WriteLine("你好，"+people);
    }
    public void American(string people)
    {
        Console.WriteLine("Hello,"+people);
    }
    public void Say(string people, MyDelegate MakeSay)
    {
        MakeSay(people);
    }
}
class Program
{
    static void Main(string[] args)
    {
        ClassPeople cp = new ClassPeople();
        cp.Say("我是中国人",cp.Chinese);
        cp.Say("I'm American", cp.American);
        Console.ReadLine();
    }
}
```

显式结果如图1.10所示。

图1.10 委托程序的运行结果图

多播委托：多播委托讲的是可以将多个方法赋给同一个委托，或者说将多个方法绑定到同一个委托。当调用这个委托的时候将以此调用其所绑定的方法。

【工作任务】

【实例1-9】用多播委托实现两个不同国家的人向你问好。

【实现步骤】

(1) 新建一个窗体控制台应用程序项目。

(2) 写入以下代码：

```csharp
public delegate void MyDelegate(string sign);
public class ClassPeople
{
    public void Chinese(string sign)
    {
        Console.WriteLine("你好,我是中国人"+sign);
    }
    public void American(string sign)
    {
        Console.WriteLine("Hello,I'm American"+sign);
    }
    public void Say(string sign, MyDelegate MakeSay)
    {
        MakeSay(sign);
    }
}
class Program
{
    static void Main(string[] args)
    {
        ClassPeople cp = new ClassPeople();
        MyDelegate delegate1 = cp.Chinese;//先给委托类型的变量赋值
        delegate1 += cp.American;
        cp.Say("！", delegate1);
        Console.ReadLine();
    }
}
```

显式结果如图 1.11 所示。

图 1.11　多播委托程序的运行结果图

1.2.7　反射

反射(Reflection)是.NET 当中的重要机制，通过反射，可以在运行时获得.NET 中每一个类型(包括类、结构、委托、接口和枚举等)的成员，包括方法、属性、事件以及构造函数等，还可以获得每个成员的名称、限定符和参数等。只要获得了构造函数的信息，就可以直接创建对象，即使在编译时还不知道这个对象的类型。

System.Reflection 命名空间下 3 个主要的类如下。

Assembly 类可以获得正在运行的装配件信息，也可以动态地加载装配件，以及在装配件中查找类型信息，并创建该类型的实例。

Type 类可以获得对象的类型信息，此信息包含对象的所有要素：方法、构造器、属性等。通过 Type 类可以得到这些要素的信息。

MethodInft 类包含方法的信息，通过这个类可以得到方法的名称、参数、返回值等。

【工作任务】

【实例 1-10】反射出程序集里面的类型和类里面的方法。

【实现步骤】

(1) 先建一个 ClassReflection 类库，然后在类库中建一个 ClassPeople 类，然后写入以下代码：

```csharp
namespace ClassReflection
{
    public class ClassPeople
    {
        private string name = null;
        private string sex;
        private string age;
        public ClassPeople(string strname)
        {
            name = strname;
        }
        public string Name
        {
            set { name = value; }
            get { return name; }
        }
        public string Sex
        {
            set { sex = value; }
            get { return sex; }
        }
        public string Age
        {
            set { age = value; }
            get { return age; }
        }
        public void SayHello()
        {
            if (name == null)
            {
                Console.WriteLine("你好！");
            }
            else
            {
                Console.WriteLine("你好," + name);
            }
        }
    }
}
```

(2) 编译以上代码，项目会生成一个 ClassReflection.dll 文件。新建一个窗体控制台应用程序项目，然后在项目中添加 using System.Reflection 命名空间的引用，把上面生成的 ClassReflection.dll 文件复制到本项目的程序集(bin\Debug)目录下，当开发人员不知道程序集中的类型时，可以先用以下代码搜索程序集的类型。

```csharp
static void Main(string[] args)
{
    Console.WriteLine("列出程序集中的所有类型：");
    Assembly ass = Assembly.LoadFrom("ClassReflection.dll");
    Type[] mytypes = ass.GetTypes();
    foreach (Type t in mytypes)
    {
        Console.WriteLine(t.Name);
    }
    Console.ReadLine();
}
```

显式效果如图 1.12 所示。

图 1.12 程序集中的类型

(3) 然后根据这个类型搜索类中的方法：

```csharp
static void Main(string[] args)
{
Console.WriteLine("列出程序集中的所有类型：");
Assembly ass = Assembly.LoadFrom("ClassReflection.dll");
Type ClassPeople = null;
Type[] mytypes = ass.GetTypes();
foreach (Type t in mytypes)
{
    Console.WriteLine(t.Name);
    if (t.Name == "ClassPeople")
    {
        ClassPeople = t;
    }
}
Console.WriteLine("列出 ClassReflection 类中的所有方法：");
MethodInfo[] mif = ClassPeople.GetMethods();
foreach (MethodInfo mf in mif)
{
    Console.WriteLine(mf.Name);
}
Console.ReadLine();
}
```

显示效果如图 1.13 所示。

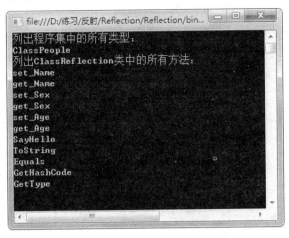

图 1.13 ClassReflection 类中的所有方法

1.2.8 泛型

通过泛型可以定义类型安全的数据结构,而无需使用实际的数据类型。这能够显著提高性能并得到更高质量的代码,因为用户可以重用数据处理算法,而无需复制类型特定的代码。在概念上,泛型类似于 C++模板,但是在实现和功能方面存在明显差异。泛型实质上是指在没有定义任何类型之前定义一个方法,然后在调用这个方法的时候再定义一个类型进行整体使用。

泛型是对 CLR 类型系统的扩展,用于定义未指定某些细节的类型。假设集合类 SortedList 是 Object 引用的集合,GenericSortedList<T>是任意类型的集合,使用泛型有以下优点。

(1) 类型安全:使用 GenericSortedList<String>就会使所有的添加和查找方法用 String 引用,这样在编译时就可以检查元素的类型是否正确,增强编译的类型安全。

(2) 二进制代码重用:GenericSortedList<T>需要执行的全部操作就是将具有所有元素类型的类型实例化为 T。泛型代码还有一个附加价值,那就是它在运行时生成,因此,对于无关元素类型的两个扩展能够重新使用同一个实时编译代码的大部分。CLR 只处理细节,使代码不再臃肿。

(3) 性能提高:能在编译时进行类型检查,无需在运行时执行类型检查,因此使用泛型方法能够大大提高性能。

(4) 清晰性:泛型的清晰性体现在很多方面。约束是泛型的一个功能,它会禁止对泛型代码进行不兼容的扩展;使用泛型,也不再有困扰 C++用户的含混不清的编译器错误。

泛型的定义语法:
[访问修饰符] [返回类型] 泛型支持类型 泛型名称<类型参数列表>

1.3 控件的生命周期

1.3.1 概述

控件生命周期是一个合格控件开发者必须掌握的概念。生命周期是按时间,即控件生成过程的先后阶段定义的。在每个阶段要完成控件生成所必需的特定功能。一般控件的生命周期分为 11 个阶段。

1.3.2 生命周期阶段

生命周期如图 1.14 所示。

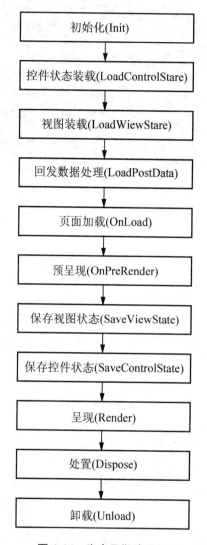

图 1.14 生命周期阶段图

在重点了解生命周期各个阶段的同时,对服务器控件的状态变化也要注意以下问题:控件的生命周期中何时保存控件和恢复其状态;何时与页面及其他控件之间进行交互;何时执行重要的处理逻辑;在各个阶段,控件可使用哪些信息、保持哪些数据、控件呈现时处于哪种状态以及何时输出显示标记文本等。以下列举了服务器控件生命周期所要经历的 11 个阶段。

(1) 初始化——在此阶段中,主要完成两项工作:一是初始化在传入 Web 请求生命周期内所需的设置;二是跟踪视图状态。首先,页面框架通过默认方式引发 Init 事件,并调用 OnInit() 方法,控件开发人员可以重写该方法为控件提供初始化逻辑。此后,页面框架将调用 TrackViewState()方法来跟踪视图状态。需要注意的是多数情况下,Control 基类提供的 TrackViewState() 方法实现已经足够了,只有在控件定义了复杂属性时,开发人员才可能需要重写 TrackViewState 方法。

(2) 加载视图状态——此阶段的主要任务是检查服务器控件是否存在以及是否需要将其状态恢复到它在处理之前的请求结束的状态。因此该过程发生在页面回传过程中，而不是初始化请求过程。在此阶段，页面框架将自动恢复 ViewState 字典。如果服务器控件不维持其状态，或者它有能力通过默认方式保存其所有状态而使用 ViewState 字典，那么开发人员则不必实现任何逻辑。针对那些无法在 ViewState 字典中存储的数据类型或者需要自定义状态管理的情况，开发人员可以通过重写 LoadViewState()方法来自定义状态的恢复和管理。

(3) 处理回发数据——若要使控件能够检查客户端发回的窗体数据，那么必须实现 System.Web.UI.IPostBackDataHandler 接口的 LoadPostData()方法。因此只有处理回发数据的控件参与此阶段。

(4) 加载——至此阶段开始时，控件树中的服务器控件已创建并初始化，状态已还原并且窗体控件反映了客户端的数据。此时，开发人员可以通过重写 OnLoad()方法来实现每个请求共同的逻辑。

(5) 发送回发更改通知——在此阶段，服务器控件通过引发事件作为一种信号，表明由于回发而发生的控件状态变化(因此该阶段仅用于回发过程)。为了建立这种信号，开发人员必须再次使用 System.Web.UI.IPostBackDataHandler 接口，并实现 RaisePostBackChangedEvent()方法。其判断过程为：如果控件状态因回发而更改，则 LoadPostData()返回 true，否则返回 false。页面框架跟踪所有返回 true 的控件并在这些控件上调用 RaisePostDataChangedEvent()方法。

(6) 处理回发事件——该阶段处理引起回发的客户端事件。为了便于将客户端事件映射到服务器端事件上进行处理，开发人员在此阶段可以通过实现 System.Web.UI.IPostBackEventHandler 接口的 RaisePostBackEvent()方法来实现该逻辑。由此途径，服务器控件将成功捕获回发的客户端事件进行服务器端的相应处理。

(7) 预呈现——该阶段完成在生成控件之前所需要的任何工作。通常情况下是通过重写 OnPreRender()方法完成该工作。需要注意的是在该阶段，可以保存在预呈现阶段对控件状态所做的更改，而在呈现阶段进行的更改则会丢失。

(8) 保存状态——如果服务器控件不维持状态，或者它有能力通过默认方式保存其所有状态而使用 ViewState 字典，那么开发人员不必在该阶段实现任何逻辑。因为这个保存状态的过程是自动的。如果服务器控件需要自定义状态保存，或者控件无法在 ViewState 字典中存储特殊的数据类型，则需要通过重写 SaveViewState()方法来实现状态保存。

(9) 呈现——表示向 HTTP 输出流中写入标记文本的过程。开发人员通过重写 Render()方法使其在输出流上自定义标记文本。

(10) 处置——在此阶段中，通过重写 Dispose()方法释放对昂贵资源的引用，如数据库链接等。

(11) 卸载——完成的工作与"处置"阶段相同，但是，开发人员通常在 Dispose()方法中执行清除，而不处理 Unload 事件。

1.4 用户控件和自定义控件

1.4.1 用户控件

用户控件使开发人员能够根据应用程序的需求，方便地定义和编写控件。开发所使用的编程技术将与编写 Web 窗体的技术相同,只要开发人员对控件进行修改,就可以将使用该控件的页面的所有控件都进行更改。为了确保用户控件不会被修改、下载,被当成一个独立的 Web 窗体来运行,用户控件的后缀名为.ascx,当用户访问页面时,用户控件是不能被用户直接访问的。

【工作任务】

【实例 1-11】做一个如图 1.15 所示的用户控件。

图 1.15 用户控件界面图

【解题思路】

这是一个用户在注册时会经过的步骤,可以在原来的基础上把两个控件简化成一个控件。在这个项目中,需要了解以下几个属性,这些属性的功能如下所示。

(1) TagPrefix:定义控件位置的命名控件。有了命名空间的制约,就可以在同一个页面中使用不同功能的同名控件。

(2) TagName:指向所用的控件的名字。

(3) Src:用户控件的文件路径,可以为相对路径或绝对路径,但不能使用物理路径。

【实现步骤】

(1) 新建一个空网站,命名为"WebSite1",如图 1.16 所示。

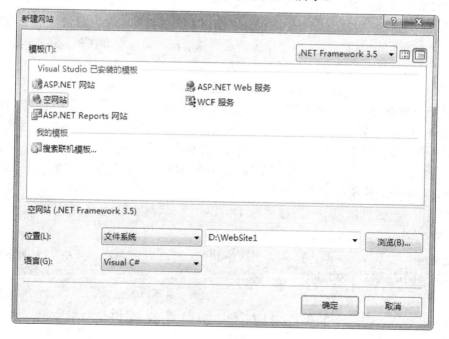

图 1.16 网站界面图

(2) 新建一个用户控件,命名为"RePassword",如图 1.17 所示。

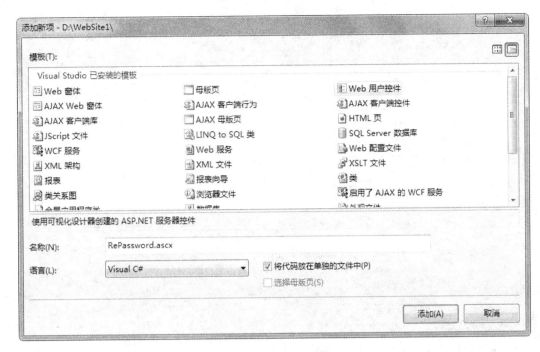

图 1.17 用户控件界面图

(3) 用户控件中并没有"<html><body>"等标记，因为.ascx 页面作为控件被引用到其他页面，引用的页面(如.aspx 页面)中已经包含<body><html>等标记。如果控件中使用这样的标记，可能会造成页面布局混乱。用户控件创建完成后，.ascx 页面代码如下所示：

```
<%@ Control Language="C#" AutoEventWireup="true" CodeFile="RePassword.ascx.cs" Inherits="RePassword" %>
```

编写如下代码：

```
<div>
    <table style="width: 422px; height: 90px; background:#dee0e5; margin: 200px auto;">
        <tr style="height: 30px;">
            <td class="style1" style="width:100px; text-align:right;" >
                密码：
            </td>
            <td class="style3">
                <asp:TextBox ID="password" runat="server" TextMode="Password"></asp:TextBox>
                <asp:RegularExpressionValidator ID="RegularEepressionValidator1" runat="server" ControlToValidate="password" ErrorMessage="密码必须为 6-12 个字符" ValidationExpression="\d{6,12}"></asp:RegularExpressionValidator>
            </td>
        </tr>
        <tr style="height: 30px;">
            <td class="style1" style="width:100px; text-align:right;">
                确认密码
            </td>
```

```
                <td class="style3">
                    <asp:TextBox ID="repassword" runat="server" TextMode="Password"></asp:TextBox>
                    <asp:CompareValidator ID="CompareValidator1" runat="server" ControlToCompare="password"
                        ControlToValidate="repassword" ErrorMessage="密码不一致"></asp:CompareValidator>
                </td>
            </tr>
            <tr style="height: 30px;">
                <td class="style1">
                </td>
                <td colspan="2">
                    <asp:Button ID="button1" runat="server" Height="26px" Text="确定" />
                        
                    <asp:Label ID="Label1" runat="server" Text="Label"></asp:Label>
                </td>
            </tr>
        </table>
    </div>
```

(4) 右击"D:/WebSite"添加引用 System.Data.Linq(在.NET 中), .ascx 页面代码如下所示:

```
using System;
using System.Collections;
using System.Configuration;
using System.Data;
using System.Linq;
using System.Web;
using System.Web.Security;
using System.Web.UI;
using System.Web.UI.HtmlControls;
using System.Web.UI.WebControls;
using System.Web.UI.WebControls.WebParts;
using System.Xml.Linq;

public partial class RePassword:System.Web.UI.UserControl
{
    protected void Page_Load(object sender, EventArgs e)
    {

    }
}
```

(5) 双击"确定"按钮，继续编写代码:

```
protected void button1_Click(object sender, EventArgs e)
{
    if (password.Text.Trim() != "" && repassword.Text.Trim() != "")
    {
        Label1.Text = "成功!";
```

```
        }
        else
        {
            Label1.Text = "请输入完整!";
        }
    }
```

(6) 新建一个 Web 窗体。

(7) 添加引用：

```
<%@ Register TagPrefix="MyRP" TagName="RP" Src="~/RePassword.ascx" %>
//声明控件引用
```

(8) Web 窗体的全部代码如下：

```
<%@ Page Language="C#" AutoEventWireup="true" CodeFile="Default.aspx.cs"
Inherits="_Default" %>
<%@ Register TagPrefix="MyRP" TagName="RP" Src="~/RePassword.ascx" %>
<!DOCTYPE html PUBLIC "-//W3C//DTD XHTML 1.0 Transitional//EN" "http://www.w3.
org/TR/xhtml1/DTD/xhtml1-transitional.dtd">

<html xmlns="http://www.w3.org/1999/xhtml">
<head runat="server">
    <title>无标题页</title>
</head>
<body>
    <form id="form1" runat="server">
    <div>
      <MyRP:RP ID="RePassword" runat="Server" />
    </div>
    </form>
</body>
</html>
```

1.4.2 自定义控件

　　用户控件能够执行很多操作，并实现一些功能，但是在复杂的环境下，用户控件并不能够达到开发人员的要求，这是因为用户控件大部分都使用现有的控件进行组装、编写事件来达到目的。于是，ASP.NET 允许开发人员编写自定义控件实现复杂的功能。

　　自定义控件需要定义一个直接或间接从 Control 类派生的类，并重写 Render()方法。在.NET 框架中，System.Web.UI.Control 与 System.Web.UI.WebControls.WebControl 两个类是服务器控件的基类，并且定义了所有服务器控件共有的属性、方法和事件，其中最为重要的就是包括了控制控件执行生命周期的方法和事件以及 ID 等共有属性。实现自定义控件，必须创建一个自定义控件，自定义控件将会编译成 DLL 文件。

【工作任务】
【实例 1-12】用户登录控件。
【解题思路】
　　编写用户登录控件，有一个表格，表格有三行两列。前两行左边用 Label 标签，右边相对应的是 TextBox 文本框，用来记录用户输入的信息。第三行是两个按钮，用于用户提交信息和清空 TextBox 文本框内容。

【实现步骤】

(1) 新建一个 ASP.NET 服务器控件项目，命名为"LoginServerControl"，如图 1.18 所示。

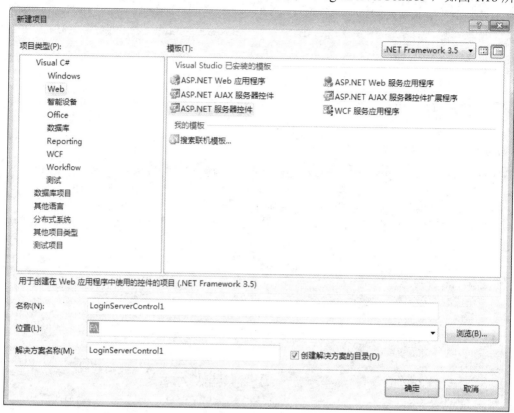

图 1.18 创建服务器控件界面图

(2) 在 LoginControl 类里添加如下代码：

```
using System;
using System.Collections.Generic;
using System.ComponentModel;
using System.Linq;
using System.Text;
using System.Web;
using System.Web.UI;
using System.Web.UI.WebControls;
using System.Drawing;

namespace LoginServerControl
{
    [DefaultProperty("BackColor")]
    [ToolboxData("<{0}:LoginControl runat=server></{0}:LoginControl>")]
    public class LoginControl : System.Web.UI.WebControls.WebControl
    {
        private Color _fontColor = Color.Black;//声明字体颜色变量
        private Color _backColor = Color.White;//声明控件背景变量
```

第1章 面向对象与组件

```csharp
//首先声明要在复合控件中使用的子控件
private Label lb_UserName = new Label();//显示"用户名"的Lable控件
private Label lb_PassWord = new Label();//显示"密码"的Lable控件
private TextBox txt_UserName = new TextBox();//"用户名"输入的TextBox
                                             控件
private TextBox txt_PassWord = new TextBox();  //"密码"输入的TextBox
                                             控件
private Button submitButton = new Button();//提交Button控件
private Button clearButton = new Button();//重置Button控件
private Panel pn_Frame = new Panel();//承载其他控件的容器控件Panel控件

//在符合控件中使用的事件一定要声明,它们会出现在属性框的事件栏里面
public event EventHandler SubmitOnClick;//声明自定义控件LoginCtrl的提
                                        交事件
public event EventHandler ClearOnClick;//声明自定义控件LoginCtrl的重置
                                       事件

public LoginControl()
{
    //刚刚声明的子控件和事件要在这里初始化处理
    //初始化控件的属性
    this.lb_UserName.Text = "用户名";
    this.lb_PassWord.Text = "密码";
    this.txt_PassWord.TextMode=TextBoxMode.Password;
    //Panel控件设置属性
    this.pn_Frame.Width = 240;
    this.pn_Frame.Height = 120;
    this.pn_Frame.BackColor = Color.Empty;
    //添加"提交"按钮单击事件
    submitButton.Text = "提交";
    submitButton.Click += new EventHandler(this.SubmitBtn_Click);
    //添加"重置"按钮单击事件
    clearButton.Text = "重置";
    clearButton.Click += new EventHandler(this.ClearBtn_Click);

    //将声明的各子控件添加到LoginCtrol中
    this.Controls.Add(this.txt_PassWord);
    this.Controls.Add(this.txt_UserName);
    this.Controls.Add(this.lb_PassWord);
    this.Controls.Add(this.lb_UserName);
    this.Controls.Add(this.submitButton);
    this.Controls.Add(this.clearButton);
    this.Controls.Add(this.pn_Frame);
}
//根据自己的需要添加或重载符合控件的公共属性

//字体颜色属性
[Bindable(false), Category("Appearance"), DefaultValue("")]
public override Color ForeColor
{
```

```csharp
    get { return this._fontColor;}
    set { this._fontColor = value;}
}

//控件背景属性
[Bindable(false), Category("Appearance"), DefaultValue("")]
public override Color BackColor
{
    get { return this._backColor;}
    set { this._backColor = value;}
}

//用户名属性
[Bindable(false), Category("Appearance"), DefaultValue("")]
public string UserName
{
    get { return this.txt_UserName.Text; }
    set { this.txt_UserName.Text = value; }
}
//密码属性
[Bindable(false), Category("Appearance"), DefaultValue(""),Browsable(false)]
public string PassWord
{
    get { return this.txt_PassWord.Text; }
    set { this.txt_PassWord.Text = value; }
}

//空间宽度属性
[Bindable(false), Category("Appearance"), DefaultValue("")]
public override Unit Width
{
    get { return this.pn_Frame.Width;}
    set { this.pn_Frame.Width = value;}
}

//控件高度
[Bindable(false),Category("Appearance"),DefaultValue("")]
public override Unit Height
{
    get { return this.pn_Frame.Height;}
    set { this.pn_Frame.Height = value;}
}

//控制边框颜色属性
[Bindable(false), Category("Appearance"), DefaultValue("")]
public override Color BorderColor
{
    get { return this.pn_Frame.BorderColor;}
    set { this.pn_Frame.BorderColor = value;}
```

```csharp
}

//控件边框样式属性
[Bindable(false), Category("Appearance"), DefaultValue("")]
public override BorderStyle BorderStyle
{
    get { return this.pn_Frame.BorderStyle;}
    set { this.pn_Frame.BorderStyle = value;}
}

//空间边框宽度属性
[Bindable(false), Category("Appearance"), DefaultValue("")]
public override Unit BorderWidth
{
    get { return this.pn_Frame.BorderWidth;}
    set { this.pn_Frame.BorderWidth = value;}
}

//下面要把控件输出去,展示在页面上
/// <summary>
/// 将控件呈现给指定的输出参数
/// </summary>
/// <param name="output">要写出到的 HTML 编写器</param>
protected override void RenderContents(HtmlTextWriter output)
{
    this.pn_Frame.RenderBeginTag(output);//输出 Panel 控件
    //在 Panel 中绘制表格
    output.AddAttribute(HtmlTextWriterAttribute.Border,"0");
    output.AddAttribute(HtmlTextWriterAttribute.Cellpadding, "0");
    output.AddAttribute(HtmlTextWriterAttribute.Cellspacing,"0");
    output.AddAttribute(System.Web.UI.HtmlTextWriterAttribute.Height, "100%");
    output.AddAttribute(System.Web.UI.HtmlTextWriterAttribute.Height, "100%");
    output.AddAttribute(HtmlTextWriterAttribute.Bgcolor,this._backColor.Name);
    output.RenderBeginTag(HtmlTextWriterTag.Table);
    output.RenderBeginTag(HtmlTextWriterTag.Tr);
    output.RenderBeginTag(HtmlTextWriterTag.Td);
    //表格中添加 Label 控件
    this.lb_UserName.ForeColor = this._fontColor;
    this.lb_UserName.RenderControl(output);
    output.RenderEndTag();
    output.RenderBeginTag(HtmlTextWriterTag.Td);
    //表格中添加 TextBox 控件
    this.txt_UserName.RenderControl(output);
    output.RenderEndTag();
    output.RenderEndTag();
    output.RenderBeginTag(HtmlTextWriterTag.Tr);
    output.RenderBeginTag(HtmlTextWriterTag.Td);
```

```csharp
            //表格中添加 Label 控件
            this.lb_PassWord.ForeColor = this._fontColor;
            this.lb_PassWord.RenderControl(output);
            output.RenderEndTag();
            output.RenderBeginTag(HtmlTextWriterTag.Td);
            //表格中添加 TextBox 控件
            this.txt_PassWord.RenderControl(output);
            output.RenderEndTag();
            output.RenderEndTag();
            output.RenderBeginTag(HtmlTextWriterTag.Tr);
            output.AddAttribute(HtmlTextWriterAttribute.Align,"right");
            output.RenderBeginTag(HtmlTextWriterTag.Td);
            //在表格中添加 Button 控件
            this.submitButton.RenderControl(output);
            output.RenderEndTag();
            output.AddAttribute(HtmlTextWriterAttribute.Align,"center");
            output.RenderBeginTag(HtmlTextWriterTag.Td);
            //在表格中添加 Button 控件
            this.clearButton.RenderControl(output);
            output.RenderEndTag();
            output.RenderEndTag();
            output.RenderEndTag();
            this.pn_Frame.RenderEndTag(output);
        }

        //处理"提交"按钮单击事件
        private void SubmitBtn_Click(object sender,EventArgs e)
        {
            EventArgs e1 = new EventArgs();
            if (this.SubmitOnClick != null)
                this.SubmitOnClick(this.submitButton,e1);
        }
        //处理"重置"按钮单击事件
        private void ClearBtn_Click(object sender,EventArgs e)
        {
            this.txt_UserName.Text = ";
            this.txt_PassWord.Text = ";
            EventArgs e1 = new EventArgs();
            if (this.ClearOnClick != null)
                this.ClearOnClick(this.clearButton,e1);
        }
    }
}
```

(3) 添加完上面代码后选择"生成"菜单下的"生成解决方案"命令。若生成成功，则在项目的 Debug 文件下生成 LoginServerControl.dll 文件。

(4) 新建一个 ASP.NET 项目，并添加一个 WebForm1.aspx 网页。打开 WebForm1.aspx 页面，在选择工具栏鼠标右击选择选择项，添加 LoginServerControl.dll 文件，如图 1.19 所示。添加成功后如图 1.20 所示。

图 1.19 添加 LoginServerControl.dll 文件界面图

图 1.20 添加成功后的界面图

(5) 将 LoginServerControl 拖入 WebForm1.aspx 页面。代码如下所示：

```
<%@ Page Language="C#" AutoEventWireup="true" CodeBehind="WebForm1.aspx.cs"
Inherits="Login.WebForm1" %>
<%@ Register Assembly="LoginServerControl" Namespace="LoginServerControl"
TagPrefix="cc1" %>
<!DOCTYPE html PUBLIC "-//W3C//DTD XHTML 1.0 Transitional//EN" "http://www.w3.
org/TR/xhtml1/DTD/xhtml1-transitional.dtd">

<html xmlns="http://www.w3.org/1999/xhtml">
<head runat="server">
    <title></title>
</head>
<body>
    <form id="form1" runat="server">
    <div>
        <cc1:LoginControl ID="LoginControl1" runat="server" />
    </div>
    </form>
</body>
</html>
```

浏览后如图 1.21 所示。

图 1.21 使用自定义控件程序运行结果图

本书很多实例需要连接数据库，以下是数据库详情。

首先需要创建一个数据库 Books，这个数据库将会在后面用到，再创建两张表 Users 和 Tb_BooksInfo，见表 1-2 和表 1-3。

表 1-2 登录用户表(Users)结构

字段名	数据类型	说　明
ID	Int	主键，用户编号
U_name	nchar(10)	登录名
U_pwd	nchar(10)	密码

表 1-3 登录用户表(Tb_BooksInfo)结构

字段名	数据类型	说　明
BookID	int	主键，图书编号
BookName	nvarchar(50)	书名
Author	nvarchar(50)	作者
Price	nvarchar(50)	价格
Press	nvarchar(50)	出版社

1.5 正则表达式

1.5.1 概念

正则表达式在各种程序中都有着难以置信的作用，但并不是所有的开发人员都知道这一点，正则表达式被当作一种有特定功能的小型编程语言，在大的字符串表达式中定位一个子字符串。它不是一种新技术，最初它是在 UNIX 环境中开发的，与 Perl 一起使用得比较多。Microsoft 把它移植到 Windows 中，到目前为止它在脚本语言中用得比较多。System.Text.RegularExpressions 命名空间中的许多.NET 类都支持正则表达式。

许多开发人员都不太熟悉正则表达式语言,所以本节将主要解释正则表达式和相关的.NET 正则表达式引擎是为兼容 Perl5 的正则表达式设计的,但有一些新特性。

一个正则表达式,就是用某种模式去匹配一类字符串的一个公式。很多人因为它们看上去比较古怪而且复杂所以不敢去使用,不过,经过这一节的讲解之后这些复杂的表达式其实写起来还是相当简单的,而且,一旦弄懂它们,就能把数小时辛苦而且易错的文本处理工作压缩在几分钟(甚至几秒钟)内完成。正则表达式被各种文本编辑软件、类库(例如 tools.h++)、脚本工具广泛支持,而且像 Microsoft 的 Visual C++这种交互式 IDE 也开始支持它了。

1.5.2 正则表达式的概述

正则表达式语言是一种专门用于字符串处理的语言。它包含两个功能。

正则表达式是一组用于标识字符类型的转义代码。用户可能很熟悉 DOS 表达式中的*字符表示任意子字符串(例如,DOS 命令 Dir Re*会列出所有名称以 Re 开头的文件)。正则表达式使用与*类似的许多序列来标识"任意一个字符"、"一个单词"、"一个可选的字符"等。

一个系统。在搜索操作中,它把子字符串和中间结果的各个部分组合起来。

正则表达式可以对字符串执行许多复杂而高级的操作,例如,区分(可以是标记或删除)字符串中所有重复的单词,例如把 This is my book book 转换为 This is my book。把所有单词都转换为标题格式,例如把 This is my book 转换为 This is my book。把长于 3 个字符的所有单词都转换为标题格式,例如把 This is my book 转换为 This is my Book。确保句子有正确的大写形式。区分 URL 的各个元素(例如 http://www.wrox.com,提取出协议、计算机名、文件名等)。

当然,这些都是可以在 C#中用 System.String 和 System.Text.StringBuilder 执行的任务。但是,在某些情况下,还需要编写相当多的 C#代码。如果使用正则表达式,这些代码一般可以压缩为几行代码。实际上,正则表达式是实例化一个对象 System.Text.StringBuilder.RegEx(甚至更简单,调用静态的 RegEx()方法),给它传送要处理的字符串和一个正则表达式(这是一个字符串,包含用正则表达式语言编写的指令)就可以了。

正则表达式字符串初看起来像是一般的字符串,但其中包含了转义序列和有特定含义的其他字符。例如,序列\b 表示一个字的开头和结尾(字的边界),如果要表示正在查找以字符 th 开头的字,就可以编写正则表达式\bth(即序列字边界是—t—h);如果要搜索所有以 th 结尾的字,就可以编写 th\b(序列 t—h—字边界)。但是,正则表达式要比它复杂得多,例如,可以在搜索操作中找到存储部分文本的工具性程序。本节仅介绍正则表达式的功能。

假定应用程序需要把 US 电话号码转换为国际格式。在美国,电话号码的格式为 314-123-1234,常常写作(314)123-1234。在把这个国家格式转换为国际格式时,必须在电话号码的前面加上+1(美国的国家代码),并给区域代码加上括号+1(314)123-1234。查找和替换,并不复杂,但如果要使用字符串类实现这个转换,就需要编写一些代码(这表示必须使用 System.String 上的方法来编写代码),而正则表达式语言可以构造一个短的字符串来表达上述含义。

要想真正地用好正则表达式,需要使用一些主要的特定字符或转义序列,见表 1-4。

表 1-4 正则表达式的特定字符和转义序列

元字符	含 义
.点	除了换行字符(\n)以外的所有单个字符,例如正则表达式 r.t 匹配这些字符串

续表

元字符	含 义
$	匹配行结束符,例如正则表达式 weasel$ 能够匹配字符串"He's a weasel"的末尾,但是不能匹配字符串"They are a bunch of weasels."
^	匹配一行的开始,例如正则表达式^When in 能够匹配字符串"When in the course of human events"的开始,但是不能匹配"What and When in the"
*	匹配 0 或多个正好在它之前的那个字符,例如.* 意味着能够匹配任意数量的任何字符。比如<T>.*</T> 可以匹配<T>而</T>不管是什么
+	匹配 1 或多个正好在它之前的那个字符,例如正则表达式 9+匹配 9、99、999 等
?	匹配 0 或 1 个正好在它之前的那个字符,例如 ra? t,只有 rt 和 rat 匹配
\s	匹配任何空白字符,[space]a、\ta、\na
\S	匹配任何不是空白的字符,但不能是\tf
\b	匹配字边界,例如 ion\b 匹配以 ion 结尾的任何字
\B	匹配不是字边界的位置,例如\BX\B 字匹配中间的任何 X
[ ] [c1-c2] [^c1-c2]	匹配括号中的任何一个字符,例如正则表达式 r[aou]t 匹配 rat、rot 和 rut,但是不匹配 ret。可以在括号中使用连字符"-"来指定字符的区间,例如正则表达式[0-9]可以匹配任何数字字符;还可以制定多个区间,例如正则表达式[A-Za-z]可以匹配任何大小写字母。另一个重要的用法是"排除",要想匹配除了指定区间之外的字符——也就是所谓的补集,在左边的括号和第一个字符之间使用^字符,例如正则表达式[^269A-Z] 将匹配除了 2、6、9 和所有大写字母之外的任何字符

本节只有一个非常简单的实例,我们只考虑如何查找字符串中的某些子字符串,无需考虑如何修改它们。

【工作任务】

【实例 1-13】编写一个 RegularExpressionsPlayaround,了解正则表达式的工作方式。

【解题思路】

首先明确在这个示例中会用到的类,见表 1-5。

表 1-5 示例中用到的类

类 名	作 用
MatchCollection	将正则表达式应用于输入字符串所找到的成功匹配的集合
Matches	搜索指定的正则表达式的所有匹配项
RegexOptions	设置正则表达式选项的枚举值

【实现步骤】

(1) 在 Visual Stusio2008 中新建一个项目,名字为"RegularExpressionsPlayaround"。

(2) 添加引用:

using System.Text.RegularExpressions;

(3) 写一个处理字符串的静态方法 WriteMatches(),代码如下:

```
static void WriteMatches(string Text, MatchCollection matches)
    {
        Console.WriteLine("原始文本是: \n\n" + Text + "\n");
        Console.WriteLine("匹配: " + matches.Count);
        foreach (Match nextMatch in matches)
```

```
            {
                int Index = nextMatch.Index;//捕获子字符串的第一个字符的位置
                string result = nextMatch.ToString();
                int charsBefore = (Index < 5) ? Index : 5;
                int fromEnd = Text.Length - Index - result.Length;
                int charsAfter = (fromEnd < 5) ? fromEnd : 5;
                int charsToDisplay = charsBefore + charsAfter + result.Length;
                Console.WriteLine("获取到的第一个位置是:{0},\t 字符是:{1},\t{2}",
Index,result,Text.Substring(Index-charsBefore,charsToDisplay));
            }
        }
```

(4) 然后再写一个调用上面静态方法的方法 Find()，代码如下：

```
        static void Find()
        {
            string Text = @"This is my books";
            string Pattern = @"\bi";
            MatchCollection matches = Regex.Matches(Text, Pattern, RegexOptions.IgnoreCase|RegexOptions.ExplicitCapture);
            WriteMatches(Text, matches);
        }
```

最后输出：

```
    static void Main(string[] args)
    {
        Find();
        Console.ReadLine();
    }
```

显示结果如图 1.22 所示。

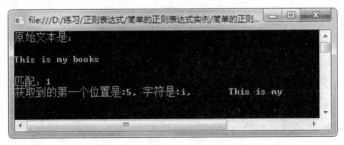

图 1.22　查看正则表达式工作方式程序的运行结果图

本 章 小 结

本章主要介绍了.NET 的发展历史，介绍了.NET 的整个发展过程。本章还介绍了面向对象的高级编程的封装性、继承性、多态性，继承分为类继承和接口继承，接口继承分为显式实现和隐式实现，显式实现只有接口能够实现，隐式实现类和接口都能够实现。本章还介绍了控件的生命周期阶段以及自定义控件和服务器控件的创建、使用和区别；正则表达式的写法和在 C#当中的简单应用。

课 后 练 习

一、填空题

1．.NET 的典型特征是_____和_____。
2．.NET 平台主要包含 4 个部分的内容：底层操作系统、_____、_____、集成开发工具和_____。
3．面向对象编程的三大原则分别是_____、_____、_____。
4．C#中类的继承只可以是一个，即派生类只能继承一个_____，但是 C#允许类派生多个接口，当想继承多个类的特性时，接口可以满足需求，实现_____。
5．从某种程度上说，接口也是类，一种特殊的类或抽象类。更准确地说，接口只包含_____、_____或_____。方法的实现是在实现接口的类中完成的。
6．多播委托讲的是可以将_____赋给同一个委托，或者说将_____绑定到同一个委托。
7．用户控件的文件路径，可以为相对路径或绝对路径，但不能使用_____。
8．控件的生命周期包含_____、控件状态装载、视图装载、回发数据处理、页面加载、预呈现、保存视图状态、保存控件状态、呈现、_____。

二、判断题

1．构造函数和析构函数能被继承。   (   )
2．派生类只能从一个类中继承，可以通过接口实现多重继承。   (   )
3．继承是不能传递的。   (   )
4．接口分为显式实现和隐式实现，显式实现接口和类都可以访问。   (   )

三、选择题

1．下列开发语言不属于 Visual Studio 中集成的是(   )。
   A．C#   B．C++   C．J#   D．PHP
2．下列类不属于反射(System.Reflection)命名空间的是(   )。
   A．Assembly   B．Type   C．MethodInft   D．Graphics
3．用户控件的后缀名是(   )。
   A．.sln   B．.ascx   C．.aspx   D．.project
4．在创建用户控件时会用到 TagPrefix 属性，它的作用是(   )。
   A．定义控件位置的命名空间
   B．指向所用控件的名字
   C．用户控件的文件路径
   D．数据库服务器的数据库

四、简答题

1．图 1.23 是从 msdn 中截取的一张类与类之间访问的图，Solution 代表一个解决方案，ProjectX 和 ProjectY 分别代表一个程序集，ClassA、ClassB、ClassC、ClassD 和 ClassE 分别代表一个类，请列举出 A 类中的 5 个方法能被图中的哪些类访问？

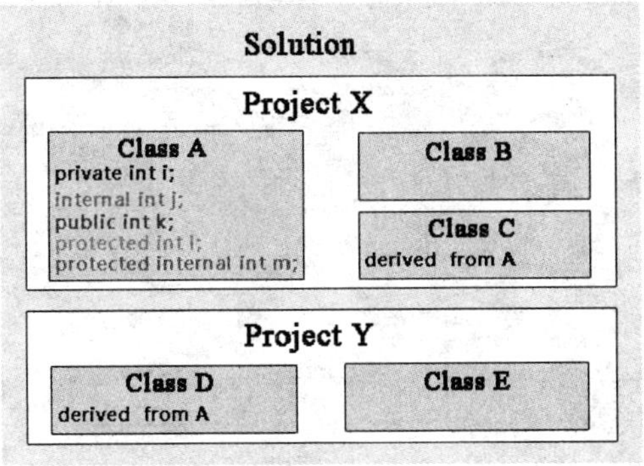

图 1.23　类与类之间访问图

public_____。
private_____。
internal_____。
protected_____。
Protected Internal_____。

2．什么叫高内聚、低耦合？

第 2 章　COM 的互操作性

 内容提示

本章主要讲解 COM 组件与.NET 和 COM 组件的基础知识以及使用 COM 组件、创建 COM 组件、在 WinForm 中使用 ActiveX 控件等知识。

 教学要求

(1) 了解 COM 组件与.NET 的关系及其两者的基础知识。
(2) 了解 Windows 常用 COM。
(3) 了解在 WinForm 中使用 ActiveX 控件。

 内容框架图

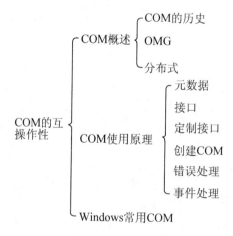

2.1 COM 概述

　　COM(Component Object Model，组件对象模型)是为集成组件提供的一组框架，是微软对与网页服务器与客户端、增益集与 Office 系列软件之间互动的一项软体元件技术。简单地说，它是跨应用和语言共享二进制代码的一种方法。应用程序的 COM 可以让外部调用它们的功能，以及调用这些功能的方法。用 Microsoft Visual Basic 的早期版本编写的 COM 组件数以千计，如果要将这些组件全部转换为.NET Framework 的组件，那将是一件费时费力的事情。因此，没有必要将这些 COM 组件全部转换为.NET Framework 的组件。

　　.NET Framework 并未取代 COM。许多应用程序(例如 Microsoft Office 系统中的应用程序)仍通过 COM 组件来公开其功能。有时，.NET Framework 2.0 没有提供相应的类来满足应用程序需要的功能，此时需要调用 Microsoft Win32 API 中的函数。例如，当编写一个自动完成系统备份的程序时，需要从 Win32 API 中调用 WriteFile 函数。可是.NET Framework 应用程序都是托管应用程序，而 COM 组件和 Win32 API 都是非托管应用程序，本章将介绍 COM 组件和非托管 DLL 通信的.NET Framework 应用程序。

　　1．COM 的历史

　　COM 是微软自 1993 年便提出的组件式软体平台，用来做进程间通讯(Inter-process Communication，IPC)以及当作组件式软体开发的平台。COM 提供与程序设计语言无关的方法来操作一个软体对象，因此可以在其他环境中执行。COM 要求某个组件必须遵照一个共同的接口，该接口与实现无关，因此可以隐藏实际操作内容，并且在其他对象不知道其内部实际操作的情形下正确的使用。

　　COM 被应用于多个平台之上，并不限于 Windows 操作系统之上。但还是只有 Windows 最常使用 COM，且某些功能已被目前的.NET 平台取代。

　　Windows 操作系统提供了 3 种应用进程间的通信机制：剪贴簿(clipboard)、DDE(动态数据交换)与 OLE(对象连接与嵌入)。OLE 原名是对象连接与嵌入(Object Linking and Embedding)，OLE 可说是 DDE 的改良版，OLE 1.0 版提供了复合文件(Compound Document)处理，但过于复杂。Brockschmidt, Kraig「Inside OLE」一书中提到，必须经过 6 个月的心灵混沌期，才能了解 OLE 是什么。因此 OLE 2.0 后，微软提出了 COM 架构。所有 OLE 元件皆是继承 COM 而来，这些技术包含 OLE Document 和 OLE Controls、Drag and Drop 等。

　　2．OMG

　　OMG(Object Management Group，对象管理组织)是一个国际化的、开放成员的、非营利性的计算机行业协会，该协会成立于 1989 年。任何组织都可以加入 OMG 并且参与标准制定过程。OMG 的 OOOV(One-Organization-One-Vote)原则，保证每个组织无论大小，都拥有有影响力的发言权。截止到 2010 年 12 月 30 日，OMG 已拥有 379 个会员组织。

　　在各个科技领域，OMG 都在进行企业集成标准的制定，这些科技领域包括实时嵌入式和定制化系统分析和设计，架构驱动现代化和中间件，商业建模和集成、政府、医疗、生命科学研究、制造业等。

OMG 制定了统一建模语言 Unified Modeling Language™(UML®)，模型驱动架构 Model Driven Architecture®(MDA®)等建模标准，并且，OMG 还制定了广为人知的中间件标准 Common Object Request Broker Architecture (CORBA®)。

OMG 的标准制定过程从需求文档(提议请求)开始，所有的关键文档均开放给所有人阅读，无论他是否是会员。而标准制定的其他过程比如 Email 讨论、参与会议及投票决定等只有会员能够参与。

3. 分布式

什么是分布式计算？所谓分布式计算就是一门计算机科学，它研究如何把一个需要非常巨大的计算能力才能解决的问题分成许多小的部分，然后把这些部分分配给许多计算机进行处理，最后把这些计算结果综合起来得到最终的结果。分布式网络存储技术是将数据分散地存储于多台独立的机器设备上。分布式网络存储系统采用可扩展的系统结构，利用多台存储服务器分担存储负荷，利用位置服务器定位存储信息，不但解决了传统集中式存储系统中单存储服务器的瓶颈问题，还提高了系统的可靠性、可用性和扩展性。

2.2 COM 使用原理

1. 元数据

元数据(Meta Data)是关于数据仓库的数据，指在数据仓库建设过程中所产生的有关数据源定义，目标定义，转换规则等相关的关键数据。同时元数据还包含关于数据含义的商业信息，所有这些信息都应当被妥善地保存，很好地管理，为数据仓库的发展和使用提供方便。

元数据是一种二进制信息，用以对存储在公共语言运行库可移植、可执行文件(PE)或存储在内存中的程序进行描述。将代码编译为 PE 文件时，便会将元数据插入到该文件的一部分中，而将代码转换为 Microsoft 中间语言(MSIL)时会将其插入到该文件的另一部分中。在模块或程序集中定义和引用的每个类型和成员都将在元数据中进行说明。当执行代码时，运行库将元数据加载到内存中，并引用它来发现有关代码的类、成员、继承等信息。

.NET Framework 允许在编译文件中声明特定种类的元数据(称为属性)。在整个.NET Framework 中到处都可以发现属性的存在，属性用于更精确地控制运行时的程序如何工作。另外，还可以通过用户定义的自定义属性向.NET Framework 文件发出自定义元数据。

2. 接口

对于 COM 来讲，接口是一个包含一个函数指针数组的内存结构。每一个数组元素包含的是一个由组件所实现的函数地址。对于 COM 而言，接口就是此内存结构，其他均是 COM 不关心的实现细节。

在 C++中，可以用抽象基类来实现 COM 接口。由于一个 COM 组件可以实现支持任意数目的接口，因此对于这样的组件，可以用抽象基类的多重继承来实现。用类来实现组件将比其他方法更为容易。

对于客户来说，一个组件就是一个接口集。客户只有通过接口才能和 COM 组件打交道。从整体上讲，客户对于一个组件可以说是知之甚少。通常情况下，客户甚至不必知道一个组件所提供的所有接口。

客户同组件的交互是通过接口完成的。客户查询组件其他的接口也是通过接口完成的。这个接口就是 IUnknown。IUnknown 接口的定义包含在 Win32 SDK 中的 UNKNWN.H 的头文件中，引用如下。

```
interface IUnknown
{   virtual HRESULT_ _stdcall QueryInterface(const ID& id,void **p)=0;
    virtual ULONG_ _stdcall AddRef()=0;
    virtual ULONG_ _Release()=0;
}
```

所有的 COM 都要继承 IUnknown。可以用 IUnknown 的接口指针来查询该组件的其他接口，并且每个接口的 vtbl 中的前 3 个函数都是 QueryInterface，AddRef 和 Release。这使得所有的 COM 接口都可以被当成 IUnknown 接口来处理。由于所有的接口都支持 QueryInterface，因此组件的任何一个接口都可以被客户用来获取它所支持的其他接口。

在用 QueryInterface 将组件抽象成由多个相互独立的接口构成的集合后，还需要管理组件的生命期。这一点是通过对接口的引用计数值实现的。客户并不能直接控制组件的生命期。当使用完一个接口而要用组件的另一个接口时，是不能将该组件释放的。对组件的释放可以由组件在客户使用完所有的组件之后自己完成。IUnknown 的另外两个成员函数 AddRef 和 Release 的作用就是给客户提供一种让组件指示何时处理完一个接口的手段。

AddRef 和 Release 实现的是一种名为"引用技术"的内存管理技术。当客户从组件获得一个接口时，组件引用计数值将增 1，当客户使用完某个接口时，组件的引用计数值将减 1，当引用计数值为 0 时，组件可以将自己从内存中删除。AddRef 和 Release 可以增加和减少这一计数值。

3. 定制接口

定制接口派生自接口 IUnknown。定制接口定义了虚拟表(vtable)中的方法顺序，所以客户程序可以直接访问接口的方法。这也表示在开发阶段客户程序需要知道虚拟表，因为方法的绑定是使用内存地址进行的。因此，定制接口不能由脚本客户程序使用。图 2.1 显示了定制接口 IMath 的虚拟表，除了接口 IUnknown 的方法之外，该接口还提供了方法 Add()和 Sub()。

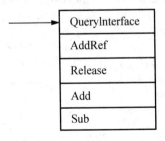

图 2.1 定制接口 IMath 的虚拟表

因为脚本客户程序和早期的 Visual Basic 客户程序不支持定制接口，所以需要另外一种接口类型，而在分派接口中，可用于客户程序的接口总是 IDispatch 接口。IDispatch 接口派生自 IUnknown 接口，除了接口 IUnknown 的方法之外，它还提供了 4 个方法，其中两个比较重要的方法是 GetIDsOfNames()和 Invoke()。如图 2.2 所示，在分派接口中需要两个表。第一个表把方法或特性名映射到分派 ID(dispatch ID)，第二个表把分派 ID 映射到方法或特性的实现代码。

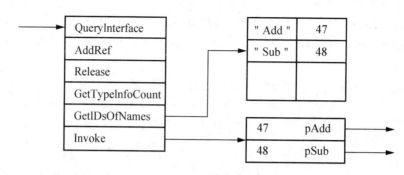

图 2.2 IDispatch 接口

在客户程序调用组件中的方法时，要先调用 GetIDsOfNames()方法，并给它传送要调用的方法名。方法 GetIDsOfNames()会查找名称-ID 表，返回分派 ID，客户程序再使用这个 ID 调用方法 Invoke()。

工程师提示

通常，IDispatch 接口的两个表存储在类型库中，但这不是必须的，一些组件把这两个表存储在其他地方。

4. 创建 COM

将组件分成多个接口只是将单模应用分成多个部分的第一步，组件需要被放入动态链接库(DLL)中。DLL 是一个组件服务程序，或者说是发行组件的一种方式。组件实际上应看成是在 DLL 中实现的接口集。在客户获取某个组件接口指针之前，它必须先将相应的 DLL 装载到其进程空间中，并创建此组件。

由于客户组件需要的所有函数都可以通过某个接口指针而访问到，因此，在 DLL 中引出 CreatInstance 函数后就可以使用户调用它。之后，可以装载 DLL 并调用其中的函数。此功能可由 COM 库函数 CoCreateInstance 来实现。CoCreateInstance 创建组件的过程是：传给它一个 CLSID，然后它创建相应的组件，并返回指向所请求的接口的指针。但 CoCreateInstance 没有给客户提供一种能控制组件创建过程的方法，缺乏一定的灵活性。事实上，常用类厂来创建组件。类厂就是一个带有能够创建其他组件的接口的组件。客户先创建类厂本身，然后再用一个接口(如 IClassFactory)来创建所需的组件，最后用 DllRegisterSever 在 Windows 中注册这个组件。

5. 错误处理

在.NET 中，错误是通过抛出异常来生成的。在旧 COM 技术中，错误是通过方法返回 HRESULT 值来定义的。HRESULT 的值是 S_OK，表示方法成功。

如果需要 COM 组件提供详细的错误消息，那么 COM 组件就需要实现接口 ISupportErrorInfo。该接口不但提供了错误消息，还提供了帮助文件的链接、错误源，在方法返回时还会返回一个错误信息对象。在.NET 中，实现接口 ISupportErrorInfo 的对象会自动映射到详细的错误信息和一个.NET 异常。

6. 事件处理

.NET 用 C#关键字 event 和 delegate 提供了事件处理机制。在 COM 事件中，组件必须实现接口 IConnectionPointContainer 和另一个接口 IConnectionPoint 的连接点对象(CPO)。如果组件定义了一个由 CPO 调用的输出接口 ICompletedEvents，那么客户程序必须在 Sink 对象中实现这个输出接口，而 Sink 对象本身是一个 COM 对象。在执行过程中，客户程序在服务器中查询接口 IConnectionPointContainer。通过这个接口，客户程序让 CPO 执行 FindConnectionPoint()方法，获得指向所返回的 IConnectionPoint 的指针。客户程序再使用这个接口指针调用 Advise()方法，并把指向 Sink 对象的指针传送给服务器。接着，组件就可以在客户程序的 Sink 对象中调用方法了。

2.3 Windows 常用 COM

在 Windows 操作系统中常用的 COM 见表 2-1。

表 2-1 Windows 常用 COM

COM 组件	描 述
netapi.dll	Windows 网络应用程序接口相关文件，用于访问微软网络
netevent.dll	网络错误消息相关提醒模块
ntdll.dll	NT 操作系统重要的模块
netshell.dll	网络连接管理 Shell 壳程序
winsrv.dll	Windows 服务，用于支持 32 位用户和图形设备接口
gdi32.dll	Windows GDI 图形用户界面相关程序，包含的函数用来绘制图像和显示文字
user32.dll	Windows 用户界面相关应用程序接口，用于包括 Windows 处理，基本用户界面等特性，如创建窗口和发送消息
ws2_32.dll	Windows Sockets 应用程序接口，用于支持 Internet 和网络应用程序

【工作任务】

【实例 2-1】将 SQL Server 2005 数据库表的动态导出。

【解题思路】

程序功能如图 2.3 所示。

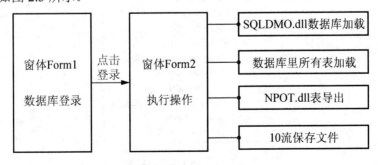

图 2.3 程序功能图

【实现步骤】

(1) 下载 NPOI.dll 组件，在 http://npoi.codeplex.com/releases/view/56605 网站下载 NPOI 1.2.4 assembly 版本。

(2) 打开【Visual Studio 2010】工具，选择【文件】→【新建】→【项目】，在已安装模板中选择【Visual C#】→【Windwos 窗体应用程序】，创建一个项目名为"Excel 表格导出"。

(3) 打开【项目】→【添加引用】，添加 Microsoft SQLDMO Object Library 组件。组件如图 2.4 所示。

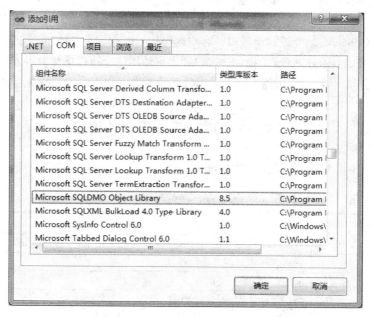

图 2.4　添加 Microsoft SQLDMO Object Library 组件示意图

(4) 添加 Microsoft SQLDMO Object Library 组件和 NPOI.dll 组件后如图 2.5 所示。

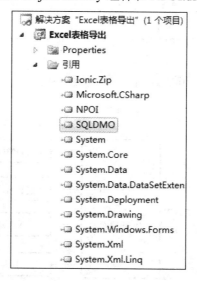

图 2.5　添加组件后效果图

(5) 新建一个 Windwos 窗体应用程序，取名为"Form2"。此时项目里有两个 Windwos 窗体应用程序。分别是 Form1，Form2。

(6) 在 Form1 窗体上添加相应控件，见表 2-2。

表 2-2 窗体及控件对象属性

对象	属性名	属性值
Form1	Name	Form1
label1	Text	服务器名:
label2	Text	用户名:
label3	Text	密码:
textBox1	Name	txt_Server
textBox2	Name	txt_UserName
textBox3	Name	txt_PassWord
button1	Name	Btn_Load
	Text	登录

(7) 设计图如图 2.6 所示。

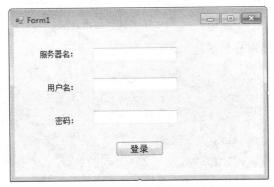

图 2.6 Form1 窗体界面设计图

(8) 在 Form2 窗体上添加相应控件见表 2-3。

表 2-3 窗体及控件对象属性

对象	属性名	属性值
Form2	Name	Form2
label1	Name	lab_HostName
	Text	label1
label2	Text	选择数据库:
label3	Text	选择表:
label4	Text	保存文件路径:
textBox1	Name	txt_DataBase
textBox2	Name	txt_Table
textBox2	Name	txt_FilePath
treeView1	Name	treeView1
button1	Name	Btn_Save
	Text	数据库表导出

(9) 设计图如图 2.7 所示。

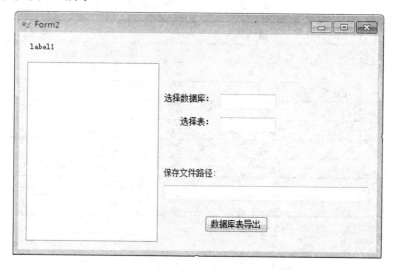

图 2.7 Form2 窗体界面设计图

(10) 在 Form2 窗体下添加如下代码：

```
using SQLDMO;
using System.Data.SqlClient;
using NPOI.HSSF.Model;
using NPOI.HSSF.UserModel;
using NPOI.SS.UserModel;
using System.IO;
```

(11) 在 Form2 窗体下添加如下代码：

```
public string Server=string.Empty;
public string UserName = string.Empty;
public string PassWord = string.Empty;

private void Form1_Load(object sender, EventArgs e)
{
    treeView1.Nodes.Add("数据库");
    this.LoadDataBase(Server, UserName, PassWord);
    this.LoadTables();
}
//添加系统数据库
private void LoadDataBase(string ServerName, string UseNamer, string Pwd)
{
    try
    {
        SQLDMO.SQLServer Server = new SQLDMO.SQLServerClass();
        //连接到服务器
        Server.Connect(ServerName, UserName, Pwd);
        //获取本地主机名称
        lab_HostName.Text = Server.HostName;
        //对所有的数据库遍历,获得指定数据库
```

```csharp
            for (int i = 1; i <= Server.Databases.Count; i++)
            {
                treeView1.Nodes[0].Nodes.Add(Server.Databases.Item(i).Name.ToString());
            }
        }
        catch (Exception e1)
        {
            MessageBox.Show(e1.ToString());
        }
    }
    //加载数据库表的信息
    public void LoadTables()
    {
        for (int i = 0; i < treeView1.Nodes[0].Nodes.Count; i++ )
        {
            string database = treeView1.Nodes[0].Nodes[i].Text;
            DataTable dt = GetTable(database).Tables[0];
            for (int j = 0; j < dt.Rows.Count; j++ )
            {
                treeView1.Nodes[0].Nodes[i].Nodes.Add(dt.Rows[j][0].ToString());
            }
        }
    }
    //返回表,用于加载数据表
    public DataSet GetTable(string database)
    {
        DataSet ds= new DataSet();
        string str = "use "+database+" SELECT [name] FROM sysobjects WHERE xtype='u'";
        SqlConnection conn = GetSqlConnection(Server,database,UserName,PassWord);
        conn.Open();
        SqlDataAdapter da = new SqlDataAdapter(str,conn);
        da.Fill(ds);
        conn.Close();
        return ds;
    }
    //返回数据库连接对象
    public SqlConnection GetSqlConnection(string DataSource, string database, string Uid, string Pwd)
    {
        if (database != null)
        {
            string strconn = "Data Source=" + DataSource + ";Initial Catalog=" + database + ";Uid=" + Uid + ";Pwd=" + Pwd + "";
            SqlConnection conn = new SqlConnection(strconn);
            return conn;
        }
```

```csharp
            else
            {
                return null;
            }
        }
        //导出指定的数据表
        public DataSet OutDataSet(string database,string datatable)
        {
            string strsql = "use " + database + " SELECT * FROM "+datatable+"";
            DataSet ds = new DataSet();
            SqlConnection conn = GetSqlConnection(Server,database,UserName,PassWord);
            conn.Open();
            SqlDataAdapter da = new SqlDataAdapter(strsql,conn);
            da.Fill(ds);
            conn.Close();
            return ds;
        }
        //保存文件
        public void SaveFile(string database,string table,string filepath)
        {
            DataSet ds = OutDataSet(database,table);
            DataTable dt = ds.Tables[0];
            int counts = dt.Rows.Count;   //列数
            int rows = dt.Columns.Count;  //行数
            string FilePath=string.Empty;
            if (filepath == null)
            {
                FilePath = filepath + "" + table + ".xls";
            }
            else
            {
                FilePath = @"C:\Users\Administrator\Desktop\" + table + ".xls";
            }
            //创建.xls文件
            HSSFWorkbook wb = new HSSFWorkbook();
            FileStream file = new FileStream(FilePath, FileMode.Create);
            ISheet sheet1 = wb.CreateSheet("sheet1");
            //在第一行上填充字段名
            IRow row = sheet1.CreateRow(0);
            //填首行，即数据库表里面的字段名
            int k = -1;
            foreach (DataColumn c in dt.Columns)
                row.CreateCell(++k).SetCellValue(c.ColumnName);
            //填内容，数据表里面的内容
            for (int i = 0; i < counts; ++i)
            {
                row = sheet1.CreateRow(++i);
                int t = --i;
                for (int j = 0; j < rows; j++)
```

```
            {
                row.CreateCell(j).SetCellValue(dt.Rows[t][j].ToString());
            }
            row = null;
        }
        wb.Write(file);
        file.Close();
    }
```

(12) 在 Form2 窗体 treeView1 控件的 AfterSelect 事件里添加如下代码：

```
    private void treeView1_AfterSelect(object sender, TreeViewEventArgs e)
    {
        if(treeView1.SelectedNode!=null&&treeView1.SelectedNode.Parent!=null)
        {
            string table = treeView1.SelectedNode.Text.ToString();
            string database = treeView1.SelectedNode.Parent.Text.ToString();
            if(database!="数据库")
            {
                txt_DataBase.Text = database;
                txt_Table.Text = table;
            }
        }
    }
```

(13) 在 Form2 窗体双击"数据库表导出"按钮添加如下代码：

```
    private void Btn_Save_Click(object sender, EventArgs e)
    {
        //没有路径,文件将保存在桌面上
        this.SaveFile(txt_DataBase.Text,txt_Table.Text,txt_FilePath.Text);
        MessageBox.Show("导出成功");
    }
```

(14) 在 Form1 窗体双击"登录"按钮添加如下代码：

```
    private void Btn_Load_Click(object sender, EventArgs e)
    {
        Form2 f2 = new Form2();
        f2.Server = txt_Server.Text.ToString();
        f2.UserName = txt_UserName.Text.ToString();
        f2.PassWord = txt_PassWord.Text.ToString();
        f2.Show();
        Hide();
    }
```

(15) 运行效果图如图 2.8 所示。

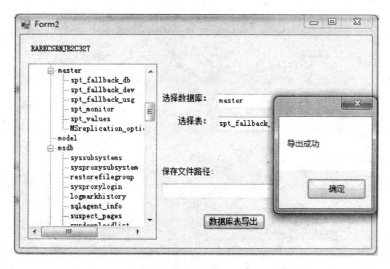

图 2.8 数据库表动态导出程序运行结果

工程师提示

(1) 编译后出现 "无法嵌入互操作类型 'SQLDMO.SQLServerClass'。改用适用的连接。" 需将该控件的 "嵌入互操作类型" 属性设置为 False，如图 2.9 所示。

图 2.9 设置嵌入互操作类型的属性值

(2) 如果输入了正确的连接数据库的参数，而没有连接成功，需要查看 SQL Server 服务是否打开。

本 章 小 结

.NET 技术是微软大力推广的下一代平台技术，自从.NET 技术架构 Beta2 版本正式发布以来，此项技术也逐渐走向成熟和稳定。按照微软的平台系统占有率，不难想象得到，.NET 技术会登上主流的技术平台,而一个新的技术平台得以快速发展的最重要的前提是它不会彻底地摒弃以前的技术，这一点对于.NET技术来说指的就是COM/COM+技术。

一般来说，在IT技术以及硬件产业界，技术的更新换代速度非常得惊人，而惯例是所有的新技术都会遵循向下兼容的原则，但是.NET技术不仅仅做到了这一点，甚至实现了相互之间的各自调用，这是非常难能可贵的。也就是说，不但可以在.NET组件中调用COM组件，同时也可以在COM组件中正常地调用.NET组件。这点带来的好处是显而易见的，一方面用户可以保持现有的技术资源，另一方面在现有资源中可以利用.NET所带来的各种新技术。

COM组件是微软曾经力推了很多年的一种代码复用的技术框架，在这些年里也得到了极大的发展和应用，但它的弊端却也日益明显，用户不得不面对众多的COM组件之间的版本控制和令人恐怖的DLL地狱，还有注册表、GUID等。在安装一个软件的同时，也带来了大量的、未知的、版本繁多的COM组件操作系统中。

但是，COM组件的技术优势也是明显的，在很大的程度上实现了Windows平台下的代码复用，所以才应当在.NET技术日臻成熟的情况下，保护和利用已经存在的大量的采用COM技术的软件和产品。

课 后 练 习

一、填空题

1．元数据(Meta Data)是关于数据仓库的数据，指在数据仓库建设过程中所产生的有关_____，_____，转换规则等相关的关键数据。

2．对于COM来讲，接口是一个包含一个函数指针数组的_____；在_____中，可以用抽象基类来实现COM接口；对于_____来说，一个组件就是一个接口集。

3．定制接口派生自接口_____，定制接口定义了_____中的方法顺序，所以客户程序可以直接访问接口的方法。

二、选择题

1．动态链接库的后缀名是(　　)。
　　A．.dll　　　　　　B．.sys　　　　　　C．.sln　　　　　　D．.project

2．(　　)组建为用户处理图形用户界面相关程序，包含的函数用来绘制图像和显示文字。
　　A．gdi32.dll　　　　B．user32.dll　　　C．ws2_32.dll　　　D．netshell.dll

3．下面(　　)组件可以用于数据库导出EXCEL表格。
　　A．Microsoft Excel 14.0 Object Library
　　B．Microsoft Web Brower
　　C．Microsoft Forms 2.0 Object Library
　　D．Microsoft Actice Server Pages Object Library
　　E．NPOI

第 3 章　使用 GDI+绘图

 内容提示

GDI+即图形设备接口,能够为应用程序和程序员提供二维矢量图形、映像和版式。本章主要介绍了 Graphics 类、GDI+常用的类和绘图时重要的坐标系统。最后讲述了在 GDI+中对图像的操作。

 教学要求

(1) 理解 Graphics 对象。
(2) 掌握简单图形的绘制。
(3) 掌握对图像的操作。

 内容框架图

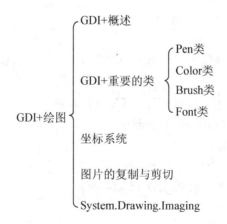

3.1 GDI+概述

编写图形程序时需要使用 GDI(Graphics Device Interface，图形设备接口)，从程序设计的角度看，GDI 包括两部分：一部分是 GDI 对象，另一部分是 GDI 函数。GDI 对象定义了 GDI 函数使用的工具和环境变量，而 GDI 函数使用 GDI 对象绘制各种图形。在 C#中，进行图形程序编写时用到的是 GDI+(Graphic Device Interface Plus，图形设备接口)版本，GDI+是 GDI 的进一步扩展，它使编程更加方便。

GDI+是微软在 Windows 2000 以后的操作系统中提供的新的图形设备接口，通过一套部署为托管代码的类来展现，这套类被称为 GDI+的"托管类接口"，GDI+主要提供了以下 3 类服务。

(1) 二维矢量图形：GDI+提供了存储图形基元自身信息的类(或结构体)、存储图形基元绘制方式信息的类以及实际进行绘制的类。

(2) 图像处理：大多数图片都难以被划定为直线和曲线的集合，无法使用二维矢量图形方式进行处理。因此，GDI+提供了 Bitmap、Image 等类，它们可用于显示、操作和保存 BMP、JPG、GIF 等图像格式的图片。

(3) 文字显示：GDI+支持使用各种字体、字号和样式来显示文本。

程序员要进行图形编程，就必须先了解 Graphics 类，同时还必须掌握 Pen、Brush 和 Rectangle 这几种类。

GDI+比 GDI 优越主要表现在两个方面：第一 GDI+通过提供新功能(例如渐变画笔和 alpha 混合)扩展了 GDI 的功能；第二修订了编程模型，使图形编程更加简易灵活。

1. Graphics 类

Graphics 类封装了一个 GDI+绘图图面，提供将对象绘制到显示设备的方法，Graphics 类与特定的设备上下文关联。画图方法都被包括在 Graphics 类中，在画任何对象(例如 Circle, Rectangle)时，首先要创建一个 Graphics 类实例，这个实例相当于建立了一块画布，有了画布才可以用各种画图方法进行绘图。

绘图程序的设计过程一般分为两个步骤：首先创建 Graphics 对象，然后使用 Graphics 对象的方法绘图、显示文本或处理图像。通常使用下述 3 种方法来创建一个 Graphics 对象。

方法一：利用控件或窗体的 Paint 事件中的 PaintEventArgs()方法。

在窗体或控件的 Paint 事件中接收对图形对象的引用，作为 PaintEventArgs(PaintEventArgs 指定绘制控件所用的 Graphics)的一部分，在为控件创建绘制代码时，通常会使用此方法来获取对图形对象的引用。例如：

```
//窗体的Paint事件的响应方法
private void form1_Paint(object sender, PaintEventArgs e)
{
    Graphics g = e.Graphics;
}
```

也可以直接重载控件或窗体的 OnPaint()方法，具体代码如下所示。

```
protected override void OnPaint(PaintEventArgs e)
{
    Graphics g = e.Graphics;
```

}
Paint 事件在重绘控件时发生。

方法二：调用某控件或窗体的 CreateGraphics()方法。

调用某控件或窗体的 CreateGraphics()方法以获取对 Graphics 对象的引用，该对象表示该控件或窗体的绘图图面。如果想在已存在的窗体或控件上绘图，通常会使用此方法。例如：

```
Graphics g = this.CreateGraphics();
```

方法三：调用 Graphics 类的 FromImage()静态方法。

由从 Image 继承的任何对象来创建 Graphics 对象。在需要更改已存在的图像时，通常会使用此方法。例如：

```
//名为"g1.jpg"的图片位于当前路径下
Image img = Image.FromFile("g1.jpg");//建立 Image 对象
    Graphics g = Graphics.FromImage(img);//创建 Graphics 对象
```

2. Graphics 类的方法成员

有了一个 Graphics 的对象引用后，就可以利用该对象的成员进行各种各样图形的绘制，表 3-1 列出了 Graphics 类的常用方法成员。

表 3-1 Graphics 类常用方法

名称	说明
DrawArc()	画弧
DrawBezier()	画立体的贝尔塞曲线
DrawBeziers()	画连续立体的贝尔塞曲线
DrawClosedCurve()	画闭合曲线
DrawCurve()	画曲线
DrawEllipse()	画椭圆
DrawImage()	画图像
DrawLine()	画线
DrawPath()	通过路径画线和曲线
DrawPie()	画饼形
DrawPolygon()	画多边形
DrawRectangle()	画矩形
DrawString()	绘制文字
FillEllipse()	填充椭圆
FillPath()	填充路径
FillPie()	填充饼图
FillPolygon()	填充多边形
FillRectangle()	填充矩形
FillRectangles()	填充矩形组
FillRegion()	填充区域

3. 引用命名空间

在.NET 中，GDI+的所有绘图功能都包括在 System、System.Drawing、System.Drawing.Imaging、System.Drawing.Darwing2D 和 System.Drawing.Text 等命名空间中，因此在开始用 GDI+类之前，需要先引用相应的命名空间。

在 C#应用程序中使用 using 命令引用给定的命名空间或类，下面是一个 C#应用程序引用命名空间的例子。

```
using System;
using System.Collections.Generic;
using System.Data;
using System.ComponentModel;
using System.Drawing;
using System.Drawing.Drawing2D;
using System.Drawing.Imaging;
```

3.2　GDI+重要的类

在创建了 Graphics 对象后，就可以用它开始绘图了，可以画线、填充图形、显示文本等，其中主要用到的类有如下几个。

Pen：用来用 patterns、colors 或者 bitmaps 进行填充。

Color：用来画线和多边形，包括矩形、圆和饼形。

Font：用来给文字设置字体格式。

Brush：用来描述颜色。

3.2.1　Pen 类

Pen 类用来绘制指定宽度和样式的直线。使用 DashStyle 属性绘制几种虚线，可以使用各种填充样式(包括纯色和纹理)来填充 Pen 绘制的直线，填充模式取决于画笔或用作填充对象的纹理。使用画笔时，需要先实例化一个画笔对象，主要有以下几种方法。

(1) 用指定的颜色实例化一支画笔的方法如下。

```
public Pen(Color);
```

(2) 用指定的画刷实例化一支画笔的方法如下。

```
public Pen(Brush);
```

(3) 用指定的画刷和宽度实例化一支画笔的方法如下。

```
public Pen(Brush, float);
```

(4) 用指定的颜色和宽度实例化一支画笔的方法如下。

```
public Pen(Color, float);
```

实例化画笔的语句格式如下：

```
Pen pn=new Pen(Color.Blue);
```

或者 Pen pn=new Pen(Color.Blue,100);

Pen 常用的属性有以下几个,见表 3-2。

表 3-2 Pen 常用属性

名 称	说 明
Alignment	获得或者设置画笔的对齐方式
Brush	获得或者设置画笔的属性
Color	获得或者设置画笔的颜色
Width	获得或者设置画笔的宽度

3.2.2 Color 类

在自然界中,颜色大都由透明度(A)和三基色(R,G,B)所组成。在 GDI+中,通过 Color 结构封装对颜色的定义,Color 结构中,除了提供(A,R,G,B)以外,还提供许多系统定义的颜色,如 Pink(粉颜色)。另外,还提供许多静态成员,用于对颜色进行操作。Color 结构的基本属性见表 3-3。

表 3-3 颜色的基本属性

名 称	说 明
A	获取此 Color 结构的 alpha 分量值,取值(0~255)
B	获取此 Color 结构的蓝色分量值,取值(0~255)
G	获取此 Color 结构的绿色分量值,取值(0~255)
R	获取此 Color 结构的红色分量值,取值(0~255)
Name	获取此 Color 结构的名称,这将返回用户定义的颜色的名称或已知颜色的名称(如果该颜色是从某个名称创建的),对于自定义的颜色,将返回 RGB 值

Color 结构的基本(静态)方法见表 3-4。

表 3-4 颜色的基本方法

名 称	说 明
FromArgb	从 4 个 8 位 ARGB 分量(alpha、红色、绿色和蓝色)值创建 Color 结构
FromKnowColor	从指定的预定义颜色创建一个 Color 结构
FromName	从预定义颜色的指定名称创建一个 Color 结构

Color 结构变量可以通过已有颜色构造,也可以通过 RGB 建立,例如:

```
Color clr1 = Color.FromArgb(122,25,255);
Color clr2 = Color.FromKnowColor(KnowColor.Brown);//KnownColor 为枚举类型
Color clr3 = Color.FromName("SlateBlue");
```

在图像处理中一般需要获取或设置像素的颜色值,获取一幅图像的某个像素颜色值的具体步骤如下。

(1) 定义 Bitmap。

```
Bitmap myBitmap = new Bitmap("c:\\MyImages\\TestImage.bmp");
```

(2) 定义一个颜色变量把在指定位置所取得的像素值存入颜色变量中。

```
Color c = new Color();
c = myBitmap.GetPixel(10,10);//获取此 Bitmap 中指定像素的颜色。
```

(3) 将颜色值分解出单色分量值。

```
int r,g,b;
r = c.R;
g = c.G;
b = c.B;
```

3.2.3 Brush 类

Brush 类是一个抽象类,所以它不能被实例化,也就是不能直接应用,但是可以利用它的派生类,如 HatchBrush、SolidBrush 和 TextureBrush 等。画刷类型一般在 System.Drawing 命名空间中,如果应用 HatchBrush 和 GradientBrush 画刷,需要在程序中引入 System.Drawing.Drawing2D 命名空间。

(1) SolidBrush(单色画刷)。它是一种一般的画刷,通常只用一种颜色去填充 GDI+图形。

(2) HatchBrush(阴影画刷)。阴影画刷有前景色和背景色两种颜色,以及 6 种阴影。前景色定义线条的颜色,背景色定各线条之间间隙的颜色。HatchBrush 类有两个构造函数。

```
public HatchBrush(HatchStyle,Color forecolor);
public HatchBrush(HatchStyle,Color forecolor,Color backcolor);
```

HatchStyle 枚举值指定可用于 HatchBrush 对象的不同图案。

(3) TextureBrush(纹理画刷)。纹理画刷拥有图案,并且通常使用它来填充封闭的图形。为了对它初始化,可以使用一个已经存在的别人设计好了的图案,或使用常用的设计程序设计的自己的图案,同时应该使图案存储为常用图形文件格式,如 BMP 格式文件。

(4) LinearGradientBrush 和 PathGradientBrush(渐变画刷)。渐变画刷类似于实心画刷,因为它也是基于颜色的。与实心画刷不同的是,渐变画刷使用两种颜色。它的主要特点是,在使用过程中,一种颜色在一端,而另外一种颜色在另一端,在中间,两种颜色融合产生过渡或衰减的效果。渐变画刷有两种:线性画刷和路径画刷(LinearGradientBrush 和 PathGradientBrush)。其中 LinearGradientBrush 可以显示线性渐变效果,而 PathGradientBrush 是路径渐变的,可以显示比较具有弹性的渐变效果。

① LinearGradientBrush 类。LinearGradientBrush 类构造函数如下。

```
public LinearGradientBrush(Point point1,Point point2,Color color1,Color color2);
```

参数说明:

point1:表示线性渐变起始点的 Point 结构。

point2:表示线性渐变终结点的 Point 结构。

color1:表示线性渐变起始色的 Color 结构。

color2:表示线性渐变结束色的 Color 结构。

② PathGradientBrush 类。PathGradientBrush 类的构造函数如下。

```
public PathGradientBrush (GraphicsPath path);
```

参数说明:

path: GraphicsPath,定义此 PathGradientBrush 填充的区域。

【工作任务】

【实例 3-1】使用 Brush 笔刷绘图。

【解题思路】

先创建 Graphics 对象,然后使用相应的画笔来绘制图像。所需控件及其属性设置见表 3-5。

表 3-5 控件属性设置

控件名	属性	值
panel1	Name	pan_graphics
button1	Name	btn_Solid
	Text	单色画刷
button2	Name	btn_Hatch
	Text	阴影画刷
button3	Name	btn_Texture
	Text	纹理画刷
button4	Name	btn_Grad
	Text	渐变画刷
label1	Name	lab_Message

【实现步骤】

(1) 在 Visual Studio 中新建一个 C#窗体应用程序。

(2) 在 Form1.cs[设计]中添加表 3-5 所示的控件并设置其属性。

(3) 双击 btn_Solid 按钮,编写以下代码:

```
private void btn_Solid_Click(object sender, EventArgs e)
{
    pan_graphics.Refresh(); //重绘控件
    Graphics g1 = pan_graphics.CreateGraphics();//创建 Graphics 对象
    SolidBrush brush1 = new SolidBrush(Color.Red);//创建笔刷对象
    g1.FillRectangle(brush1, 40, 40, 150, 150);//填充矩形
    lab_Message.Text = "单色笔刷(SolidBrush)";
    g1.Dispose();
}
```

(4) 双击 btn_Hatch 按钮,编写以下代码:

```
private void btn_Hatch_Click(object sender, EventArgs e)
{
    pan_graphics.Refresh();//重绘控件
    Graphics g2 = pan_graphics.CreateGraphics();//创建 Graphics 对象
    HatchBrush brush2 = new HatchBrush(HatchStyle.LargeCheckerBoard,
Color.Red,Color.Blue);
    g2.FillRectangle(brush2, 40, 40, 150, 150);
```

```
        lab_Message.Text = "阴影画刷(HatchBrush)";
        g2.Dispose();
    }
```

(5) 双击 btn_Texture 按钮，编写以下代码：

```
    private void btn_Texture_Click(object sender, EventArgs e)
    {
        OpenFileDialog open1 = new OpenFileDialog();
        if (open1.ShowDialog() != DialogResult.Cancel)
        {
            pan_graphics.Refresh();//重绘控件
            string filename = open1.FileName;
            Bitmap image1=new Bitmap(filename);
            image1 = new Bitmap(image1, pan_graphics.Size);//将其缩放到panel1大小
            Graphics g3 = pan_graphics.CreateGraphics();//创建Graphics对象
            TextureBrush brush3 = new TextureBrush(image1);
            g3.FillEllipse(brush3, 40, 40, 150, 150);
            lab_Message.Text = "纹理画刷(TextureBrush)";
        }
    }
```

(6) 双击 btn_Grad 按钮，编写以下代码：

```
    private void btn_Grad_Click(object sender, EventArgs e)
    {
        pan_graphics.Refresh();
        lab_Message.Text = ";
        Graphics g4 = pan_graphics.CreateGraphics();
        LinearGradientBrush brush4 = new LinearGradientBrush(new Rectangle(0,0,121,121),Color.Blue,Color.Red,LinearGradientMode.Vertical);
        g4.FillRectangle(brush4, 0, 0, 121, 121);
        Point centerPoint = new Point(170, 170);
        int R = 65;
        GraphicsPath path = new GraphicsPath();
        path.AddEllipse(centerPoint.X - R, centerPoint.Y - R, 2 * R, 2 * R);
        PathGradientBrush brush5 = new PathGradientBrush(path);
        brush5.CenterPoint = centerPoint;//指定路径中心坐标
        brush5.CenterColor = Color.Red;//指定路径中心颜色
        //Color类型的数组指定路径上每个顶点的颜色
        brush5.SurroundColors = new Color[] { Color.Blue };
        g4.FillEllipse(brush5,centerPoint.X-R,centerPoint.Y-R,2*R,2*R);
    }
```

运行效果如图 3.1～图 3.4 所示。

图 3.1　单色笔刷效果图

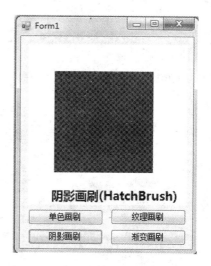

图 3.2　阴影画刷效果图

图 3.3　纹理画刷效果图

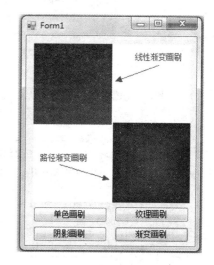

图 3.4　渐变画刷效果图

工程师提示

可以看出，使用 GDI+绘图的步骤是先创建 Graphics 对象，然后创建画笔或画刷对象，设置好相应的参数后，就可以使用各种方法来绘图了。

3.2.4　Font 类

Font 类定义特定文本格式，包括字体、字号和字形属性。Font 类的常用构造函数是 Font(string 字体名, float 字号, FontStyle 字形)，其中字号和字体为可选项.public Font(string 字体名, float 字号)，其中"字体名"为 Font 的 FontFamily 的字符串表示形式。下面是定义一个 Font 对象的例子代码。

```
FontFamily fontFamily = new FontFamily("Arial");
```

```
Font font = new Font(fontFamily,16,FontStyle.Regular,GraphicsUnit.Pixel);
```

字体常用属性见表 3-6。

表 3-6 字体的常用属性

名 称	说 明
Bold	是否为粗体
FontFamily	字体成员
Height	字体高
Italic	是否为斜体
Name	字体名称
Size	字体尺寸
SizeInPoints	获取此 Font 对象的字号,以磅为单位
Strikeout	是否有删除线
Style	字体类型
Underline	是否有下划线
Unit	字体尺寸单位

3.3 坐 标 系 统

开发 Windows 应用程序时,GDI+提供的坐标系统为开发人员提供了很大的方便。它就如同给设计者一个导航图,使设计者能方便地使用各种图形命令。

1. GDI+坐标系中的基本结构

在 GDI+坐标系中有 3 种最基本的结构,分别是 Point、Size 和 Rectangle。

(1) Point:Point 在 3 种结构中是最简单的,GDI+使用 Point 表示某个特定位置相对于原点的水平和垂直距离。许多 GDI+函数都是以 Point 作为参数的。声明和构造 Point 的代码示例如下:

```
Point p = new Point (1,1);
```

(2) Size:在 GDI+中,Size 也表示一个尺寸,它也有两个整型属性来表示水平和垂直距离——Width 和 Height。但是 Point 和 Size 的含义是不同的,Point 是用来说明实体具体位置的,而 Size 是用来说明实体有多大的。声明和构造 Size 代码示例如下:

```
Size s = new Size (5,5);
```

(3) Rectangle:Rectangle 是用来指定矩形的坐标的,它由一个 Point 和一个 Size 组成,其中 Point 表示矩形左上角,Size 表示矩形大小。声明和构造 Rectangle 有两种方式。

① 在构造函数中分别指定 x 坐标、y 坐标、宽度和高度。例如:

```
Rectangle r1 = new Rectangle (1,2,5,6);
```

② 在构造函数中指定 Point 位置和 Size 结构。例如:

```
Point p = new Point (1,2);
```

```
Size s = new Size (5,6);
Rectangle r2 = new Rectangle (p, s);
```

除了利用它的构造函数构造矩形对象外，还可以使用 Rectangle 结构的属性成员，其属性成员见表 3-7。

表 3-7 Rectangle 结构属性

名 称	说 明
Bottom	底端坐标
Height	矩形高
IsEmpty	测试矩形宽和高是否为 0
Left	矩形左边坐标
Location	矩形的位置
Right	矩形右边坐标
Size	矩形尺寸
Top	矩形顶端坐标
Width	矩形宽
X	矩形左上角顶点 X 坐标
Y	矩形左上角顶点 Y 坐标

2. GDI+中坐标系的分类

GDI+中的坐标系分为 3 类：世界坐标系(World coordinates)、设备坐标系(Device coordinates)和页面坐标系(Page coordinates)。

世界坐标系是用于建立特殊图形世界模型的坐标系，也是在程序中调用方法时传递参数使用的坐标系。世界坐标系是一种通用的坐标系，可以适用于任何计算机设备。默认情况下，X 轴正方向水平向右，Y 轴正方向垂直向下。

设备坐标系是指显示设备或打印设备使用的坐标系，它的特点是以设备上的像素点为单位。对于窗体中的视图而言，设备坐标的原点在窗体绘图区的左上角，X 坐标从左向右递增，y 坐标自上而下递增。由于设备的分辨率不同，相同坐标值的物理位置可能不同。如对于边长为 100cm 的正方形，显示器为 800×600 像素和 1024×768 像素时的大小是不一样的。

页面坐标系指某种映射模式下的一种坐标系。所谓映射是指将世界坐标系通过某种方式进行的变换。通俗些说，页面坐标系就是指绘图图面(如窗体或控件)使用的坐标系。

页面坐标系与设备坐标系的差异在于 X，Y 的单位不同：页面坐标系中的 X，Y 单位可以任意设定，如英寸、毫米等；而设备坐标系中，只有一种单位，对显示器而言就是像素，对打印机而言就是 1/72 英寸。默认情况下，设备坐标系和页面坐标系是相同的，均使用像素作为量度单位。如果将量度单位设置为像素以外的其他单位(例如英寸)，则设备坐标和页面坐标就不相同了。

3. 不同坐标系的转换

实际上，当使 GDI+的 Graphics 对象调用对应的方法时传递给方法的坐标为世界坐标系中的坐标，而在屏幕或者打印机上显示的是设备坐标系中的坐标。因此，每次输出时，系统都会自动进行两次坐标变换——第一次是从世界坐标向页面坐标的变换，称之为世界变换(World

Transformation)；第二次是从页面坐标向设备坐标的变换，称之为页面变换(Page Transformation)。在程序中，也可以通过调用 Graphics 对象的 TranslateTransform 方法改变世界变换的原点，通过设置 Graphics 对象的 PageUnit 和 PageScale 属性改变页面变换的量度单位。除此之外，Graphics 类还提供了两个只读属性：DpiX 和 DpiY，用于检查显示设备每英寸的水平点数和垂直点数。

3.4 图片的复制与剪切

图像复制和粘贴是图像处理的基本操作之一，通常使用剪贴板来完成图像的复制和粘贴，剪贴板是在 Windows 系统中单独预留出来的一块内存，它用来暂时存放在 Windows 应用程序间要交换的数据，使用剪贴板对象可以轻松实现应用程序间的数据交换，这些数据包括图像或文本。在 C#中，剪贴板通过 Clipboard 类来实现。Clipboard 类的常用方法见表 3-8。

表 3-8 Clipboard 类常用方法

名　　称	说　　明
Clear()	从剪贴板中移除所有数据
ContainsData()	指示剪贴板中是否存在指定格式的数据，或可转换成此格式的数据
ContainsImage()	指示剪贴板中是否存在 Bitmap 格式或可转换成此格式的数据
ContainsText()	已重载，指示剪贴板中是否存在文本数据
GetData()	从剪贴板中检索指定格式的数据
GetDataObject()	检索当前位于系统剪贴板中的数据
GetFileDropList()	从剪贴板中检索文件名的集合
GetImage()	检索剪贴板上的图像
GetText()	已重载，从剪贴板中检索文本数据
SetAudio()	已重载，将 WaveAudio 格式的数据添加到剪贴板中
SetData()	将指定格式的数据添加到剪贴板中
SetDataObject()	已重载，将数据置于系统剪贴板中
SetImage()	将 Bitmap 格式的 Image 添加到剪贴板中
SetText()	已重载，将文本数据添加到剪贴板中

剪贴板的使用主要有以下两个步骤。
(1) 将数据置于剪贴板中。
(2) 从剪贴板中检索数据。
下面简要介绍剪贴板的使用。
(1) 将数据置于剪贴板中。可以通过 SetDataObject()方法将数据置于剪贴板中，SetDataObject()方法有以下 3 种形式的定义。
① Clipboard.SetDataObject(Object)：将非持久性数据置于系统剪贴板中，由.NET Compact Framework 支持。
② Clipboard.SetDataObject(Object,Boolean)：将数据置于系统剪贴板中，并指定在退出应用程序后是否将数据保留在剪贴板中。
③ Clboard.SetDataObject(Object,Boolean,Int32,Int32)：尝试指定的次数，以将数据置于系

统剪贴板中,且两次尝试之间具有指定的延迟,可以选择在退出应用程序后将数据保留在剪贴板中。

将字符串置于剪贴板中的语句如下所示。

```
string str = "Mahesh writing data to the Clipboard";
Clipboard.SetDataObject(str);
```

(2) 从剪贴板中检索数据。可以通过 GetDataObject()方法从剪贴板中检索数据,它将返回 IdataObject,其定义如下:

```
public static IDataObject GetDataObject();
```

首先使用 IDataObject 对象的 GetDataPresent()方法检测剪贴板上存放的是什么类型的数据,然后是使用 IDataObject 对象的 GetData()方法获取剪贴板上相应数据类型的数据。下面使用 GetDataObject()方法从剪贴板中检索出字符串数据。

```
IDataObject iData = Clipboard.GetDataObject();
    if (iData.GetDataPresent(DataFormats.Text))
      {
  string str =(String)iData.GetData(DataFormats.Text);
      }
```

【工作任务】

【实例 3-2】使用剪贴板复制和粘贴图像。

【解题思路】

首先打开一幅图片,然后使用 SetDataObject()方法将图片存储在剪贴板,再使用 GetDataObject()方法粘贴图片。所需控件及其属性设置见表 3-9。

表 3-9 控件及其属性设置

控件名	属 性	值
label1	Name	Lab_FilePath
textbox1	Name	txt_FilePath
button1	Name	btn_Open
	Text	...
button2	Name	btn_Copy
	Text	复制
button3	Name	btn_paste
	Text	粘贴
picturebox1	Name	pic_Image
picturebox2	Name	pic_CliImage

【实现步骤】

(1) 在 Visual Studio 中新建一个 C#窗体应用程序。

(2) 在 Form1.cs[设计]中添加表 3-9 所示的控件并设置其属性。

(3) 添加模块级变量:

```
Image image1;
```

(4) 双击 btn_Open 按钮，编写以下代码：

```
OpenFileDialog open = new OpenFileDialog();
if (open.ShowDialog() != DialogResult.Cancel)
{
    image1 = Image.FromFile(open.FileName);
    txt_FilePath.Text = open.FileName;
    pic_Image.Image = image1;
}
```

(5) 双击 btn_Copy 按钮，编写以下代码：

```
Clipboard.SetDataObject(image1, true);
```

(6) 双击 btn_paste 按钮，编写以下代码：

```
IDataObject iData = Clipboard.GetDataObject();
if (iData.GetDataPresent(DataFormats.Bitmap))
{
    pic_CliImage.Image=
        (Bitmap)iData.GetData(DataFormats.Bitmap);
}
```

运行效果如图 3.5 所示。

图 3.5　使用剪贴板复制和粘贴图像运行效果图

工程师提示

剪贴板是系统分配的独立的一块内存，因此在这个程序中，复制后的文件可以在其他地方粘贴，同理也可以从其他地方复制图片来粘贴到程序中。

3.5　System.Drawing.Imaging

对图像的处理主要有加载图像、创建图像、显示图像、修改图像、把内存中的图像保存到文件中等。本节主要介绍图像的显示、保存、平移、旋转、缩放、拉伸、反转变换等内容。

1. 图像的显示与保存

GDI+提供了两个类用来表示图像：Bitmap 类和 Metafile 类。其中，Bitmap 类提供了处理位图的功能(位图是基于光栅的图像)，Metafile 类提供了处理矢量图的功能。这两个类都继承自 Image 类。这里主要考虑的是光栅图像，因此只介绍 Image 类的 Bitmap 类。从文件中读取一个位图并在屏幕中显示出此图像需要 3 个步骤。

(1) 创建一个 Bitmap 对象，指明要显示的图像文件。
(2) 创建一个 Graphics 对象，表明要使用绘图平面。
(3) 通过调用 Graphics 对象的 DrawImage 方法显示图像。

Bitmap 类支持多种文件格式，例如 BMP、GIF、JPEG、PNG 和 TIFF 等。

(1) 创建 Bitmap 对象。Bitmap 类有很多重载的构造函数，其中常用的如下。

```
public Bitmap(string filename);
```

其中 filename 是图像文件名。可以利用该构造函数创建 Bitmap 对象。例如：

```
Bitmap bitmap = new Bitmap("filename.jpg");
```

(2) DrawImage()方法：Graphics 类的 DrawImage 方法用于在指定位置显示原始图像或者缩放后的图像。该方法的重载形式也非常多，其中常用的一种如下。

```
public void DrawImage(Image image,int x,int y,int width, int height);
```

该方法在(x，y)位置点按指定的大小显示图像。利用此方法可以直接显示缩放后的图像。

使用画图功能在窗体上绘制出图形或图像后，可以以多种格式保存到文件中。图像的保存要用到 Image.save()方法。这个方法有多种构造函数，其中最常用的形式如下。

```
public void save (string filename)
```

其中 filename 为图像或图形所要保存的路径。

【工作任务】
【实例 3-3】实现图像的显示与保存。
【解题思路】
首先根据图片绘制一张新图片，然后将这张图片保存下来。所需控件及其属性见表 3-10。

表 3-10 控件属性设置

控件名	属 性	值
label1	Name	lab_FilePath
	Text	选择图像：
button1	Name	btn_Open
	Text	...
button2	Name	btn_Save
	Text	另存为
textbox1	Name	txt_FilePath

【实现步骤】
(1) 在 Visual Studio 中新建一个 C#窗体应用程序。
(2) 在 Form1.cs[设计]中添加表 3-10 所示的控件并设置其属性。

(3) 添加模块级变量：

```
Bitmap bitmap;
```

(4) 双击 btn_Open 按钮，编写如下代码：

```
private void btn_Open_Click(object sender, EventArgs e)
{
    OpenFileDialog open1 = new OpenFileDialog();
    if (open1.ShowDialog() != DialogResult.Cancel)
    {
        txt_FilePath.Text = open1.FileName;
        bitmap = new Bitmap(open1.FileName);
        Graphics g1 = this.CreateGraphics();
        g1.DrawImage(image,4,38,227,209);
    }
}
```

(5) 双击 btn_Save 按钮，编写如下代码：

```
private void btn_Save_Click(object sender, EventArgs e)
{
    if (bitmap != null)
    {
        SaveFileDialog save1 = new SaveFileDialog();
        save1.Filter = "JPG图像(*.jpg)|*.jpg";
        if (save1.ShowDialog() != DialogResult.Cancel)
        {
            bitmap.Save(save1.FileName);//保存图像
        }
    }
}
```

运行效果如图 3.6 所示。

图 3.6 实现图像的显示与保存运行效果图

2. 图像的平移、旋转和缩放

Graphics 类提供了 3 种对图像进行几何变换的方法，分别是 TranslateTransform()方法、

RotateTransform()方法、ScaleTransform()方法,分别用于图形图像的平移、旋转和缩放。

(1) TranslateTransform()方法,此方法可以平移坐标系统的原点。常用形式为:

```
public void TranslateTransform (float dx,float dy);
```

其中 dx 表示平移的 x 分量,dy 表示平移的 y 分量。

(2) RotateTransform()方法,此方法将整个坐标系统旋转某个角度。常用形式为:

```
public void RotateTransform (float angle);
```

其中 angle 表示沿顺时针旋转的角度,例如 angle 为 120.0f 表示顺时针旋转 120 度。

(3) ScaleTransform()方法,此方法将整个坐标系统按指定的 x 分量和 y 分量进行缩放。常用形式为:

```
public void ScaleTransform (float sx,float sy);
```

其中 sx 表示 x 方向缩放比例,sy 表示 y 方向缩放的比例。

【工作任务】
【实例 3-4】3 种图像变换示例。
【解题思路】
首先使用方法改变坐标系统,然后在新的坐标系统上绘图,这样即可达到效果。所需控件及其属性设置见表 3-11。

表 3-11 控件属性设置

控件名	属 性	值
Form1	Size	572, 243

【实现步骤】

(1) 在 Visual Studio 中新建一个 C#窗体应用程序。
(2) 在 Form1.cs[设计]中添加表 3-11 所示的控件并设置其属性。
(3) 在 Form1 事件列表中双击 Paint 事件,编写以下代码:

```csharp
private void Form1_Paint(object sender, PaintEventArgs e)
{
    Graphics g = e.Graphics;
    g.TranslateTransform(110, 120);
    for (float angle = 0; angle < 360; angle += 45)
    {
        g.RotateTransform(angle);
        g.FillEllipse(new SolidBrush(Color.FromArgb(80, Color.Blue)), 0, 0, 20, 80);
    }
    //在平移旋转后的基础上继续平移坐标系统
    g.TranslateTransform(-200.0f, 0.0f);
    for (float angle = 0; angle < 360; angle += 45)
    {
        g.RotateTransform(angle);
        g.FillEllipse(new SolidBrush(Color.FromArgb(80, Color.Blue)), 0, 0, 20, 80);
```

```
        }
        g.TranslateTransform(200.0f, 0.0f);
        g.ScaleTransform(0.5f, 0.5f);
        for (float angle = 0; angle < 360; angle += 45)
        {
            g.RotateTransform(angle);
            g.FillEllipse(new SolidBrush(Color.FromArgb(80, Color.Blue)), 0, 0,
20, 80);
        }
    }
```

运行效果如图 3.7 所示。

图 3.7　3 种图像变换示例运行效果图

 工程师提示

本例中，对坐标系统进行循环旋转绘制出图形，然后在图形的基础上再进行平移和缩放。

3. 图像的拉伸与反转变换

在一定的时间内，连续改变图像的某些属性，并不断地刷新显示该图像，可以达到一些特殊的效果，如图像的拉伸和反转。本节将通过一个实例演示如何实现图像的变换。

【工作任务】
【实例 3-5】实现图像的拉伸与反转变换。
【解题思路】
首先选择一个图像文件，这里因为没有直接提供拉伸与反转的方法，所以需要使用一系列算法来达到这些效果。所需控件及其属性设置见表 3-12。

表 3-12　控件属性设置

控件名	属 性	值
button1	Name	btn_LeftToRight
	Text	左到右拉伸
button2	Name	btn_TopToDown

续表

控件名	属性	值
button2	Text	上到下拉伸
button3	Name	btn_MiddletoSide
	Text	中间向两边拉伸
button4	Name	btn_Reversal
	Text	反转
button5	Name	btn_Expand
	Text	向四周扩散
picturebox1	Name	pic_Content

【实现步骤】

(1) 在 Visual Studio 中新建一个 C#窗体应用程序。

(2) 在 Form1.cs[设计]中添加表 3-12 所示的控件并设置其属性。

(3) 双击窗体，编写窗体的 Load 事件，代码如下：

```csharp
private void Form1_Load(object sender, EventArgs e)
{
    OpenFileDialog open1 = new OpenFileDialog();
    open1.Filter= "*.jpg;*.bmp|*.jpg;*.bmp;";
    while (mybitmap == null)
    {
        if (open1.ShowDialog() != DialogResult.Cancel)
        {
            mybitmap = new Bitmap(open1.FileName);
            Bitmap bitmap2 = new Bitmap(mybitmap, pic_Content.Size);
            pic_Content.Image = bitmap2;
        }
    }
}
```

(4) 双击 btn_LeftToRight 按钮，编写如下代码：

```csharp
private void btn_LeftToRight_Click(object sender, EventArgs e)
{
    //图像宽度
    int iWidth = this.pic_Content.Width;
    //图像高度
    int iHeight = this.pic_Content.Height;
    //取得 Graphics 对象
    Graphics g = this.pic_Content.CreateGraphics();
    //初始为白色
    g.Clear(Color.White);
    for (int x = 0; x <= iWidth; x++)
    {
        g.DrawImage(mybitmap, 0, 0, x, iHeight);
    }
}
```

(5) 双击 btn_TopToDown 按钮，编写如下代码：

```csharp
private void btn_TopToDown_Click(object sender, EventArgs e)
{
    //图像宽度
    int iWidth = this.pic_Content.Width;
    //图像高度
    int iHeight = this.pic_Content.Height;
    //取得 Graphics 对象
    Graphics g = this.pic_Content.CreateGraphics();
    //初始为白色
    g.Clear(Color.White);
    for (int y = 0; y <= iHeight; y++)
    {
        g.DrawImage(mybitmap, 0, 0, iWidth, y);
    }
}
```

(6) 双击 btn_MiddletoSide 按钮，编写如下代码：

```csharp
private void btn_MiddletoSide_Click(object sender, EventArgs e)
{
    //图像宽度
    int iWidth = this.pic_Content.Width;
    //图像高度
    int iHeight = this.pic_Content.Height;
    //取得 Graphics 对象
    Graphics g = this.pic_Content.CreateGraphics();
    //初始为白色
    g.Clear(Color.White);
    for (int y = 0; y <= iWidth / 2; y++)
    {
        Rectangle DestRect = new Rectangle(iWidth / 2 - y, 0, 2 * y, iHeight);
        Rectangle SrcRect = new Rectangle(0, 0, mybitmap.Width, mybitmap.Height);
        g.DrawImage(mybitmap, DestRect, SrcRect, GraphicsUnit.Pixel);
    }
}
```

(7) 双击 btn_Reversal 按钮，编写如下代码：

```csharp
private void btn_Reversal_Click(object sender, EventArgs e)
{
    //图像宽度
    int iWidth = this.pic_Content.Width;
    //图像高度
    int iHeight = this.pic_Content.Height;
    //取得 Graphics 对象
    Graphics g = this.pic_Content.CreateGraphics();
    //初始为白色
    g.Clear(Color.White);
    for (int x = -iWidth / 2; x <= iWidth / 2; x++)
    {
```

```
                Rectangle DestRect = new Rectangle(0, iHeight / 2 - x, iWidth, 2 * x);
                Rectangle SrcRect = new Rectangle(0, 0, mybitmap.Width, mybitmap.Height);
                g.DrawImage(mybitmap, DestRect, SrcRect, GraphicsUnit.Pixel);
            }
        }
```

(8) 双击 btn_Expand 按钮，编写如下代码：

```
        private void btn_Expand_Click(object sender, EventArgs e)
        {
            //图像宽度
            int iWidth = this.pic_Content.Width;
            //图像高度
            int iHeight = this.pic_Content.Height;
            //取得 Graphics 对象
            Graphics g = this.pic_Content.CreateGraphics();
            //初始为白色
            g.Clear(Color.White);
            for (int x = 0; x <= iWidth / 2; x++)
            {
                Rectangle DestRect = new Rectangle(iWidth / 2 - x, iHeight / 2 - x, 2 * x, 2 * x);
                Rectangle SrcRect = new Rectangle(0, 0, mybitmap.Width, mybitmap.Height);
                g.DrawImage(mybitmap, DestRect, SrcRect, GraphicsUnit.Pixel);
            }
        }
```

运行效果如图 3.8 所示。

图 3.8　图像的拉伸与反转变换运行效果图

工程师提示

本例用动画的形式演示了利用 GDI+对图像进行一系列的变换效果，同时利用 GDI+还能制作出千变万化的效果，同学们可以尝试改变它们的参数来实现更多的效果。

本 章 小 结

本章主要讲述了在 C#中使用 GDI+绘制图像，3.1 节主要熟悉 GDI+的基础知识。3.2 节列举 GDI+中的几个重要的类，并介绍了一些方法，这些方法只是很少的一部分知识，需要自己学习研究。3.3 节介绍坐标系统的相关知识。3.4 节是图片的剪切和复制。3.5 节主要介绍 System.Drawing.Imaging 这个命名空间，主要是涉及对图片的处理。

课 后 练 习

一、填空题

1. 使用 GDI+需要引用的命名空间是_____。
2. GDI+主要提供的服务有_____、_____和_____。
3. 分别填写 GDI+重要类的作用。Pen：_____，Color：_____，Font：_____，Brush：_____。
4. 在 GDI+坐标系中，有 3 种最基本的结构，分别是_____、_____和_____。
5. GDI+中的坐标系分为 3 类：_____、_____和_____。
6. 剪贴板通过_____类来实现。
7. 剪贴板的使用主要有两个步骤：①_____，②_____。
8. 用于图形图像的平移、旋转和缩放的 3 个方法分别是：_____、_____、_____。

二、选择题

1. 下面能够体现 GDI+相对于 GDI 的优越性的是(　　)。
   A．GDI+通过提供新功能　　　　　　B．GDI+更节约内存
   C．编程更加简易灵活　　　　　　　D．批量处理文件
2. 在已存在的窗体或控件上绘图的正确的方法是(　　)。
   A．Graphics g = Graphics.FromImage(img);
   B．Graphics Grap = this.CreateGraphics();
   C．Graphics Grao = new CreateGraphics();
   D．Graphics Grap = this.CreateGraphics(1.jpg);
3. 下面方法不属于 GDI+的是(　　)。
   A．DrawBezier　　　　B．FillEllipse　　　　C．FillRegion　　　　D．FileSystemInfo
4. 下列选项属于 Graphics 类的对象的是(　　)。
   A．Color　　　　　　B．Colors　　　　　　C．Bitmaps　　　　　D．Font
5. 用指定的颜色实例化一支画笔的方法是(　　)。
   A．public Color(Color);　　　　　　B．public Pen(Color);
   C．public Font(Brush, float);　　　　D．public Pen(Brush, float);

三、程序题

1. 使用 GDI+绘图在窗体上绘制一个五角星，如图 3.9 所示。

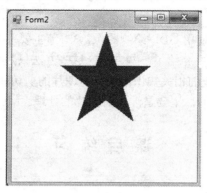

图 3.9　绘制五角星

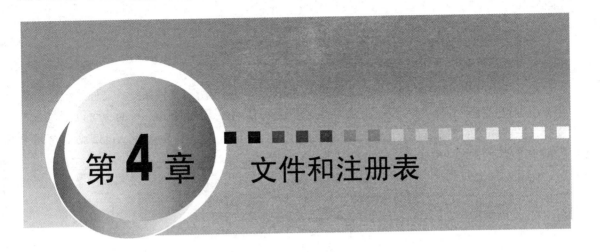

第4章 文件和注册表

 内容提示

本章介绍如何在C#中执行读写文件和系统注册表的任务。主要内容：介绍目录结构，确定其中有哪些文件和文件夹，并介绍它们的属性，移动、复制和删除文件和文件夹，读写文本文件，读写注册表键。

教学要求

(1) 掌握文件的创建、移动、复制、删除。
(2) 掌握文件的读写。
(3) 掌握注册表的基础知识。

内容框架图

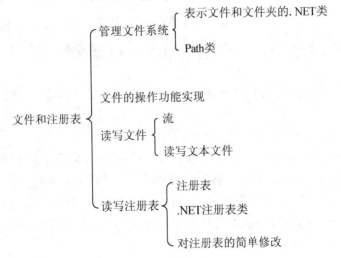

4.1 管理文件系统

Microsoft 提供了非常直观的对象模型，这些模型包括了所有文件系统。文件系统操作是用来引导用户找到文件夹里面的文件，并对它们进行移动、复制和删除，同时也可以创建新的文件。这些相关的类都在 System.IO 命名空间中，而注册表操作由 System.Win32 命名空间中的两个类来执行。

图 4.1 是 C#对文件操作的类的结构图，这些类可以用于浏览文件系统和执行操作，例如移动、复制和删除文件。每个类的命名空间都显示在类名前面。

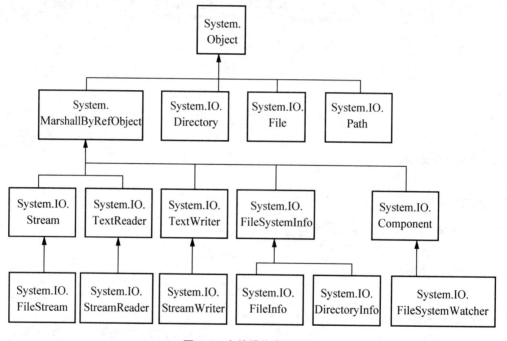

图 4.1 文件操作类结构图

（1）File——提供创建、复制、删除、移动和打开文件的静态方法，并协助创建 FileStream 对象。

（2）FileInfo——提供创建、复制、删除、移动和打开文件的实例方法，并协助创建 FileSystem 对象。

（3）FileSystemInfo——表示任何文件系统对象的基类。

（4）Directory——提供创建、复制、删除、移动和打开目录的静态方法。

（5）DirectoryInfo——提供创建、移动和枚举目录和子目录的实例方法。

（6）Path——这个类包含的静态成员可以用于对文件或目录路径信息的字符串执行操作。

（7）FileStream——指向文件流，支持对文件的读/写，支持随机访问文件。

（8）StreamReader——从流中读取字符数据。

（9）StreamWriter——向流中写入字符数据。

（10）FileSystemWatcher——用于监控文件和目录的变化。

(11) System.MarshallByRefObject——.NET 类中用于远程操作的基对象类，允许在应用程序域之间调用数据。

4.1.1 表示文件和文件夹的.NET 类

1. File 和 Directory 类

File 和 Directory 实用类提供了许多静态方法，且不需要实例化。只要调用一个成员的方法，提供合适文件系统对象的路径，就可以使用这些类。如果只对文件夹和文件执行一个操作，使用这些类就很有效，因为这样可以省去实例化.NET 类所占用的资源。File 类和 Directory 类的常用方法见表 4-1 和表 4-2。

表 4-1 File 类的常用方法

方 法	作 用
Append()	打开指定文件并返回一个 StreamWriter 对象，以后可使用这个对象向指定文件中添加文本文件内容
Copy()	复制文件
Create()	创建指定文件并返回一个 FileStream 对象，如果指定的对象存在则覆盖已有对象
CreateText()	创建指定文件并返回一个 StreamWriter 对象
Delete()	删除指定文件
Exists()	判断文件存在与否
SetAttributes()	设置文件的属性
Move()	把文件移到新的位置
Open()	打开文件并返回 FileStream 对象，用户可使用这个对象对文件进行读/写操作

表 4-2 Directory 类的常用方法

方 法	作 用
CreateDirectory()	创建目录和子目录
Delete()	删除目录及其内容
Move()	移动文件和目录内容
Exists()	判断文件或文件夹是否存在
GetCurrentDirectory()	获取应用程序的当前工作目录
SetCurrentDirectory()	将应用程序的当前工作目录设置为指定目录
GetCreationTime()	获取目录创建的日期和时间
GetDirectories()	获取指定目录中子目录的名称
GetFiles()	获取指定目录中文件的名称

2. FileInfo 和 DirectoryInfo 类

FileInfo 和 DirectoryInfo 执行与 File 和 Directory 大致相同的公共方法，并拥有一些公共的属性和构造函数，但它们都是有状态的，并且这些类的成员都不是静态的。如果需要实例化这些类，则把每个实例与特定的文件夹和文件关联起来。如果使用同一个对象执行多个操作，使用这些类就比较有效，因为在构造时它们将读取合适文件系统对象的身份认证和其他信息，无论对每个对象调用了多少方法,都不需要再次读取这些信息。比较而言,在调用每个方法时,相应的无状态类需要再次检查一下文件或文件夹的内容。FileInfo 和 DirectoryInfo 类的常用方法见表 4-3。

表 4-3 FileInfo 和 DirectoryInfo 类的常用方法

方法	作用
CreationTime()	创建文件或文件夹的时间
DirectoryName()(仅用于 FileInfo)	包含文件夹的完整路径名
Parent()(仅用于 DirectoryInfo)	指定子目录的父目录
Exists()	判断文件或文件夹是否存在
Extension()	文件的扩展名,对于文件夹则返回空白
FullName()	文件或文件夹的完整路径名
LastAccessTime()	最后一次访问文件或文件夹的时间
LastWriteTime()	最后一次修改文件或文件夹的时间
Name()	文件或文件夹的名称
Root()(仅用于 DirectoryInfo)	路径的根部分
Length()(仅用于 FileInfo)	返回文件的大小(字节)
Create()	创建给定名称的文件夹或空文件。对于 FileInfo,该方法会返回一个流对象以便写入文件
Delete()	删除文件或文件夹,对于文件夹有一个递归选项
MoveTo()	移动和重命名文件或文件夹
CopyTo()(仅用于 FileInfo)	复制文件,注意文件夹没有复制方法,如果复制完整的目录树,需要单独复制每个文件,创建对应旧文件夹的新文件夹
GetDirectories()(仅用于 DirectoryInfo)	返回 DirectoryInfo 对象数组,该数组表示文件夹中包含的所有文件夹
GetFiles()	返回 FileInfo 对象数组,该数组表示文件夹中包含的所有文件
GetFileSystemObjects()	返回 FileInfo 和 DirectoryInfo 对象,把文件夹中包含的所有对象表示为一个 FileSystemInfo 引用数组

本节主要使用 FileInfo 和 DirectoryInfo 类,但调用的许多方法也可以由 File 和 Directory 执行(但这些方法需要一个额外的参数——文件系统对象的路径名,有两个方法的名称略有不同。)例如:

```
FileInfo myfile=new FileInfo(@"C:\Myfile.txt");
myfile.CopyTo(@"D:\Myfile.txt");
```

与下面的代码有相同的效果:

```
File.Copy(@"C:\Myfile.txt",@"D:\Myfile.txt");
```

第一个代码段执行的时间略长,因为需要实例化一个 FileInfo 对象 myfile,但 myfile 可以对同一个文件执行进一步的操作。第二个示例不需要实例化对象来复制文件。

4.1.2 Path 类

Path 类不能实例化。它有一些静态方法,可以更容易地对路径名执行操作。例如,假定要显示文件夹 D:\Myfolder 中 Myfile.txt 文件的完整路径,可以用下述代码查找文件的路径:

```
Console.WriteLine(Path.Combine(@"D:\Myfolder", "Myfile.txt"));
```

使用 Path 类要比手工处理各个符号容易得多。因为 Path 类在处理不同操作系统上的路径名时，要使用不同的格式。在编写本书时，Windows 是.NET 唯一支持的操作系统，但如果.NET 以后要移植到 Unix 上，Path 就要处理 Unix 路径，此时/(并不是\)用作路径名中的分隔符。Path.Combine()是这个类常常使用的一个方法，Path 也执行其他提供路径信息的方法，或者以要求的格式显示信息 Path 类的常用方法，见表 4-4。

表 4-4 Path 类的常用方法

方 法	作 用	示 例
ChangeExtension()	更改路径字符串的扩展名	string newPath=Path. ChangeExtension ("c:\\test.txt", "html");
Combine()	合并两个路径的字符串	string newPath=Path.Combine ("c:\\ ", "mydir");
GetDirectoryName()	返回指定路径字符串的目录信息	string dir=Path. GetDirectoryName ("c:\\mydir\\test.txt");
GetExtension()	返回指定路径字符串的扩展名	string ext=Path. GetExtension ("c:\\mydir\\test.txt");
GetFileName()	返回指定路径字符串的文件名和扩展名	string name=Path. GetFileName ("c:\\mydir\\test.Txt");
GetFileNameWithoutExtension()	返回不带扩展名的指定路径字符串的文件名	string name=Path.GetFileNameWithoutExtension ("c:\\mydir\\test.txt");
GetFullPath()	返回指定路径字符串的绝对路径	string fullpath=Path. GetFullPath ("test.txt");
GetTempPath()	返回当前系统临时文件夹的路径	string tempPath=Path. GetTempPath();
HasExtension()	确定路径是否包括文件扩展名	bool hasExt=HasExtension ("c:\\mydir\\test.txt");

【工作任务】

【实例 4-1】创建文件浏览器。

【解题思路】

(1) 在 Visual Studio 2008 中新建一个项目，名字为 "FileProperties"。

(2) 在项目中添加 8 个 Text 控件、8 个 Label 控件、2 个 Groupbox 控件、2 个 Listbox 控件和 2 个 Button 按钮，如图 4.2 所示，显示了使用文件浏览器查看一个文件夹的情况。

【例子说明】

用户在添加事件程序中：

(1) 用户单击 "显示" 按钮：此时，需要确定用户在主文本框中输入的内容是文件的路径还是文件夹的路径。如果是文件夹，列表框中就会列出该文件夹中的文件和子文件夹。如果是文件，仍要对包含该文件的文件夹进行上述操作，还要在下面的文本框中显示文件的属性。

(2) 用户单击文件列表框中的一个文件名：此时，在下面的文本框中显示文件的属性。

(3) 用户单击文件夹列表框中的一个文件夹名：此时，将清理所有的控件，并且在列表框中显示这个文件夹的内容。

(4) 用户单击 "打开" 按钮：此时，将清理所有的控件，并且在列表框中显示文件夹的父文件夹中的内容。

【实现步骤】

(1) 新建工程项目。打开【Visual Studio】,选择【文件】→【新建】→【项目】,在已安装模板中选择【Visual .C#】→【Windows 窗体应用程序】,项目的名称为 "FileProperties"。

(2) 在 Form1.cs[设计]中添加控件,见表 4-5。

表 4-5 所需控件属性设置

控件名	属性	值
Text1	Name	txt_input
Text2	Name	txt_folder
Text3	Name	txt_filename
Text4	Name	txt_fileSize
Text5	Name	txt_creationTime
Text6	Name	txt_lastModificationTime
Text7	Name	txt_lastAccessTime
Text8	Name	txt_NewLocation
label1	Name	Label1
	Text	输入要检查的文件夹的名称,然后单击显示
label2	Name	Lab_Folder
	Text	当前文件路径
label3	Name	lab_FileName
	Text	文件名
label4	Name	lab_FileSize
	Text	文件大小
label5	Name	Lab_CreationTime
	Text	创建时间
label6	Name	Lab_LastTime
	Text	最后修改时间
label7	Name	Lab_lastAccessTime
	Text	上次访问时间
label8	Name	lab_NewLocation
	Text	目标路径
groupBox1	Name	groupBox_folder
	Text	文件夹列表
groupBox2	Name	groupBox_File
	Text	文件列表
groupBox3	Name	groupBox_Enter
	Text	文件操作
listBox1	Name	list_files
listBox2	Name	list_folders
button1	Name	btn_display
	Text	显示
button2	Name	btn_up

续表

控件名	属性	值
button2	Text	打开
button3	Name	btn_move
	Text	移动
button4	Name	btn_copy
	Text	复制
button5	Name	btn_deleted
	Text	删除

(3) 设计后效果如图 4.2 所示。

图 4.2 创建文件浏览器程序界面图

(4) 首先要添加引用 using System.IO；

```
using System;
using System.Collections.Generic;
using System.ComponentModel;
using System.Data;
using System.Drawing;
using System.Linq;
using System.Text;
using System.Windows.Forms;
using System.IO;
```

(5) 在列出事件处理程序的代码前，先列出实际完成所有任务的方法的代码。首先，需要清除所有控件的内容，代码如下：

```
/// <summary>
///   清除所有控件的内容
```

```csharp
        /// </summary>
        protected void ClearAllFields()
        {
            list_files.Items.Clear();
            list_folders.Items.Clear();
            txt_creationTime.Text = "";
            txt_filename.Text = "";
            txt_filesize.Text = "";
            txt_folder.Text = "";
            txt_lastAccessTime.Text = "";
            txt_lastModificationTime.Text = "";
            txt_NewLocation.Text = "";
        }
```

(6) 其次，定义一个方法 DisplayFileInfo()，该方法用于在文本框中显示给定文件的信息。它带有一个参数，即文件的完整路径名，它根据该路径创建一个 FileInfo 对象，代码如下：

```csharp
        /// 在两个列表框中显示文件内容,定位文件时出错将抛出异常
        /// </summary>
        /// <param name="folderFullName"></param>
        protected void DisplayFileInfo(string fileFullName)
        {
//提供创建、复制、删除、移动和打开文件的方法
            FileInfo theFile = new FileInfo(fileFullName);
            if (!theFile.Exists)//获取指定文件的值是否存在
//获取磁盘上不存在文件的异常
                throw new FileNotFoundException("未找到文件: " +fileFullName);
txt_filename.Text = theFile.Name;//获取文件名
//获取当前文件创建或设置的时间,将当前对象的值转换为等效的长的时间字符串形式
            txt_creationTime.Text   =   theFile.CreationTime.ToLongTimeString();
//获取或设置上次访问当前文件或目录的时间,将当前对象的值转换为等效长的日期字符形式
  txt_lastAccessTime.Text = theFile.LastAccessTime.ToLongDateString();
//获取或设置上次写入当前文件或目录的时间
            txt_lastModificationTime.Text = theFile.LastWriteTime.ToLongDateString();
//(下面为文件操作实现要用到的)确保新按钮和文本框在合适的时间是可用的或禁用的,要使它们在显示文件的内容时可用
            txt_filesize.Text = theFile.Length.ToString() + "bytes";
            txt_NewLocation.Text = theFile.FullName;
            txt_NewLocation.Enabled = true;
            btn_copy.Enabled = true;
            btn_deleted.Enabled = true;
            btn_move.Enabled = true;
        }
```

(7) 在此实例中需要声明一个当前文件路径的公共变量，代码如下：

```csharp
    public string currentFolderPath = null;
```

(8) 如果在定位文件时有任何问题，将采取措施，处理抛出的异常。异常在调用时被处理。最后定义一个方法 DisplayFolderList()，在两个列表框中显示给定文件夹的内容。该文件夹的完整路径名作为参数传递给该方法，代码如下：

```csharp
        protected void DispalyFolderList(string folderFullName)
        {
            /// <summary>
            /// 在两个列表框中显示文件内容,定位文件时出错将抛出异常
            /// </summary>
            /// <param name="folderFullName"></param>

            DirectoryInfo theFolder = new DirectoryInfo(folderFullName);
            if (!theFolder.Exists)
                throw new DirectoryNotFoundException("未找到文件夹: "+ folderFullName);

            ClearAllFields();//清除所有控件的内容
            DisableMoveFeatures();//调用禁用信控件的函数
            txt_folder.Text = theFolder.FullName;//获取目录或文件的完整目录
            currentFolderPath = theFolder.FullName;
            //列出所有文件夹的子目录
            foreach (DirectoryInfo nextFolder in theFolder.GetDirectories())
                list_folders.Items.Add(nextFolder.Name);
            //列出所有文件
            foreach (FileInfo nextFile in theFolder.GetFiles())
                list_files.Items.Add(nextFile.Name);
        }
```

(9) 下面的代码是一个文件事件处理程序,当用户选中或编程选中文件列表框中的一个项目时,就可以由用户或上面编写的代码调用该事件处理程序。它仅构造所选文件的完整路径名,并把该路径传递给前面给出的 DisplayFileInfo() 方法,代码如下:

```csharp
        private void list_files_SelectedIndexChanged(object sender, EventArgs e)
        {
            try
            {
                string selctedString = list_files.SelectedItem.ToString();
                string fullFileName = Path.Combine(currentFolderPath, selectedString);
            //构造所选文件的完整路径名,并把该路径传递给前面给出的DisplayFileInfo()方法
                DisplayFileInfo(fullFileName);          }
            catch (Exception ex)
            {
                MessageBox.Show(ex.Message);
            }
        }
```

(10) 处理文件夹列表框中的文件夹选择操作的时间处理程序以非常类似的方式实现,但此时要调用 DisplayFolderList() 来更新列表框的内容,代码如下:

```csharp
        private void list_folders_SelectedIndexChanged(object sender, EventArgse)
        {
            try
            {
                string selectedString = list_folders.SelectedItem.ToString();
```

```csharp
            string fullPathName = Path.Combine(currentFolderPath, selectedString);
            DisplayFolderList(fullPathName);
        }
        catch (Exception ex)
        {
            MessageBox.Show(ex.Message);
        }
    }
```

(11) 双击【显示】按钮，在 Click 时间下添加如下代码：

```csharp
        private void btn_display_Click(object sender, EventArgs e)
        {
            try
            {
                string folderPath = txt_input.Text;
                DirectoryInfo theFolder = new DirectoryInfo(folderPath);
                if (theFolder.Exists)
                {
                    DisplayFolderList(theFolder.FullName);
                    return;
                }
                FileInfo theFile = new FileInfo(folderPath);
                if (theFile.Exists)
                {
                    DisplayFolderList(theFile.Directory.FullName);
                    int index = list_files.Items.IndexOf(theFile.Name);//返回指定项在集合中的索引
                    list_files.SetSelected(index, true);//选择或清除指定项的选择
                    return;
                }
                throw new FileNotFoundException("未找到名为" + txt_input.Text+"的文件或文件夹");
            }
            catch (Exception ex)
            {
                MessageBox.Show(ex.Message);
            }
        }
```

(12) 编写【打开】按钮的 Click 事件代码，必须调用 DisplayFolderList()，但这次需要获得当前显示的文件夹的父文件夹。这可以通过 FileInfo.DirectoryName 属性来得到，该属性返回父文件夹的路径，代码如下：

```csharp
    private void btn_up_Click(object sender, EventArgs e)
        {
            try
            {
                string folderPath = new FileInfo(currentFolderPath).Directory.Name;
```

```
                DispalyFolderList(folderPath);
            }
            catch (Exception ex)
            {
                MessageBox.Show(ex.Message);
            }
        }
```

4.2 文件的操作功能实现

1. 复制文件

通过 Copy()方法实现以文件为单位的数据复制操作。Copy()方法能将源文件中的所有内容复制到目的文件中，该方法的原型定义如下。

```
public static void Copy(string sourceFileName, string destFileName);
public static void Copy(string sourceFileName, string destFileName, bool overwrite);
```

其中，sourceFileName 参数表示源文件的全路径名，destFileName 参数表示目的文件的全路径名，overwrite 参数表示是否覆盖目的文件。

2. 移动文件

通过 Move()方法用于将指定文件移到新位置，并提供指定新文件名的选项。该方法的原型定义如下。

```
public static void Move(string sourceFileName, string destFileName);
```

其中 sourceFileName 参数表示源文件的全路径名，destFileName 参数表示文件的新路径名。

3. 删除文件

通过 Delete()方法从磁盘上删除一个文件，该方法的原型定义如下。

```
public static void Delete(string path);
```

其中 path 参数表示要删除的文件的全路径名。删除文件或文件夹时，不经过回收站就直接删除。

注意

前面已经提到,移动和删除文件或文件夹可以使用 FileInfo 和 DirectoryInfo 类的 MoveTo()和 Delete()方法来完成，File 和 Directory 类的这两个对应方法是 Move()和 Delete()。FileInfo 和 File 类也分别执行 CopyTo()和 Copy()方法。没有复制完整文件夹的方法，而应复制文件夹中的每个文件实现对文件夹的复制。

下面为实现功能的全部代码。

DisableMoveFeatures 是禁用新控件的一个小工具函数：

```
        /// <summary>
```

```
        /// 禁用新控件
        /// </summary>
        void DisableMoveFeatures()
        {
            txt_NewLocation.Text = "";
            txt_NewLocation.Enabled = false;
            btn_move.Enabled = false;
            btn_del.Enabled = false;
            btn_copy.Enabled = false;
        }
```

(1) 首先,用户单击"删除"按钮时调用方法:

```
        private void btn_deleted_Click(object sender, EventArgs e)
        {
            try
            {
                string filePath = Path.Combine(currentFolderPath, txt_filename.Text);   //将两个字符串组成一个路径
                string query = "是否删除这个文件\n" + filePath + "?";
                if (MessageBox.Show(query, "删除文件?", MessageBoxButtons.YesNo) == DialogResult.Yes)
                {
                    File.Delete(filePath);
                    DisplayFolderList(currentFolderPath);
                }

            }
            catch (Exception ex)
            {
                MessageBox.Show("无法删除文件:\n" + ex.Message, "Failed");
            }
        }
```

(2) 当用户单击"删除"按钮后,如果不允许删除该文件,或者当时有另一个进程移动了该文件,就会抛出一个异常。移动文件的方法:

```
        private void btn_move_Click(object sender, EventArgs e)
        {
            try
            {
                string filePath = Path.Combine(currentFolderPath, txt_filename.Text);
                string query = "是否移动文件\n" + filePath + "\n到\n" + txt_NewLocation.Text + "?";
                if (MessageBox.Show(query, "移动文件?", MessageBoxButtons.YesNo) == DialogResult.Yes)
                {
                    File.Move(filePath, txt_NewLocation.Text);
                    DisplayFolderList(currentFolderPath);
                }
            }
            catch (Exception ex)
```

```
                {
                    MessageBox.Show("无法移动文件"+"occurred:\n"+ex.Message, "Failed");
                }
            }
```

(3) 复制文件的方法：

```
        private void btn_copy_Click(object sender, EventArgs e)
        {
            try
            {
                string filePath = Path.Combine(currentFolderPath, txt_filename.Text);
                string query = "是否复制\n" + filePath + "\n到\n" + txt_NewLocation.Text + "?";
                if
                (
                    MessageBox.Show(query, "复制文件?", MessageBoxButtons.YesNo) == DialogResult.Yes
                )
                {
                    File.Copy(filePath, txt_NewLocation.Text);
                    DisplayFolderList(currentFolderPath);
                }
            }
            catch (Exception ex)
            {
                MessageBox.Show("无法复制文件"+"occured:\n"+ex.Message,"Failed");
            }
        }
```

编写完代码，图 4.3 是运行后的效果。

图 4.3　创建文件浏览器程序运行后效果图

单击【复制】按钮后程序运行如图 4.4 所示。

图 4.4　复制文件对话框

工程师提示

在编写 Display 按钮事件的代码中，如果用户提供的文本表示一个文件夹和文件，就应实例化 DirectoryInfo 和 FileInfo 类，并检查每个对象的 Exists 属性。如果它们都不存在，就抛出一个异常。如果输入了一个文件夹，就调用 DisplayFolderList()方法，给列表框 list_folders 填充数据，如果文件夹中存在文件，那么同时给列表框 list_files 填充数据。如果输入了一个文件，但是这个文件不是根目录下的文件，那么只给列表框 list_files 填充数据。具体处理过程是：首先给列表框填充数据，然后在文件列表框中变成选择合适的文件名，这与用户选择该项目的效果相同，引发选中项目的事件，接着退出当前事件处理程序，最后就调用选中项目的事件处理程序，显示文件属性。

4.3　读 写 文 件

读写文件在原则上是非常简单的，但不是通过 DirectoryInfo 或 FileInfo 对象完成的，而是利用许多流的类完成的。

4.3.1　流

(1) 流的概念已经存在很长时间了。流是一个用于传输数据的对象，数据的传输有两个方向。
① 如果数据从外部源传输到程序中，这就是读取流。
② 如果数据从程序传输到外部源，这就是写入流。
(2) 外部源常常是一个文件，但也不完全都是文件。它还可能是以下文件。
① 使用网络协议读写网络上的数据，其目的是选择数据，或从另一个计算机发送数据。
② 读写到指定的管道上。
③ 把数据读写到一个内存区域上。
在这些示例中，Microsoft 提供了一个.NET 基类 System.IO.MemoryStream 来读写内存，而 System.Net.Sockets.NetworkStream 则用来处理网络数据。读写管道没有基本的流类，但有一个一般的流类 System.IO.Stream，如果要编写一个这样的类，可以从这个基类继承。流对外部数据源再做任何假定。

外部源甚至可以是代码中的一个变量。这听起来很荒谬，但使用流在变量之间传输数据的技术是一个非常有用的技巧，可以在数据类型之间转换数据。C 语言能够在整型和字符串之间转换数据类型，也能够使用函数 sprintf()格式字符串。

使用一个独立的对象来传输数据，比使用 FileInfo 或 DirectoryInfo 类更好，因为把传输数据的概念与特定数据源分离开来，可以更容易切换数据源。流对象本身包含许多代码，可以在外部数据源和代码中的变量之间移动数据，把这些代码与特定数据源的概念分离开来，就更容易实现不同环境下代码的重用(通过继承)。例如，前面提到的 StringReader 和 StringWriter 类，与配音后面用于读写文本文件的两个类 StreamReader 和 StreamWriter 一样，都是同一继承树上的一部分，这些类在后台共享许多代码。

(3) 对于文件的读写，最常用的类如下。

① FileStream(文件流)：这个类主要用于在二进制文件中读写二进制数据，也可以使用它读写任何文件。

② StreamReader(流读取器)和 StreamWriter(流写入器)：这两个类是专门用于读写文本文件的。

4.3.2 读写文本文件

FileStream 实例用于读写文件中的数据。要构造 FileStream 实例，需要以下 4 条信息。
(1) 要访问的文件。
(2) 表示如何打开文件的模式，需用到 FileMode 这个枚举。
(3) 表示如何访问文件的访问方式，需用到 FileAccess 这个枚举。
(4) 共享访问，需用到 FileShare 这个枚举。

如果知道某个文件包含文本，通常就可以使用 StreamReader 和 StreamWriter 类更方便地读写它们。

1. StreamReader 类

StreamReader 类的常用构造函数和方法如下所述。

为指定的流初始化 StreamReader 类的新实例的构造函数原型为：

```
public StreamReader(Stream stream);
```

为指定的文件名初始化 StreamReader 类的新实例的构造函数原型为：

```
public StreamReader(string path);
```

StreamReader 类的常用方法包括 Read()方法、ReadLine()方法和 ReadToEnd()方法。

(1) Read()方法：Read()方法用于读取输入流中的下一个字符，并使当前流的位置提升一个字符，该方法的原型为：

```
public override int Read();
```

(2) ReadLine()方法：ReadLine()方法用于从当前流中读取一行并将数据作为字符串返回，该方法的原型为：

```
public override string ReadLine();
```

(3) ReadToEnd()方法：ReadToEnd()方法用于从当前流的当前位置到末尾读取数，该方法的原型为：

```
public override string ReadToEnd();
```

2. StreamWriter 类

StreamWriter 类的常用构造函数如下所述。

为指定的流初始化 StreamWriter 类的新实例的构造函数原型为：

```
public StreamWriter(Stream stream);
```

为指定的文件名初始化 StreamWriter 类的新实例的构造函数原型为：

```
public StreamWriter(string path);
```

StreamWriter 类的常用方法包括 Write()方法和 WriteLine()方法。

(1) Write()方法：Write()方法用于将字符、字符数组、字符串等写入文本流，该方法的原型为：

```
public override void Write(char);
public override void Write(char[]);
public override void Write(string);
```

(2) WriteLine()方法：WriteLine()方法用于将后面跟行结束符的字符、字符数组、字符串等写入文本流，该方法的原型为：

```
public override void WriteLine(char value);
public override void WriteLine(char[] buffer);
public override void WriteLine(string value);
```

【工作任务】

【实例 4-2】对文件的读写。

【解题思路】

该项目需要用到的类为：FileStream、StreamWriter、StreamReader。

【实现步骤】

(1) 在 Visual Studio 2008 中新建一个项目，名字为"ReadWrite"。

(2) 编写代码：

```
在D盘创建一个文件名为1.txt 的文件
string Path = "d:\\1.txt";
FileStream fs = new FileStream(Path,FileMode.Create);   //打开文件流,并创建文件
StreamWriter sw = new StreamWriter(fs);    //打开读写器
sw.WriteLine("这是一个测试项目");           //写入
sw.WriteLine("this is text");
sw.Close();                     //关闭读写器
fs.Close();                     //关闭流
在D盘打开一个文件名为"1.txt"的文件
FileStream fs = new FileStream(Path,FileMode.Open);
StreamReader sr = new StreamReader(fs);
string temp = sr.ReadToEnd();
Console.WriteLine(temp);
sr.Close();
```

```
    fs.Close();
    判断文件是否存在,如果不存在就重新创建一个文件
    if (File.Exists(Path))
    {
        Console.WriteLine("文件已存在");
    }
    else
    {
        Console.WriteLine("文件不存在");
        StreamWriter sw = File.CreateText(Path);
        sw.WriteLine("这又是一个测试文件");
        sw.Close();
    }
    把文件复制到 D 盘名为 2.txt 的文件
    File.Copy(Path, "d:/2.txt");
```

4.4 读写注册表

注册表是包含 Windows 安装、用户喜好以及已安装软件设备的所有配置信息的核心存储库。目前,几乎所有的商用软件都使用注册表来存储这些信息,COM 组件必须把它的信息存储在注册表中才能由客户程序调用。

应用程序现在使用 Windows Installer 来安装,开发人员不再需要直接操作注册表来安装应用程序。但是,如果发现不完整的应用程序,也要使用注册表来保存配置信息。如果应用程序要显示在控制面板的 Add/Remove Programs 对话框中,仍需要使用相应的注册表项目,还需要使用注册表处理与原有代码的向后兼容性。

4.4.1 注册表

选择【开始】→【运行】命令,在打开的【运行】窗口中,输入"regedit"后,就可以打开注册表了。如果以前已经打开过注册表,那么注册表编辑器就会显示原来打开的位置。如果没有打开过,那么就会显示如图 4.5 所示的窗口。

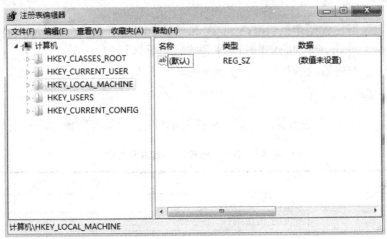

图 4.5 注册表编辑器

注册表包括如下结构。

(1) HKEY_CLASSES_ROOT(HKCR)包含系统上文件类型的细节(.txt、.doc 等)，以及应用程序可以打开的文件类型。它还包含所有 COM 组件的注册信息(后者通常是注册表中最大的一个区域，因为目前的 Windows 带有非常多的 COM 组件)。

(2) HKEY_CURRENT_USER(HKCU)包含目前登录的机器的用户喜好。这些设置包括桌面设置、环境变量、网络、打印机连接和其他用户定义环境的设置。

(3) HKEY_LOCAL_MACHINE(HKLM)包含所有安装到机器上的软件和硬件信息，这些设置不是用户特有的，可用于所有登录到机器上的用户。它还包含 HKCR 巢。

(4) HKEY_USERS(HKCR)包含所有用户的用户配置。它还包含 HKCU 巢。

(5) HKEY_CURRENT_CONFIG(HKCF)包含机器上硬件的信息。

4.4.2 .NET 注册表类

要访问注册表，可以使用 Microsoft.Win32 命名空间中的两个类 Registry 和 RegistryKey。RegistryKey 类可以完成对注册表项进行的所有操作。Registry 是不能实例化的一个类，它是通过静态属性来提供这些实例的，这些属性分别是 ClassesRoot、CurrentConfig、CurrentUser、DynData、LocalMachine、PerformaceData 和 Users，可以通过名称很快猜出它们分别与哪个注册表储巢相对应。

如果要实例化一个 RegistryKey 对象，唯一的方式是从 Registry 的静态属性开始，向下浏览。例如，要读取 HKLM/Software/Microsoft 键中的一些数据，可以使用下面代码获得它的一个引用。

```
RegistryKey hklm=Registry.LocalMachine;
RegistryKey hkSoftware= hklm.OpenSubKey("Software");
RegistryKey hkMicrosoft=hkSoftware.OpenSubKey("Microsoft");
```

如果要设置或获取注册表项中的键值，就需要用到 SetValue()或 GetValue()方法。举例如下。

```
RegistryKey hkMine= hkMicrosoft.CreateSubKey("MyOwnMicrosoft");
hkMine.SetValue("MyStringValue","Hello Word");
hkMine.SetValue("MyIntValue",20);
```

这段代码设置键包含两个值：MyStringValue 的类型是 REG_SZ，而 MyIntValue 的类型是 REG_DWORD，RegistryKey.GetValue()的工作方式也是这样的。

最后完成了读取或修改数据后，应关闭该键，方法如下。

```
hkMine.Close();
```

RegistryKey 有许多方法和属性。表 4-6 和表 4-7 列出了最有用的方法和属性。

表 4-6　RegistryKey 的属性及作用

属 性 名	作　用
Name	键的名称(只读)
SubKeyCount	键的子键个数
ValueCount	键包含的值的个数

表 4-7 RegistryKey 的方法及作用

方 法 名	作 用
Close()	关闭键
CreateSubKey()	创建给定名称的子键，如果该键已经存在，就打开它
DeleteSubKey()	删除指定的子键
DeleteSubKeyTree()	递归删除子键及其所有的子键
DeleteValue()	从键中删除一个指定的值
GetSubKeyNames()	返回包含子键名称的字符串数组
GetValue()	返回指定的值
GetValueNames()	返回一个包含所有键值名称的字符串数组
OpenSubKey()	返回表示给定子键的 RegistryKey 实例引用
SetValue()	设置指定的值

4.4.3 对注册表的简单修改

【工作任务】

【实例 4-3】对注册表进行读取和修改。

【解题思路】

该实例中所需控件的属性设置见表 4-8。

表 4-8 所需控件的属性设置

控 件 名	属 性	值
Text1	ID	tbDBServer
Text2	ID	tbDatabase
Text3	ID	tbDBUser
Text4	ID	tbDBPassword
button1	ID	btnread
button2	ID	btnupdate

【实现步骤】

(1) 在 Visual Studio 2008 中新建一个网站，名字为"Regedit"。

(2) 在项目中添加 4 个 Text 控件和 2 个 Button 按钮

(3) 需要添加引用：

```
using Microsoft.Win32;
```

(4) 首先需要建立程序自己的项和值，代码如下：

```
//项和键值的创建
RegistryKey key = Registry.LocalMachine;
RegistryKey software = key.CreateSubKey("software\\CSA");
software.SetValue("Database", "mytest");
software.SetValue("DBPassword", "myasp.net");
software.SetValue("DBServer", "127.0.0.1");
software.SetValue("DBUser", "sa");
```

(5) 效果如图 4.6 所示。

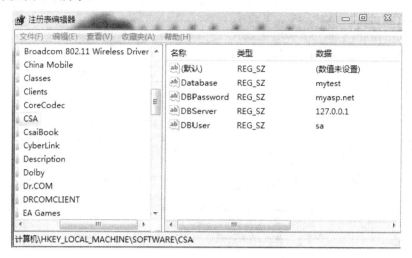

图 4.6 注册表编辑器效果图

(6) 在项目中新建一个 DBInfo 的类文件，通过这个类来获得上面输入到注册表中的信息，代码如下：

```
using System;
using System.Collections.Generic;
using System.Linq;
using System.Web;
using System.Data;
using System.Web.Security;
using System.Configuration;
using System.Web.UI;
using System.Web.UI.WebControls;
using System.Web.UI.WebControls.WebParts;
using System.Web.UI.HtmlControls;
using Microsoft.Win32;
/// <summary>
///DBInfo 的摘要说明
/// </summary>
public class DBInfo
{
    private string dBServer;
    private string database;
    private string dBUser;
    private string dBPassword;
    public DBInfo()
    {
        RegistryKey reg = Registry.LocalMachine.OpenSubKey(@"Software\CSA");
//使用 Registry.LocalMachine 的 OpenSubKey()方法打开 CSA
        dBServer = reg.GetValue("DBServer").ToString();//读取值
        database = reg.GetValue("Database").ToString();
        dBUser = reg.GetValue("DBUser").ToString();
        dBPassword = reg.GetValue("DBPassword").ToString();
    }
```

```csharp
        public string DBServer
        {
            get { return dBServer;}
            set { dBServer = value; }
        }
        public string Database
        {
            get{return database;}
            set { database = value; }
        }
        public string DBUser
        {
            get{return dBUser;}
            set { dBUser = value; }
        }
        public string DBPassword
        {
            get {return dBPassword;}
            set { dBPassword = value; }
        }
        public void update ()
        {
            RegistryKey reg = Registry.LocalMachine.OpenSubKey(@"Software\CSA",true);
            reg.SetValue("DBServer",dBServer );
            reg.SetValue("Database",database);
            reg.SetValue("DBUser",dBUser);
            reg.SetValue("DBPassword",dBPassword);
        }
    }
```

(7) 添加一个 Web 窗体来显示从注册表中读取出来的数据，是一个名叫"Read.aspx"的页面。页面代码如下：

```
    <%@ Page Language="C#" AutoEventWireup="true" CodeFile="Read.aspx.cs" Inherits="Read" %>
    <!DOCTYPE html PUBLIC "-//W3C//DTD XHTML 1.0 Transitional//EN" "http://www.w3.org/TR/xhtml11/DTD/xhtml1-transitional.dtd">
    <html xmlns="http://www.w3.org/1999/xhtml">
    <head runat="server">
        <title></title>
    </head>
    <body>
        <form id="form1" runat="server">
        <div>
             DBServer: <asp:TextBox ID="tbDBServer" runat="server"></asp:TextBox><br/>
             Database: <asp:TextBox ID="tbDatabase" runat="server"></asp:TextBox><br/>
             DBUser:  <asp:TextBox ID="tbDBUser" runat="server"></asp:TextBox><br/>
             DBPassword:<asp:TextBox ID="tbDBPassword" runat="server"></asp:
```

```
TextBox><br/>
        </div>
          <asp:Button ID="btnread" runat="server" Text="读取"
            onclick="btnread_Click" />  
        <asp:Button ID=" btnupdate " runat="server" Text="修改" onclick=" btnupdate
_Click" />
    </form>
</body>
</html>
```

(8) Read.aspx.cs 页面的代码如下：

```
using System;
using System.Collections.Generic;
using System.Linq;
using System.Web;
using System.Web.UI;
using System.Web.UI.WebControls;
using Microsoft.Win32;

public partial class Read : System.Web.UI.Page
{
    private void LoadData()
    {
        DBInfo db = new DBInfo();
        tbDBServer.Text = db.DBServer;
        tbDatabase.Text = db.Database;
        tbDBUser.Text = db.DBUser;
        tbDBPassword.Text = db.DBPassword;
    }

    protected void btnread_Click(object sender, EventArgs e)
    {
        LoadData();
    }
}
```

(9) 单击【修改】按钮的代码如下：

```
protected void btnupdate_Click(object sender, EventArgs e)
{
    DBInfo db = new DBInfo();//实例化类
    db.DBServer = tbDBServer.Text;
    db.Database = tbDatabase.Text;
    db.DBUser = tbDBUser.Text;
    db.DBPassword = tbDBPassword.Text;
    db. update ();//方法在 DBInfo 类里面
}
```

效果如图 4.7 所示。

注册表的效果如图 4.8 所示。

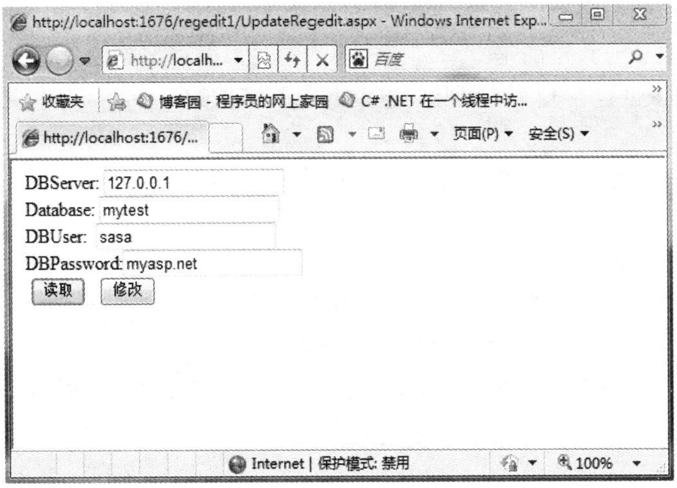

图 4.7 页面运行效果图

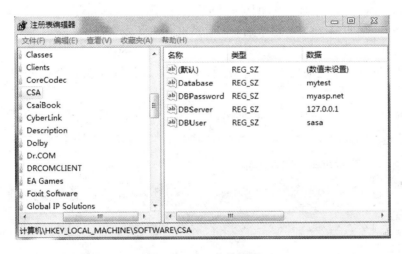

图 4.8 注册表效果图

本 章 小 结

本章主要介绍了如何在 C#代码中使用.NET 基类来访问注册表和文件系统,在这两种情况下,基类的对象模型比较简单,但功能强大,很容易执行这些领域中几乎所有的操作。对于注册表,可以创建、修改和读取,而对于文件系统,可以复制、移动、创建、删除文件夹和文件、读写文本文件。

课 后 练 习

一、填空题

1. 文件操作的命名空间是_____

2. 注册表操作的命名空间是_____。

3. 从流中读取字符数据的是_____，向流中写入字符数据的是_____。

4. File——提供创建、复制、删除、移动和打开文件的_____，并协助创建 FileStream 对像。

5. FileInfo——提供创建、复制、删除、移动和打开文件的_____，并协助创建 FileSystem 对象。

6. Directory——提供创建、复制、删除、移动和_____的静态方法。

7. File 和 Directory 实用类提供了许多静态方法，且_____。只要调用一个成员的方法，提供合适文件系统对象的路径，就可以使用这些类。

8. HKEY_CURRENT_USER(HKCU)包含用户目前登录的机器的用户喜好。这些设置包括_____、_____、_____、_____和其他用户定义环境的设置。

二、选择题

1. 下面属于 StreamReader(流读取器)包含的方法有(　　)。
A．ReadToEnd()　　B．ReadToBegin()　　C．ReadLine()　　D．Read()

2. Directory 类的(　　)方法用来判断文件或文件夹是否存在。
A．Delete()　　B．Exists()　　C．GetFiles()　　D．Move()

3. 在 FileMode 枚举里面用于指定操作系统应打开文件(如果文件存在)；否则，应创建新文件的方法是(　　)。
A．Create()　　B．CreateNew()　　C．Open()　　D．OpenOrCreate()

三、简答题

1. 解释并区分下面两句代码的差别。

```
public static void Copy(string sourceFileName, string destFileName);
public static void Copy(string sourceFileName, string destFileName, bool overwrite);
```

2. 请写出实现移动文件功能的代码。

四、程序题

1. 把以下程序中空余的部分补充完整。

(1) 首先是用户单击【删除】按钮时调用的方法：

```
private void btn_deleted_Click(object sender, EventArgs e)
    {
        try
        {
            string filePath = Path.Combine(currentFolderPath, txt_filename.Text); //将两个字符串组成一个路径
            string query = "是否删除这个文件\n" + filePath + "?";
            if (MessageBox.Show(query, "删除文件?", MessageBoxButtons.YesNo) == DialogResult.Yes)
```

```
            {
                DisplayFolderList(currentFolderPath);
            }
        }
        catch (Exception ex)
        {
            MessageBox.Show("无法删除文件:\n" + ex.Message, "Failed");
        }
    }
```

(2) 当用户单击【删除】按钮后，如果不允许删除该文件，或者当时有另一个进程移动了该文件，就会抛出一个异常。移动文件的方法：

```
        private void btn_move_Click(object sender, EventArgs e)
        {
            try
            {
                string filePath = Path.Combine(currentFolderPath, txt_filename.Text);
                string query = "是否移动文件\n" + filePath + "\n到\n" + txt_NewLocation.Text + "?";
                if (MessageBox.Show(query, "移动文件?", MessageBoxButtons.YesNo) == DialogResult.Yes)
                {
                    DisplayFolderList(currentFolderPath);
                }
            }
            catch (Exception ex)
            {
                MessageBox.Show("无法移动文件"+"occurred:\n"+ex.Message, "Failed");
            }
        }
```

(3) 复制文件的方法：

```
        private void btn_copy_Click(object sender, EventArgs e)
        {
            try
            {
                string filePath = Path.Combine(currentFolderPath, txt_filename.Text);
                string query = "是否复制\n" + filePath + "\n到\n" + txt_NewLocation.Text + "?";
                if
                (
                    MessageBox.Show(query, "复制文件?", MessageBoxButtons.YesNo) == DialogResult.Yes
                )
                {
                    DisplayFolderList(currentFolderPath);
                }
```

```
            }
            catch (Exception ex)
            {
                MessageBox.Show("无法复制文件"+"occured:\n"+ex.Message, "Failed");
            }
        }
```

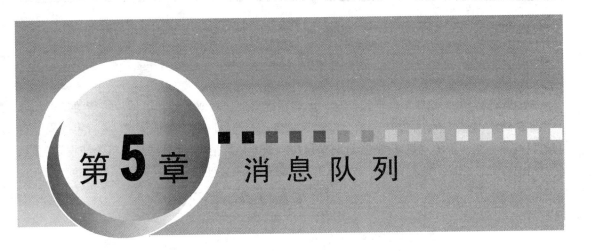

第5章 消息队列

内容提示

消息处理是 Windows 应用程序工作的核心。对于 Windows 发生的每个事件来说，系统和其他应用程序都会产生消息。这些消息允许 Windows 同时运行多个程序。在 Windows 的早期版本中，所有的应用程序共享消息队列，应用程序必须将控制权尽快返回给 Windows 以允许其他应用程序处理消息。

教学要求

(1) 了解消息流。
(2) 了解消息挂接函数。
(3) 了解消息处理函数。

内容框架图

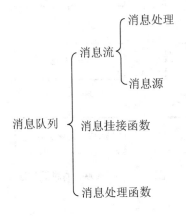

5.1 消 息 流

Windows 为每个硬件事件产生消息，比如在键盘上按键或者移动鼠标。这些消息将发送给相应的线程消息队列。系统中的每个线程在它自己的消息队列中处理消息。为特定线程设定的消息存放在此线程的消息队列中。有些消息属于整个系统消息,而有些是为多个线程设定的，这些消息存放在相应的线程队列中。图 5.1 是多线程消息处理的简单框架图。

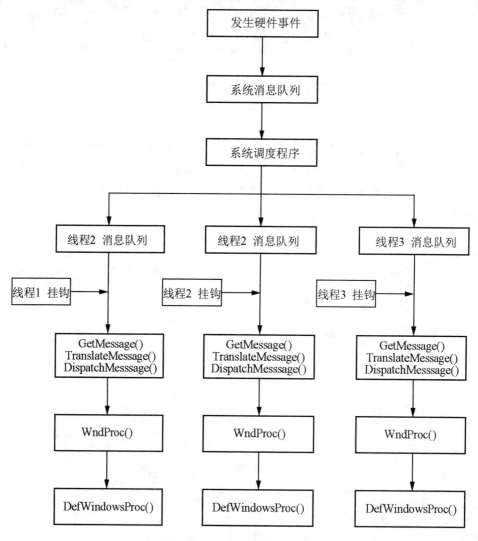

图 5.1 Windows 消息流框图

实际上，消息的数据结构如下定义。

```
typedef struct tagMSG
{
   HWND hwnd;   /* windows handle */
   UINT message;  /* message ID */
```

```
    WPARAM wParam;  /* wParam value */
    LPARAM lParam;  /* lParam value */
    DWORD time;     /* msec since startup */
    POINT pt;       /* mouse location, screen coord */
}MSG;
```

消息数据包括窗口句柄(hwnd)、编码消息类型(message)、wParam、lParam 数据(发送给 WndProc 函数)、消息发送的时间(Windows 启动后的毫秒数)以及包含消息发送时鼠标光标位置 x，y 坐标值的 POINT(pt)结构。

5.1.1 消息处理

线程和进程利用消息循环将消息放入消息队列中。应用程序的主消息循环在 WinMain 函数的底部。一般情况下，消息循环的格式如下所示。

```
while(GetMessage(&msg,NULL,0,0))
{
    TranslateMessage(&msg);
    DispatchMessage(&msg);
}
```

GetMessage 函数从消息队列中获取消息。循环体中调用 TranslateMessage 及 DispatchMessage 函数。根据消息结构中的窗口句柄(HWND hwnd)，DispatchMessage 函数将消息数据发送到 WndProc 函数中。在 WndProc 函数中将根据不同的消息调用不同的处理函数，DispatchMessage 函数将获知应该接收到此消息的函数名。默认情况下，WndProc 函数将消息发送到在窗口类中已定义的函数，但也可以发送到窗口子类中。

子类允许应用程序利用 DispatchMessage 函数修改窗口对 WndProc 函数的调用。新的 WndProc 函数调用窗口类中定义的默认的 WndProc 函数。这将允许应用程序在默认数据处理发生前可以改变消息处理方式，从而改变窗口操作。

5.1.2 消息源

图 5.1 是一个单消息在线程消息逻辑中的简单流程图。消息可以以多种方式产生。图 5.2 以更详细的方式检查消息循环并显示了在队列中存放消息的方式。

消息不只是由硬件事件产生的，也可以在程序中发送自定义消息。线程可以利用发送消息来互相传送数据(要求目标线程有消息处理能力)。发送消息主要使用 PostMessage 函数和 SendMessage 函数，使用 PostMessage 函数将消息存放在消息队列中(不必等待目标线程处理完成)或用 SendMessage 函数直接发送到目标线程消息循环中以得到及时的处理(必须等待目标线程处理完成)。其他应用程序也可以将消息发送到应用程序中。Windows 提供 RegisterWindowsMessage 函数，动态地生成唯一的消息标识符。这些标识符是有序的，不会覆盖其他不相关程序的消息号。通常，使用动态交换(DDE)在程序中交换数据。DDE 是一系列已定义的消息，用来提供通信标准。消息循环中的消息如图 5.2 所示。

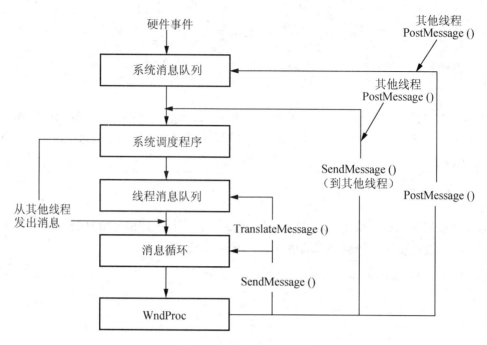

图 5.2 消息循环中的消息

5.2 消息挂接函数

　　Windows 提供一组功能强大的函数以设置消息挂接。挂接使得模块(应用程序或 DLL)截取发送到其他应用程序的消息,可以使用、修改甚至停止此消息。重映射键盘是使用挂接函数较好的方法,可以截取每个键盘的消息进行修改用以映射到不同的键盘输出。

　　使用 SetWindowsHookEx 函数安装挂接过程。如果消息只过滤为一个应用程序使用,则此过滤器函数可以只驻留在此应用程序中。但是,如果消息过滤为多个应用程序使用,则过滤器函数必须驻留在动态链接库(DLL)中。可以用 UnhookWindwosHookEx 函数移去挂钩。

5.3 消息处理函数

　　表 5-1 是 Windows 消息处理函数。

表 5-1　Windows 消息处理函数

函　　数	用　　途
BroadcastSystemMessage	发送消息给一系列接受者,如应用程序、驱动程序等
CallMsgFilter	激活消息过滤器(挂接)函数
CallNextHookEx	将消息函数发送给当前挂接链中的下一个挂接过程
CallWindowProc	将消息参数发送给消息处理函数
DefWindowProc	默认的消息处理函数
DispatchMessage	将 Windows 消息发送给应用程序的 WndProc 函数

续表

函 数	用 途
ExitWindows	注销当前用户
ExitWindowsEx	注销当前用户、关机或者重启计算机
GetMessage	在应用程序消息队列中检索消息
GetMessageExtraInfo	检索有关上次检索消息的特定消息
GetMessagePos	检索发送消息时鼠标的位置
GetMessageTime	检索消息发送的时间
InSendMessage	确定是否用 SendMessage 函数发送消息
InSendMessageEx	确定窗口过程是否正在处理其他线程发送来的消息
PeekMessage	在消息队列中查找消息
PostMessage	将消息放入消息队列且不等待返回
PostQuitMessage	关掉应用程序
PostThreadMessage	将消息放入线程的消息队列且不等待返回
RegisterWindowMessage	创建新的、唯一的 Windows 消息号
ReplyMessage	答复由 SendMessage 发出来的消息
SendMessage	直接发送消息至 Windows 消息函数且等待答复
SendMessageCallback	发送消息且立即返回,停留等待回调函数处理答复
SendMessageTimeout	发送消息,等待答复直至超时
SendNotifyMessage	发送消息且立即返回
SetMessageExtraInfo	为当前线程发送特定消息
SetWindowsHookEx	安装 Windows 消息过滤器
TranslateMessage	接收到虚拟键代码时,返回 WM_CHAR、WM_SYSCHAR、WM_DEAD_CHAR 及 WM_SYSDEADCHAR 消息
UnhookWindowsHookEx	从系统中移去挂接函数
WaitMessage	等待消息时产生对其他线程的控制
WinMain	Windows 程序以及定义的主消息循环的入口点

【工作任务】

【实例 5-1】使用名称查找一个窗口句柄,然后将其删除。

【解题思路】

调用操作系统 user32.dll 的 FindWindow,FindWindowEx、SendMessage 方法实现。

【实现步骤】

(1) 打开【Visual Studio 2008】工具,选择【文件】→【新建】→【项目】命令,在打开的新建项目对话框中选择 Visual C#命令,再选择"Windows 窗体应用程序"命令,创建一个 Windows 窗体应用程序命令,取名为"向其他应用程序传递消息"。

(2) 在 Form1 窗体添加控件及属性见表 5-2,效果如图 5.3 所示。

表 5-2 控件及属性设置

对 象	属 性 名	属 性 值
Form1	Name	Form1
label1	Name	labTitle

续表

对象	属性名	属性值
label1	Text	输入窗体标题:
label2	Name	labMessage
textbox	Name	txbTitle
button	Name	btnFind
	Text	查找窗体
button	Name	btnClose
	Text	关闭窗体

图 5.3 窗体设计图

(3) 下面是 Form1.cs 代码：

```
using System;
using System.Collections.Generic;
using System.ComponentModel;
using System.Data;
using System.Drawing;
using System.Linq;
using System.Text;
using System.Windows.Forms;
using System.Runtime.InteropServices;

namespace 向其他应用程序传递消息
{
    public partial class Form1 : Form
    {
        public Form1()
        {
            InitializeComponent();
        }
        [DllImport("user32.dll", EntryPoint = "FindWindow")]
        private static extern IntPtr FindWindow(string lpClassName, string lpWindowName);
        [DllImport("user32.dll", EntryPoint = "FindWindowEx")]
        private static extern IntPtr FindWindowEx(IntPtr hwndParent, IntPtr hwndChildAfter, string lpClassName, string lpWindowName);

        [DllImport("user32.dll", CharSet = CharSet.Auto)]
        public static extern int SendMessage(int hWnd, int msg, int wParam, int lparam);


        IntPtr hWnd = IntPtr.Zero;
```

```csharp
private void btnFind_Click(object sender, EventArgs e)
{
    if (txbTitle.Text == "")
    {
        return;
    }
    hWnd = FindWindow(null, txbTitle.Text.Trim());
    if (hWnd != IntPtr.Zero)
    {
        labMessage.Text = "已找到窗体,句柄为：" + hWnd;
        btnClose.Enabled = true;
    }
    else
    {
        labMessage.Text = "未找到指定窗体。";
        btnClose.Enabled = false;
    }
}

private void btnClose_Click(object sender, EventArgs e)
{
    //向窗体发送消息,0x0010 为关闭消息
    SendMessage(int.Parse(hWnd.ToString()), 0x0010, 0, 0);
}
```

(4) 按 F5 键运行后在文本框中输入如图 5.4 显示的内容，单击【查找窗体】按钮，查找窗体，如图 5.4 所示。

图 5.4　使用名称查找句柄的运行结果图

(5) 在图 5.4 运行后单击【关闭窗口】按钮，效果如图 5.5 所示。

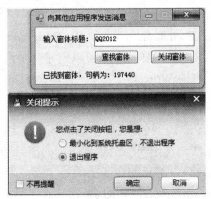

图 5.5　单击【关闭窗口】按钮后运行结果图

 **工程师提示**

(1) 计算机上需要安装 QQ2012 版本。
(2) 实例是根据窗口名称查找窗口句柄，也可以用其他的方式查找窗口句柄。

本 章 小 结

本章介绍了消息流，消息处理，消息源的理论知识。然后向读者重点介绍消息挂接函数和消息处理函数，最后用一个实例来说明 Windows 操作系统消息处理机制。本章仅仅是对渴望学习底层开发的读者提出学习道路。

课 后 练 习

一、选择题

1．消息是在两台计算机间传送的数据单位，消息可以包含字符串和(　　)。
　　A．图片　　　　　B．互联网资源　　　C．嵌入对象　　　　D．声音
2．"消息队列"是在消息的传输过程中保存消息的容器，队列的主要目的是(　　)。
　　A．存储消息　　　　　　　　　　　　B．发送消息
　　C．在发送期间充当中间人　　　　　　D．提供路由并保证消息的传递
3．A 计算机向 B 计算机发送了一条消息，但 B 计算机的状态为不可用，则(　　)。
　　A．A 计算机将会终止消息的发送，B 计算机不能收到该条消息
　　B．A 计算机继续传递，该条消息将保存在消息队列中，直到 B 计算机成功接收该消息
　　C．A 计算机继续传送该条消息，不论 B 计算机是否可用
　　D．A 计算机将无法向 B 计算机发送消息
4．在 C#中，同步接收消息队列中第一条消息使用的是 Message 类的(　　)方法。
　　A．BeginReceive()　　　　　　　　　B．EndReceive()
　　C．GetAllMessages()　　　　　　　　D．Receive()
5．Message 类的对象的消息内容属性是(　　)。
　　A．Body　　　　　B．Formatter　　　C．BodyStream　　　D．BodyType
6．使用 MessageQueue 类的(　　)静态方法可以创建一个消息队列。
　　A．Create()　　　B．CanWrite()　　　C．CreateTime()　　　D．CreateCursor()

二、填空题

1．使用＿＿＿＿＿＿方法删除一个已经存在的消息队列，使用＿＿＿＿＿＿方法判别是否存在一个消息队列，使用＿＿＿＿＿＿方法，发送一个消息到指定的消息队列中。
2．C#中提供发送、接收、查看消息的命名空间是＿＿＿＿＿＿。
3．提供对"消息队列"服务器上的队列的访问的类是＿＿＿＿＿＿，提供对定义消息队列消息所需的属性的访问的类是＿＿＿＿＿＿。

4．如果要创建一个名为 MessageDemo 的本地私有消息队列的路径是_____。

三、程序题

图 5.6 是一个消息队列的实例，根据上下文补全代码。

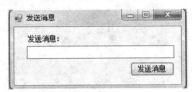

图 5.6　发送消息窗体

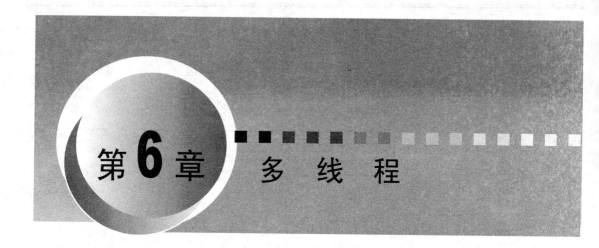

第6章 多线程

 **内容提示**

随着操作系统不断发展,CPU 的使用提高等,开发人员在写程序时常常会用到多线程技术。这章主要讲的是在.NET 中使用多线程。

 **教学要求**

(1) 熟练掌握在.NET 中创建多线程的方法。
(2) 熟练分析前台线程与后台线程。
(3) 掌握线程的各种状态。
(4) 掌握在程序中使用多线程。
(5) 了解线程同步与异步。

内容框架图

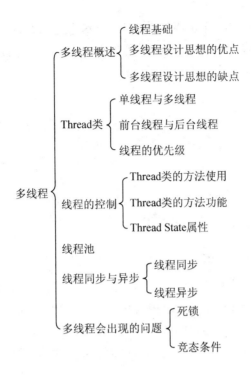

6.1 线程的概述

6.1.1 线程基础

在单 CPU 的情况下，计算机同时只能执行一个程序，早期的 DOS 操作系统就是单任务操作系统，在那个时代，运行一个程序的时候，就不能运行第二个程序，必须退出当前正在运行的程序后，才能运行下一个程序，直到有了多道程序设计技术，才出现了多任务操作系统。Windows 操作系统就是一个多任务操作系统，它允许用户同时运行多个应用程序，或在一个程序中做几件事情。如果用户使用的是 Windows 2000 及其以上版本，就可以通过任务管理器查看当前系统运行的程序。

1. 进程

进程是操作系统结构的最基本的单位，它是程序(可执行代码)在内存中的映像，是程序的运行实体。一个程序要运行，必须由操作系统加载到内存中并给它分配相应的资源。进程就是加载到内存中程序代码和程序所使用到的系统资源，是程序的运行实例。一个程序可以有多个进程，如用户可以同时运行多个记事本，但记事本的程序实体只有一个(即磁盘文件，C:\Windows\ notepad.exe)。同一个进程中又可以包含多个线程(一个进程至少包含一个线程)。

2. 线程

线程是程序中的一个执行流，每个线程都有自己的专有寄存器(栈指针、程序计数器等)，但代码区是共享的,即不同的线程可以执行同样的函数。

3. 主线程

当一个程序启动时,就有一个进程被操作系统(OS)创建,与此同时一个线程也立刻运行,该线程通常叫做程序的主线程(Main Thread),因为它是程序开始时就执行的,如果需要再创建线程,那么创建的线程就是这个主线程的子线程。

4. 多线程

多线程是指程序中包含多个执行流,即在一个程序中可以同时运行多个不同的线程来执行不同的任务,也就是说允许单个程序创建多个并行执行的线程来完成各自的任务。

5. 多线程应用

浏览器就是一个很好的多线程的例子,在浏览器中可以在下载视频、文档或图片的同时浏览网页。聊天和 Web 服务器也要用到多线程。

6.1.2 多线程设计思想的优点

在多线程程序中,一个线程处于线程池的等待状态的时候,CPU 可以运行其他的线程而不是让所有处于线程池中的线程全部处于等待状态。当这个线程运行完后或者时间片将要完或者下一个线程的优先级高于正在运行的线程时,CPU 应当立即中断当前线程,运行下一个处在线程池里面的线程。CPU 一直处在调度线程状态,这样就大大提高了 CPU 效率。

6.1.3 多线程设计思想的缺点

用户也必须认识到线程本身可能影响操作系统性能的不利方面,正确地使用线程。

(1) 多线程需要协调和管理,所以需要 CPU 跟踪线程。

(2) 线程是程序的运行实体,所以线程需要占用内存,线程越多占用内存也越多。

(3) 线程之间对共享资源的访问会相互影响,必须解决竞用共享资源的问题。

(4) 线程太多会导致控制的复杂,最终可能造成很多 Bug。

(5) 系统将为进程和线程所需的线程队列上下文信息分配内存。因此,可以创建的进程、AppDomain 对象和线程的数目会受到可用内存的限制。

(6) 跟踪大量的线程将占用大量的处理器时间。如果线程过多,则其中大多数线程都不会产生明显的进度。如果大多数当前线程处于一个进程中,则其他进程的线程的调度频率就会很低。

(7) 使用多线程控制代码执行非常复杂,并可能产生许多错误。

(8) 销毁线程需要了解可能发生的问题并对那些问题进行处理。

基于以上认识,可以用一个比喻来加深理解。假设有一个公司,公司里有很多各司其职的职员,那么可以认为这个正常运作的公司就是一个进程,而公司里的职员就是线程。一个公司至少得有一个职员,同理,一个进程至少包含一个线程。在公司里,可以是一个职员干所有的事情,但是效率很显然是高不起来的,一个人的公司也不可能做大;一个程序中也可以只用一个线程去做事情。事实上,一些早期的语言如 Fortune、Basic 都是如此,但是像一个人的公司一样,效率很低,如果做大程序,效率更低——事实上现在几乎没有单线程的商业软件。公司的职员增多,老板就要增加薪水给他们,同时也要耗费大量精力去管理他们,协调他们之间的矛盾和利益；程序也是如此，线程越多耗费的资源也越多，需要 CPU 去跟踪线程，还得解决诸如死锁、同步等问题。

多线程是指程序中包含多个执行流，即在一个程序中可以同时运行多个不同的线程来执行不同的任务，也就是说允许单个程序创建多个并行执行的线程来完成各自的任务。

什么时候用线程？一般情况下，多个线程在执行时都要抢占某一个资源或某几个资源，因为最好不用异步线程执行。因为它们是并发执行，很可能同时争夺某个 CPU 资源，这时或者执行资源分配算法(比如要判断哪个线程优先级高，这要花费时间)，或者是按时间片算法(这样要花费轮询 CPU/交接/让出 CPU 所需的时间)。如果多个线程所需要的 CPU 资源是比较均匀的，这时完全可以让它们异步并发执行。最好的方法是为需要独占处理的资源专门做一个管理线程，并将对该资源的各种处理设计成任务队列，由其他线程为该队伍添加任务，由管理线程来按顺序执行任务，就像打印机队列一样。

6.2 Thread 类

一个进程可以创建一个或多个线程以执行与该进程相关联的部分程序代码。用户可以使用 ThreadStart 委托或 ParameterizedThreadStart 委托指定由线程执行的程序代码。使用 ParameterizedThreadStart 委托可以将数据传递到线程。在线程存在期间，它总是处于由 ThreadState 定义的一个或多个状态中。可以为线程请求由 ThreadPriority 定义的调度优先级，但不能保证操作系统会接受该优先级。Thread 类的常用属性和方法见表 6-1 和表 6-2。

表 6-1 Thread 类常用属性

属 性 名	属性说明
CurrentContext	获取线程正在其中执行的当前上下文
CurrentCulture	获取或设置当前线程的区域性
CurrentThread	获取当前正在运行的线程
IsAlive	获取一个值，该值指示当前线程的执行状态
IsBackground	获取或设置一个值，该值指示某个线程是否为后台线程
IsThreadPoolThread	获取一个值，该值指示线程是否属于托管线程池
Name	获取或设置线程的名称
Priority	获取或设置一个值，该值指示线程的调度优先级
ThreadState	获取一个值，该值包含当前线程的状态

表 6-2 Thread 类的常用方法

方 法 名	方法使用说明
Abort()	调用此方法终止线程，在调用此方法的线程上引发 ThreadAbortException，以开始终止此线程的过程
GetDomain()	返回当前线程正在其中运行的当前域
Interrupt()	中断处于 WaitSleepJoin 线程状态的线程
Join()	在继续执行标准的 COM 和 SendMessage 消息泵处理期间，阻塞调用线程，直到某个线程终止为止

续表

方法名	方法使用说明
ResetAbort()	取消为当前线程请求的 Abort
Sleep(TimeSpan)	将当前线程阻塞指定的时间
Start()	导致操作系统将当前实例的状态更改为 ThreadState.Running
Yield()	导致调用线程执行准备好在当前处理器上运行的另一个线程,由操作系统选择要执行的线程

 注意

因为非托管宿主可以控制托管线程和非托管线程之间的关系,所以操作系统 ThreadId 与托管线程之间没有固定的关系。特别是,复杂的宿主可以使用 CLR 承载 API 针对相同的操作系统线程调度很多托管线程,或者在不同的操作系统线程之间移动托管线程。

6.2.1 单线程与多线程

单线程在程序执行时,所走的程序路径要按照连续顺序排下来,前面的必须处理好,后面的才会执行。多线程同步完成多项任务,不是为了提高运行效率,而是为了提高资源使用效率从而提高系统的效率。多线程是在同一时间需要完成多项任务的时候实现的。简单地说,多线程就是以时间换空间(这里的时间和空间都是指 CPU 时间和空间)。

6.2.2 前台线程与后台线程

在.NET Framework 线程里,程序在终止线程(终止启动的线程)时存在问题。如果程序(即主线程)退出后不关闭线程(非主线程),那么线程就会一直存在。一般启动的线程都是局部变量,不能一一关闭,如果调用 Thread.CurrentThread.Abort()方法关闭主线程,就会出现 ThreadAbortException 异常。

托管线程可能是后台线程可能是前台线程。后台线程不会使托管执行环境处于活动状态,除此之外,后台线程与前台线程是一样的。一旦所有前台线程在托管进程(其中.exe 文件是托管程序集)中被停止,系统将停止所有后台线程并关闭。.NET Framework 可以通过设置 Thread.IsBackground 属性将一个线程指定为后台线程或前台线程。例如,设置一个线程为后台线程,即 Thread.IsBackground 设置为 true。同样,也可以设置一个线程为前台线程,即 Thread.IsBackground 设置为 false。从非托管代码进入托管执行环境的所有线程都被标记为后台线程。通过创建并启动新的 Thread 对象而生成的所有线程都是前台线程。如果要创建希望用来监听某些活动(如套接字连接)的前台线程,则应将 Thread.IsBackground 设置为 true,以便线程可以终止。

特别地,在 Windows 中通常一个窗口(或控件)就是一个线程,它们主要负责显示窗口并等待处理各种发给窗口的消息。

【工作任务】
【实例 6-1】前台线程和后台线程的区别。
【预备知识】
前台线程:终止主线程,不能终止其他前台线程。

后台线程：终止主线程，后台线程也被终止。

【解题思路】

(1) 首先，在 Windows 界面中拖两个 Button 按钮，分别写"运行前台线程"和"运行后台线程"，并设置两个 Button 按钮的 Click 事件。

(2) 其次，新建一个类，并添加一个控制线程运行速度的 test1()方法。

(3) 然后，在"运行前台线程"按钮的 Click 事件之后，调用该类的 test1()方法，并创建前台线程，且调用线程的 Start()方法。

(4) 最后，在"运行后台线程"按钮的 Click 事件之后，调用该类的 test1()方法，并创建后台线程，且设置 IsBackground 属性为 true 和调用线程的 Start()方法。

【实现步骤】

(1) 新建工程项目。打开 Visual Studio，单击【文件】→【新建】→【项目】命令，在打开的新建窗口中选择 Visual C#命令，再选择【Windows 窗体应用程序】命令。新建工程项目的名称为"第六章：多线程"。

(2) 在 Form1.cs[设计]中添加控件见表 6-3。

表 6-3 【实例 6-1】属性设置

对　象	属 性 名	属 性 值
Form1	Text	运行后台线程
button1	Name	btn_RunFrontThread
	Text	运行前台线程
button2	Name	btn_RunBackThread
	Text	运行后台线程

(3) 设计后效果如图 6.1 所示。

图 6.1　Form1 窗体界面设计图

(4) 新建一个 test 类，添加如下代码：

```
 public class test
{
public string message { get; set; }
public int n = 99999999;
public void test1()
{
    //程序循环，目的是让CPU执行下面代码花费多一点时间
    for (int i = 0;i<n ;i++ )
    {
```

```
        }
        MessageBox.Show(message+"运行完"+n+"次数");
    }
}
```

(5) 双击【运行前台线程】按钮，添加如下代码：
添加命名空间 using System.Threading;

```
private void btn_RunFrontThread_Click(object sender, EventArgs e)
{
    test t1 = new test();
    t1.message = "前台线程";
    Thread thread = new Thread(new ThreadStart(t1.test1));
    thread.Start();
}
```

(6) 双击【运行后台线程】按钮，添加如下代码：

```
private void btn_RunBackThread_Click(object sender, EventArgs e)
{
    test t1 = new test();//创建一个test类对象
    //设置t1对象下message属性为后台线程
    t1.message = "后台线程";
    //创建一个thread线程对象,用委托方式传入t1的test1方法
    Thread thread = new Thread(new ThreadStart(t1.test1));
    //把thread线程对象的IsBackground属性为true
    thread.IsBackground = true;
    //运行thread线程
    thread.Start();
}
```

运行程序后的效果图如图 6.2 和图 6.3 所示。

图 6.2　单击"运行前台线程"按钮后运行结果

图 6.3　单击【运行后台线程】按钮后运行结果

代码分析

把 thread 线程对象的 IsBackground 属性为 true。thread.IsBackground = true;

在.NET Framework 中可以设置 Thread.CurrentThread.IsBackground=true，即把当前线程设置为后台线程，主线程被终止，所有后台线程也随之被终止。Java 创建一个线程的方式是继承 Thread 类或者实现 Runnable 接口。与 Java 相比，.NET Framework 使用线程时提高了使用多线程的效率和安全性。

工程师提示

运行本程序后，单击【运行前台线程】按钮后，马上关闭 Form1 窗口，过一段时间还是会弹出【前台线程运行完 99999999 次】窗口；运行本程序后，单击【运行后台线程】按钮后，马上关闭 Form1 窗口，程序终止，不会弹出【后台线程运行完 99999999 次】窗口。主线程关闭并不能关闭程序中的前台线程，但是主线程关闭能关闭程序中的后台线程。所以一个程序中有且只有一个前台线程(主线程)。

6.2.3 线程的优先级

System.Threading.Thread.Priority 枚举了线程的优先级别，从而决定了线程能够得到多少 CPU 时间。高优先级的线程通常会比一般优先级的线程得到更多的 CPU 时间，如果不只一个高优先级的线程,操作系统将在这些线程之间循环分配 CPU 时间。低优先级的线程得到的 CPU 时间相对较少，当没有高优先级的线程时，操作系统将挑选下一个低优先级的线程执行。一旦低优先级的线程在执行时遇到了高优先级的线程，它将让出 CPU 给高优先级的线程。新创建的线程优先级为一般优先级。用户可以设置线程的优先级的值，如下面所示。

(1) Highest；
(2) AboveNormal；
(3) Normal；
(4) BelowNormal；
(5) Lowest。

6.3 线程的控制

6.3.1 Thread 类的方法使用

在 .NET Framework Class Library 中，所有与多线程机制应用相关的类都是放在 System.Threading 命名空间中的。如果想在应用程序中使用多线程，就必须包含这个命名空间。通过其中提供的 Thread 类来创建和控制线程，ThreadPool 类来管理线程池等。(此外这个命名空间还提供了解决线程执行安排、死锁、线程间通信等实际问题的机制。)

Thread 类有几个至关重要的方法，描述如下。

(1) 启动线程：即新建并启动一个线程。

    Thread thread1 = new Thread(FunctionName);其中的 FunctionName 是将要被新线程执行的函数名。

(2) 终止线程：在终止一个线程前最好先判断它是否被终止了(通过 IsAlive 属性)，然后就可以调用 Abort()方法来终止此线程。

(3) 暂停线程：即让一个正在运行的线程休眠一段时间，如 thread.Sleep(1000);就是让线程休眠 1 秒钟。

(4) 优先级：Thread 类中 ThreadPriority 属性，用来设置优先级，但不能保证操作系统会接受优先级。

(5) 挂起线程：Thread 类的 Suspend 方法可以用来挂起线程，直到调用 Resume 方法，此线程才可以继续执行。如果线程已经挂起，那就不会起作用。

(6) 恢复线程：Resume()方法用来恢复已经挂起的线程，以让它继续执行，如果线程没挂起，也不会起作用。

6.3.2 Thread 类的方法功能

  通过调用 Thread.Sleep()方法，Thread.Suspend()方法或者 Thread.Join()方法可以暂停/阻塞线程。调用 Sleep()和 Suspend()方法意味着线程将不再得到 CPU 时间。这两种暂停线程的方法是有区别的，Sleep()方法使得线程立即停止执行，但是在调用 Suspend()方法之前，公共语言运行时必须到达一个安全点。一个线程不能对另外一个线程调用 Sleep()方法，但是可以调用 Suspend()方法使得另外一个线程暂停执行。对已经挂起的线程调用 Thread.Resume()方法会使其继续执行。不管使用多少次 Suspend()方法来阻塞一个线程，只需调用一次 Resume()方法就可以使得线程继续执行。已经终止的和还没有开始执行的线程都不能使用挂起。Thread.Sleep(int x)使线程阻塞 x ms，只有当该线程被其他的线程通过调用 Thread.Interrupt()方法或者 Thread.Abort()方法时才能被唤醒。

  如果对处于阻塞状态的线程调用 Thread.Interrupt()方法将使线程状态改变，但是会抛出 ThreadInteruppdedException 异常，用户可以捕获这个异常并且做出处理，也可以忽略这个异常而在运行时终止线程。在一定的等待时间之内，Thread.Interrupt()方法和 Thread.Abort()方法都可以立即唤醒一个线程。

6.3.3 ThreadState 属性

  Thread.ThreadState 这个属性代表了线程运行时的状态，在不同的情况下有不同的值，于是有时候可以通过对该值的判断来设计程序流程。ThreadState 在各种情况下的可能取值见表 6-4。

表 6-4　ThreadState 的取值

属　性　名	说　明
Aborted	线程已停止
AbortRequested	线程的 Thread.Abort()方法已被调用，但是线程还未停止
Background	线程在后台执行，与属性 Thread.IsBackground 有关

续表

属 性 名	说 明
Running	线程正在正常运行
Stopped	线程已经被停止
StopRequested	线程正在被要求停止
Suspended	线程已经被挂起(此状态下，可以通过调用 Resume()方法重新运行)
SuspendRequested	线程正在要求被挂起，但是未来得及响应
Unstarted	未调用 Thread.Start()开始线程的运行
WaitSleepJoin	线程因为调用了 Wait()、Sleep()或 Join()等方法而处于封锁状态

.NET Framework 中线程各个状态之间的转换关系如图 6.4 所示。

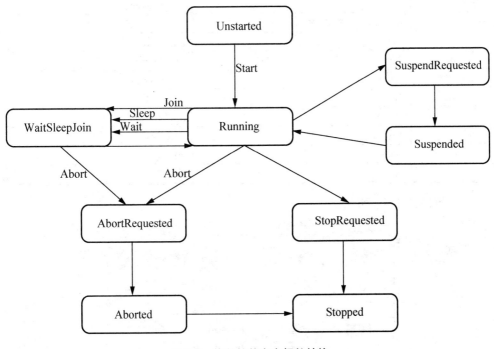

图 6.4 线程的状态之间的转换

在退出程序之前要关闭前台线程，就要使用 IsAlive 属性来检查子线程是否在运行，如果子线程在运行，就要使用 Abort()方法来终止线程，如果线程是被挂起状态，使用 Abort()方法就会抛出异常，因此就要让线程继续执行，然后使用 Abort()方法终止线程。

【工作任务】

【实例 6-2】通过调用线程方法来控制进度条。

【解题思路】

(1) 首先，在 Windows 界面中，拖入 2 个 progressBar 控件，2 个 Label 控件和 4 个 Button 按钮。

(2) 其次，添加两个方法，并开启线程控制进度条的变化。

(3) 然后，通过使用开始(Start())函数，调用这两个方法，来控制进程。

(4) 最后，通过对线程挂起、恢复和终止等属性的判断，来实现线程控制进度条。

【实现步骤】

(1) 新建工程项目。打开 Visual Studio，选择【文件】→【新建项目】命令，在打开的新建项目窗口中，选择 Visual C#命令，再选择【Windows 窗体应用程序】，新建工程项目的名称为"进度条"。

(2) 在 Form2.cs[设计]中添加控件见表 6-5。

表 6-5 【实例 6-2】属性设置

对　　象	属　性　名	属　性　值
Form2	Text	Form2
label1	Text	进度条 1
label2	Text	进度条 2
progressBar1	Name	progressBar1
progressBar2	Name	progressBar2
button1	Name	btn_Start
	Text	开始线程
button2	Name	btn_Suspend
	Text	挂起线程
button3	Name	btn_Resume
	Text	恢复线程
button4	Name	btn_Abort
	Text	终止线程

(3) 设计效果如图 6.5 所示。

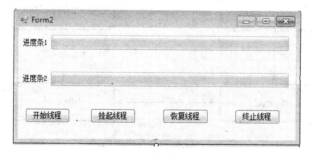

图 6.5 进度条程序窗体设计图

(4) 在 Form2 窗体写下 test 类下添加如下代码：

```
    public class test
    {
//创建进度条 1 对象。
        int n=10000;//全局公共变量
        public ProgressBar ProgressBar11;
        public void start1()
        {
            for (int i = 0; i <= n; i++)
            {
                ProgressBar11.Value = i;
            }
```

```
        }
        //创建进度条 2 对象。
        public ProgressBar ProgressBar12;
        public void start2()
        {
        for (int i = 0; i <= n; i++)
            {
                ProgressBar12.Value = i;
            }
        }
    }
```

(5) 在 Form2 窗体写下代码，声明 thread 线程对象和 test 类对象为全局变量。
添加命名空间 using System.Threading;

```
        Thread thread1 = null;
        Thread thread2 = null;
        test t1 = new test();
```

(6) 双击【开始线程】按钮，添加如下代码：

```
        private void btn_Start_Click(object sender, EventArgs e)
        {
            int num=999999;
            Control.CheckForIllegalCrossThreadCalls = false;
            t1.ProgressBar11 = progressBar1;
            t1.ProgressBar11.Maximum = num;
            t1.n = num;
            t1.ProgressBar12 = progressBar2;
            t1.ProgressBar12.Maximum = num;
            t1.n = num;
            thread1 = new Thread(new ThreadStart(t1.start1));
            thread1.Start();
            thread2= new Thread(new ThreadStart(t1.start2));
            thread2.Start();
        }
```

(7) 双击【挂起线程】按钮，添加如下代码：

```
        private void btn_Suspend_Click(object sender, EventArgs e)
        {
            thread2.Suspend();
            MessageBox.Show("进度条 2 被停止,thread2 线程被挂起");
        }
```

(8) 双击【恢复线程】按钮，添加如下代码：

```
        private void btn_Resume_Click(object sender, EventArgs e)
        {
          if (thread2.IsAlive)
            {
                thread2.Resume();
                MessageBox.Show("进度条 2 恢复,thread2 线程继续执行");
            }
          else
```

```
        {
            MessageBox.Show("不能恢复线程2,因为被终止或者线程未运行");
        }
    }
```

(9) 双击【终止线程】按钮，添加如下代码：

```
private void btn_Abort_Click(object sender, EventArgs e)
{
    try
    {
        if (thread2.IsAlive)
        {
            thread2.Abort();
        }
    }
    catch
    {
        thread2.Resume();
        thread2.Abort();
    }
    MessageBox.Show("进度条回到起点,线程2 被终止1");
    t1.ProgressBar12.Value = 0;
}
```

(10) 按 F5 键运行后的效果如图 6.6 所示。

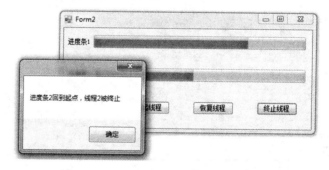

图 6.6　进度条程序运行结果图

【代码分析】

在对线程做恢复和终止操作时，首先要判断该线程是否运行过。

```
    if (thread2.IsAlive)
    {
    }
```

如果该线程没有运行过，则报 NullReferenceException 异常。

工程师提示

单击【终止线程】按钮后，线程被终止，进度条应该返回原点。但是如果直接写 t1.ProgressBar12.Value = 0;而没有响应主线程，进度条还是在原来的位置(线程被终止的位置)。

6.4 线 程 池

在.NET 中，每个进程都自动带有一个线程池，而且每个进程至多只能有一个线程池，可以在多个不同的行为间共享线程池。上面已经介绍了线程池主要用于服务引入的连接，但同时还可以周期性地进行其他服务，比如检查服务器上的磁盘空间确保服务器高速运行，检查电子邮件以及服务客户连接等。其实，线程池可以使线程变得更容易，很明显还需要处理同步问题，但不需要真实地创建线程，.NET 会做这些。

这里有一个重要的方法逻辑，既然线程池是.NET 封装提供的，那线程内部执行的程序是怎么样按照申请者的要求而变化的呢？这就要使用委托。委托就是向一个方法内部传入一段程序，这恰恰可以解决这个问题。

线程池在首次创建 ThreadPool 类的实例时被创建。线程池具有每个可处理 25 个线程的默认限制。

通过前面的介绍，相信读者对用.NET Framework 提供的 System.Threading.Thread 类和一些线程同步的类基本的线程知识和多线程编程知识有了了解。这里将进一步讨论一些.NET 类，以及它们在多线程编程中扮演的角色和怎么编程。它们是 System.Threading.ThreadPool 类和 System.Threading.Timer 类。

如果线程的数目并不是很多，而且想控制每个线程的细节诸如线程的优先级等,使用 Thread 是比较合适的。但是如果有大量的线程，使用线程池应该更好一些,它提供了高效的线程管理机制来处理多任务。对于定期执行的任务，Timer 类是合适的，使用代表是异步方法调用的首选。

如果这里有很多的任务需要完成，每个任务需要一个线程，应该考虑使用线程池来更有效的管理资源并且从中受益。线程池是执行多个线程的集合，它允许添加以线程自动创建和开始的任务到队列里面去。使用线程池使得系统可以优化线程在 CPU 使用时的时间碎片。但是要记住在任何特定的时间点，每个线程池只有一个正在运行的线程。这个类使得线程组成的池可以被系统管理，而使用户集中在工作流的逻辑而不是线程的管理上。

线程池是非常有用的，被广泛地用于.NET 平台上的套接字编程，等待操作注册，进程计时器和异步的 I/O。对于小而短的任务，线程池提供的机制能够十分便利地处理多线程的。线程池对于完成许多独立的任务而且不需要逐个地设置线程属性这种情况是十分便利的。但是，有很多的情况是可以用其他的方法来替代线程池的，比如说给每个线程设置特定的属性，或者需要将线程放入单个线程的空间(而线程池是将所有的线程放入一个多线程空间)，抑或是一个特定的任务是很冗长的，这些情况最好考虑清楚，安全的办法比用线程池应该是你的选择。

大部分应用程序都是通过线程工作的，该线程等待一些引入的连接，一旦接收到一个连接，就会创建一个新的线程，并且要求这个线程服务于这个新的连接，如图 6.7 所示。

当线程比较多的时候，系统开销将会相当大。减少系统开销的一个方法，就是使用线程池的方法来处理。所谓线程池，就是在内存中等待工作的线程。它会根据情况，自动的创建并管理新的线程，如图 6.8 和图 6.9 所示。

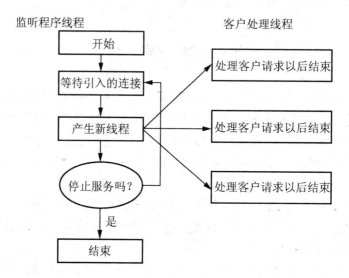

图 6.7　线程连接

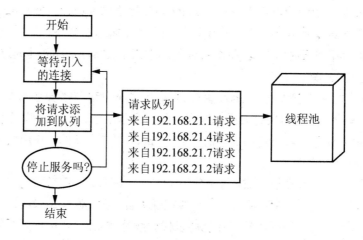

图 6.8　线程池

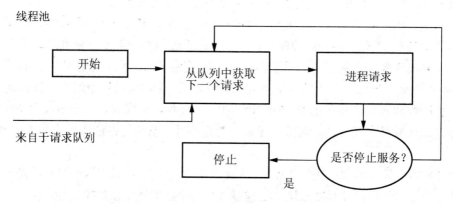

图 6.9　线程池工作原理

许多应用程序创建的线程都要在休眠状态中消耗大量时间以等待事件发生，这些线程只被定期唤醒以轮询更改或更新状态信息。线程池通过为应用程序提供一个由系统管理的辅助线程池,使用户可以更为有效地使用线程。

注意

托管线程池中的线程为后台线程,即它们的 IsBackground 属性为 true。这意味着在所有的前台线程都已退出后,ThreadPool 线程不会让应用程序保持运行。

线程池根据需要提供新的工作线程或 I/O 完成线程,直到其达到每个类别的最小值。当达到最小值时,线程池可以在该类别中创建更多线程或等待某些任务完成。从 .NET Framework 4 开始,线程池会创建和销毁工作线程以优化吞吐量,吞吐量定义为单位时间内完成的任务数。线程过少时可能无法更好地利用可用资源,但线程过多时又可能会加剧资源的争用情况。

当需求比较少时,线程池线程的实际数量可以低于这些最小值。

【工作任务】
【实例6-3】通过线程池来控制进度条运动。
【解题思路】
线程式控制进度条的工作原理如图 6.10 所示。

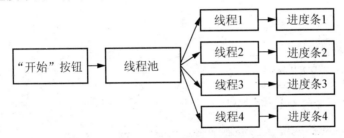

图 6.10 线程池控制进度条的工作原理

【实现步骤】
(1) 新建工程项目。打开 Visual Studio,选择【文件】→【新建】→【项目】命令,在打开的新建项目窗口中选择 Visual C#命令,再选择【Windows 窗体应用程序】命令,新建工程项目的名称为"线程池"。
(2) 在 Form3.cs[设计]中添加控件见表 6-6。

表 6-6 【实例6-3】属性设置

对　　象	属　性　名	属　性　值
Form3	Text	Form3
label1	Text	进度条 1
label2	Text	进度条 2
label3	Text	进度条 3
label4	Text	进度条 4
progressBar1	Name	progressBar1
progressBar2	Name	progressBar2
progressBar3	Name	progressBar3
progressBar4	Name	progressBar4

续表

对象	属性名	属性值
button1	Name	btn_Start
	Text	开始

(3) 设计效果如图 6.11 所示。

图 6.11 窗体设计图

(4) 在 Form3 窗体写下 test 类，添加如下代码：

```csharp
public class test
{
    //进度条 1
        Int n=10000;//声明一个全局变量.
    public ProgressBar ProgressBar21;
    public void Start1(Object e)
    {
        ProgressBar21.Maximum = n;
        for (int i = 0; i <= n; i++)
        {
            ProgressBar21.Value = i;
        }
    }
    //进度条 2
    public ProgressBar ProgressBar22;
    public void Start2(Object e)
    {
        ProgressBar22.Maximum = n;
        for (int i = 0; i <= n; i++)
        {
            ProgressBar22.Value = i;
        }
    }
    //进度条 3
    public ProgressBar ProgressBar23;
    public void Start3(Object e)
    {
        ProgressBar23.Maximum = n;
        for (int i = 0; i <= n; i++)
        {
```

```
            ProgressBar23.Value = i;
        }
    }
    //进度条 4
    public ProgressBar ProgressBar24;
    public void Start4(Object e)
    {
        ProgressBar24.Maximum = n;
        for (int i = 0; i <= n; i++)
        {
            ProgressBar24.Value = i;
        }
    }
}
```

(5) 在 Form3 窗体写下代码，声明 test 类对象为全局变量。

添加命名空间 using System.Threading;

```
        test t1 = new test();
```

(6) 单击【开始】按钮，添加如下代码：

```
    private void btn_Start_Click(object sender, EventArgs e)
    {
        t1.n = 99999;
        //将一个方法打包到 WaitCallback 委托中，然后将该委托传递给 ThreadPool.Queue
UserWorkItem 静态方法，在线程池中对任务进行排队。
        //WaitCallback 委托声明线程池要执行的回调方法，回调方法的声明必须与 WaitCall
back 委托声明具有相同的参数。
        t1.ProgressBar21 = progressBar1;
        ThreadPool.QueueUserWorkItem(new WaitCallback(t1.Start1));
        t1.ProgressBar22 = progressBar2;
        ThreadPool.QueueUserWorkItem(new WaitCallback(t1.Start2));
        t1.ProgressBar23 = progressBar3;
        ThreadPool.QueueUserWorkItem(new WaitCallback(t1.Start3));
        t1.ProgressBar24 = progressBar4;
        ThreadPool.QueueUserWorkItem(new WaitCallback(t1.Start4));
    }
```

(7) 按 F5 键运行后的效果如图 6.12 所示。

图 6.12　按 F5 键运行后的效果图

(8) 单击"开始"按钮的效果如图 6.13 所示。

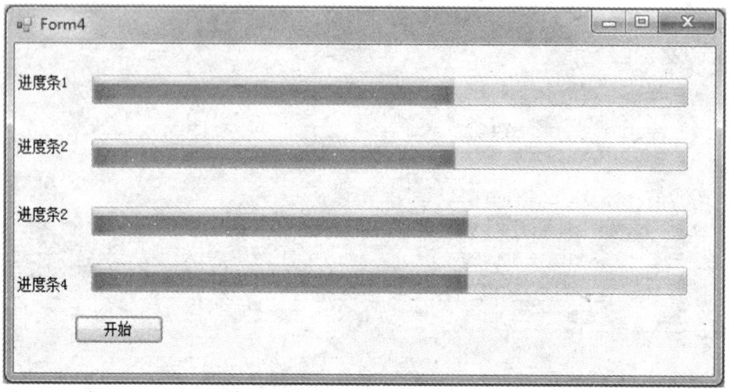

图 6.13 单击【开始】按钮的效果图

工程师提示

CPU 能在很短的时间内不断切换线程，使进度条 1，进度条 2，进度条 3，进度条 4 看起来好像是同时运行。

6.5 线程同步与异步

6.5.1 线程同步

不讨论线程的同步问题，等于对多线程编程知之甚少，但是要十分谨慎地使用多线程的同步。在使用线程同步时，用户事先就要能够正确地确定是哪个对象和方法有可能造成死锁(死锁就是所有的线程都停止了响应，都在等着对方释放资源)。还有赃数据的问题(指的是同一时间多个线程对数据作了操作而造成的不一致)，这个不容易理解。这么说，有 X 和 Y 两个线程，线程 X 从文件读取数据并且写数据到数据库，线程 Y 从这个数据库读数据并将数据送到其他的计算机。假设在 Y 读数据的同时，X 写入数据，那么显然 Y 读取的数据与实际存储的数据是不一致的。这种情况显然是应该避免发生的。少量的线程将使得刚才问题发生的几率要少得多，对共享资源的访问也可以更好地实现同步。

.NET Framework 的 CLR 提供了 3 种方法来完成对共享资源如全局变量域，特定的代码段，静态的和实例化的方法和域的操作。

(1) 代码域同步：使用 Monitor 类可以同步静态/实例化的方法的全部代码或者部分代码段。不支持静态域的同步。在实例化的方法中，this 指针用于同步；而在静态的方法中，类用于同步，这在后面会讲到。

(2) 手工同步：使用不同的同步类(如 WaitHandle, Mutex, ReaderWriterLock, ManualResetEvent, AutoResetEvent 和 Interlocked 等)创建自己的同步机制。这种同步方式要求用户手动的为不同的域和方法同步，这种同步方式也可以用于进程间的同步和对共享资源的等待而造成的死锁解除。

(3) 上下文同步：使用 SynchronizationAttribute 为 ContextBoundObject 对象创建简单的、自动的同步。这种同步方式仅用于实例化的方法和域的同步。所有在同一个上下文域的对象共享同一个锁。

同步化操作由前后紧接的组件或函数调用组成。一个同步化调用会阻塞整个进程直到这一个操作完成，如图 6.14 所示。

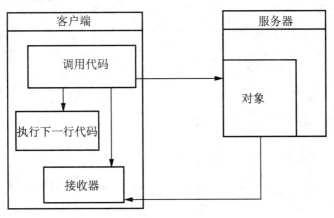

图 6.14 同步调用

【工作任务】

【实例 6-4】火车站卖票模型。

【解题思路】

假如某火车站只有两个售票窗口，将卖出 10 张票，效果如图 6.15 所示。

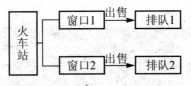

图 6.15 火车站卖票程序功能图

窗口 1，窗口 2 类似线程，要用到锁概念。

【实现步骤】

(1) 新建工程项目。打开 Visual Studio，选择【文件】→【新建】→【项目】，在打开的新建项目窗口中选择 Visual C#命令，再选择【控制台应用程序】命令，新建工程项目的名称为"同步的应用"。

(2) 写下如下代码：

```
class Program : SynchronizationContext
{
    static void Main(string[] args)
    {
        thread1 t1 = new thread1();
        Thread[] thread = new Thread[2];
        for (int i = 0; i < 2; i++)
        {
            thread[i] = new Thread(new ThreadStart(t1.Sale));
```

```
                thread[i].Name = "窗口" + i.ToString();
                thread[i].Start();
            }
            Console.Read();
        }
    }
    public class thread1 : SynchronizationContext
    {
        public int num = 1;
        public void Sale()
        {
            try
            {
                lock (new Object())
                {
                    while (num <10)
                    {
                        Console.WriteLine("{0}出售第：{1}张票", Thread.CurrentThread.Name,num++);
                    }
                }
            }
            catch { }
        }
    }
```

运行后效果如图 6.16 所示。

图 6.16 运行结果图

【代码分析】

线程(窗口)0，线程(窗口)1 在共享变量 num，能够同步对票号打印。

6.5.2 线程异步

异步化操作：不会阻塞启动操作的调用线程。调用程序必须通过轮流检测软件中的中断信号或只是明确地等待完成信号来发现调用的完成，如图 6.17 所示。

异步调用：调用代码里有回调函数，监听返回结果。①向对象发出请求；②执行下一行代码，此时不知道对象是否作出响应；③对象响应后执行调用代码的回调函数，响应符合某个条件，实现某个功能。

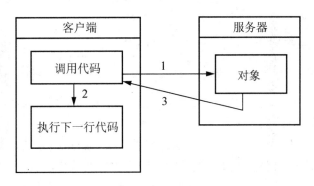

图 6.17　异步调用

1. 异步委托

异步委托提供以异步方式调用同步方法的能力。当同步调用一个委托时，调用方法直接对当前线程调用目标方法。如果编译器支持异步委托，则它将生成 该调用方法以及 BeginInvoke() 和 EndInvoke() 方法。

如果调用 BeginInvoke() 方法，则公共语言运行库将对请求进行排队并立即返回到调用方。将对来自线程池的线程调用该目标方法。提交请求的原始线程自由地继续与目标方法并行执行，该目标方法是对线程池线程运行在回调中时，使用 EndInvoke() 方法来获取返回值和输入/输出参数。如果没有对 BeginInvoke() 指定回调，则可以在提交请求的原始线程上使用 EndInvoke() 方法。

委托使用线程池来完成异步任务。

为了演示委托的异步特性，启动一个方法，它需要一定的时间才能执行完毕。方法 TakesAWhile() 至少需要作为变元传送过来的毫秒数才能执行完，因为它调用了 Thread.Sleep()。

2. 异步回调

等待委托的结果的第 3 种方式是使用异步回调。在 BeginInvoke() 方法的第 3 个参数中，可以传送一个满足 AsyncCallback 委托的需求的方法。AsyncCallback 委托定义了一个 IAsyncResult 类型的参数，其返回类型是 void。这里，把方法 TakesAWhileCompleted() 的地址赋予第 3 个参数，以满足 AsyncCallback 委托的需求。对于最后一个参数，可以传送任意对象，以便从回调方法中访问它。传送委托实例是可行的，这样回调方法就可以使用它获得异步方法的结果。

6.6　多线程会出现的问题

6.6.1　死锁

过多的锁定也会有麻烦。在死锁中，至少有两个线程被挂起，等待对方解除锁定。由于两个线程都在等待对方，就出现了死锁，线程将无限地等待下去。

为了演示死锁，下面实例化两个 StateObject 类型的对象，并传送给 SampleThread 类的构造函数。创建两个线程，其中一个线程运行方法 Deadlock1()，另一个线程运行方法 Deadlock2()。

```
StateObject state1 = new StateObject();
StateObject state2 = new StateObject();
new Thread(new SampleThread(state1, state2).Deadlock1).Start();
new Thread(new SampleThread(state1, state2).Deadlock2).Start();
```

方法 Deadlock1()和 Deadlock2()改变两个对象 s1 和 s2 的状态。这就进行了两个锁定。方法 Deadlock1()先锁定 s1，接着锁定 s2。方法 Deadlock2()先锁定 s2，再锁定 s1。现在，有可能方法 Deadlock1()中 s1 的锁定会被解除。接着出现一次线程切换，Deadlock2()开始运行，并锁定 s2。第二个线程现在等待 s1 锁定的解除。因为它需要等待，所以线程调度器再次调度第一个线程，但第一个线程在等待 s2 锁定的解除。这两个线程现在都在等待，只要锁定块没有结束，就不会解除锁定。这是一个典型的死锁。

```
public class SampleThread
{
    public SampleThread(StateObject s1, StateObject s2)
    {
        this.s1 = s1;
        this.s2 = s2;
    }
    private StateObject s1;
    private StateObject s2;
    public void Deadlock1()
    {
        int i = 0;
        while (true)
        {
            lock (s1)
            {
                lock (s2)
                {
                    s1.ChangeState(i);
                    s2.ChangeState(i++);
                    Console.WriteLine("still running, {0}", i);
                }
            }
        }
    }
    public void Deadlock2()
    {
        int i = 0;
        while (true)
        {
            lock (s2)
            {
                lock (s1)
                {
                    s1.ChangeState(i);
                    s2.ChangeState(i++);
                    Console.WriteLine("still running, {0}", i);
                }
```

```
            }
         }
      }
   }
```

结果是,程序运行了多次循环,不久就没有响应。"仍在运行"的信息仅在控制台上写入几次。死锁问题的发生频率也取决于系统配置,每次运行的结果都不同。

死锁问题并不总是很明显。一个线程锁定了 s1,接着锁定 s2,另一个线程锁定了 s2,接着锁定 s1。只需改变锁定顺序,这两个线程就会以相同的顺序进行锁定。但是,锁定可能隐藏在方法的深处。为了避免这个问题,可以在应用程序的体系架构中,从一开始就设计好锁定顺序,也可以为锁定定义超时时间。

 注意

只有共享资源才需要锁定。只有可以被多线程访问的共享资源才需要考虑锁定,比如静态变量,再比如某些缓存中的值,属于线程内部的变量不需要锁定。

6.6.2 竞态条件

如果两个或多个线程访问相同的对象,或者访问不同步的共享状态,就会出现竞态条件。为了演示竞态条件,定义一个 StateObject 类,它包含一个 int 字段和一个方法 ChangeState()。在 ChangeState()方法的实现代码中,验证 state 变量是否包含 5。如果是,就递增其值。下一个语句是 Trace.Assert,它验证 state 现在是否包含 6。在给包含 5 的变量递增了 1 后,该变量的值就应是 6。但事实不一定是这样。例如,如果一个线程刚刚执行完 if(state ==5)语句,它就被其他线程抢先,调度器去运行另一个线程了。第二个线程现在进入 if 体,由于 state 的值仍是 5,所以将它递增为 6。第一个线程现在再次被安排执行,在下一个语句中,state 被递增为 7。这时就发生了竞态条件,显示断言信息。

```
public class StateObject
{
    private int state = 5;
    public void ChangeState(int loop)
    {
        if (state == 5)
        {
            state++;
            Trace.Assert(state == 6, "Race condition occurred after " +loop +
" loops");
        }
        state = 5;
    }
}
```

下面定义一个线程方法来验证这一点。SampleThread 类的方法 RaceCondition()将一个 StateObject 对象作为其参数。在一个无限 while 循环中,调用方法 ChangeState()。变量 i 仅用于显示断言信息中的循环数。

```csharp
public class SampleThread
{
    public void RaceCondition(object o)
    {
        Trace.Assert(o is StateObject, "o must be of type StateObject");
        StateObject state = o as StateObject;
        int i = 0;
        while (true)
        {
            state.ChangeState(i++);
        }
    }
}
```

在程序的 Main() 方法中，创建了一个新的 StateObject 对象，它由所有的线程共享。在 Thread 类的构造函数中，给 RaceCondition 的地址传送一个 SampleThread 类型的对象，以创建 Thread 对象。接着传送 state 对象，使用 Start() 方法启动这个线程。

```csharp
static void Main()
{
    StateObject state = new StateObject();
    for (int i = 0; i < 20; i++)
    {
        new Thread(new SampleThread().RaceCondition).Start(state);
    }
}
```

启动程序，就会出现竞态条件。在竞态条件第一次出现后，还需要多长时间才能第二次出现竞态条件取决于系统以及将程序建立为发布版本还是调试版本。如果建立为发布版本，该问题的出现次数会比较多，因为代码被优化了。如果系统中有多个 CPU 或使用双核 CPU，其中多个线程可以同时运行，该问题也会比使用单核 CPU 时出现的次数多。在单核 CPU 中，若线程调度是抢先式的，也会出现该问题，只是没有那么频繁。

要避免该问题，可以锁定共享的对象，这可以在线程中完成，用下面的 lock 语句锁定在线程中共享的变量 state。只有一个线程能在锁定块中处理共享的 state 对象。由于这个对象由所有的线程共享，因此如果一个线程锁定了 state，另一个线程就必须等待该锁定的解除。一旦进行了锁定，线程就拥有该锁定，直到该锁定块的末尾才解除锁定。如果每个改变 state 变量引用的对象的线程都使用一个锁定，竞态条件就不会出现。

```csharp
public class SampleThread
{
    public void RaceCondition(object o)
    {
        Trace.Assert(o is StateObject, "o must be of type StateObject");
        StateObject state = o as StateObject;
        int i = 0;
        while (true)
        {
            lock (state)   // no race condition with this lock
            {
```

```
            state.ChangeState(i++);
        }
    }
  }
}
```

在使用共享对象时，除了进行锁定之外，还可以将共享对象设置为线程安全的对象。其中 ChangeState()方法包含一个 lock 语句。由于不能锁定 state 变量本身(只有引用类型才能用于锁定)，因此定义一个 object 类型的变量 sync，将它用于 lock 语句。如果每次 state 值都使用同一个同步对象来修改锁定，竞态条件就不会出现。

本 章 小 结

本章系统介绍了.NET Framework 框架下多线程的应用。首先介绍线程的基本概念，然后重点介绍在.NET Framework 下，线程分为前台线程和后台线程。其次介绍线程被 CPU 执行过程中，都有各自的状态，分别是创建、运行、消亡、睡眠和阻塞。然后多个线程共享资源时会出现与时间有关的错误。最后向读者介绍锁的概念，锁的使用是一种代码同步的方法，线程与线程之间相互排斥，相对独立。

课 后 练 习

一、判断题

1．一个进程可以创建一个或多个线程以执行与该进程相关联的部分程序代码。（　）
2．多线程能使程序运行更加快捷，所以线程越多程序越好。（　）
3．使用 SuspendRequested()方法挂起线程，通过调用 Resume()方法重新运行。（　）
4．死锁就是所有的线程都停止了响应，都在等着对方释放资源。（　）
5．一个线程读数据同时另一个线程写入数据就会出现死锁。（　）
6．线程执行不存在优先级之分。（　）
7．在执行终止线程的方法时，首先要判断线程是否正在运行。（　）

二、选择题

1．线程设置为后台线程的属性是(　　)。
　　A．IsAlive　　　　　B．ThreadState　　　C．IsBackground　　　D．CurrentThread
2．Thread.Sleep(1000)就是让线程休眠(　　)秒钟。
　　A．100　　　　　　B．10　　　　　　　　C．1000　　　　　　　D．1
3．在 Thread 类中以下哪种方法能终止线程？(　　)
　　A．Start()　　　　　B．Interrupt()　　　　C．Abort()　　　　　　D．ResetAbort()
4．线程池在首次创建_____类的实例时被创建。
　　A．ThreadPool　　　B．ThreadState　　　C．Thread　　　　　　D．ResetAbort
5．使线程恢复的方法是(　　)。
　　A．Unstarted()　　　B．Join()　　　　　　C．GetDomain()　　　　D．Resume

6．NET Framework 框架提供了许多控制线程的方法，其中恢复线程是(　　)方法。
　　A．Abort()　　　　B．Start()　　　　C．Suspend()　　　　D．Resume()

三、填空题

1．使用_____委托或_____委托指定由线程执行的程序代码。

2．在终止一个线程前最好先通过_____属性判断它是否被终止了，然后就可以调用 Abort()方法来终止此线程。

3．如果编译器支持异步委托，则它将生成该调用方法以及_____和_____方法。

4．等待委托的结果的第 3 种方式是使用异步回调，在 BeginInvoke()方法的第 3 个参数中，可以传送一个满足_____委托的需求的方法。

5．如果两个或多个线程访问相同的对象，或者访问不同步的共享状态，就会出现_____。

第7章 .NET 网络编程

 内容提示

网络编程是企业级开发中的一项核心任务。不同的计算机(不管是在同一栋建筑中,还是遍布在世界各地)之间能够高效并且安全地进行通信这一需求是许多系统成功的基础。在.NET Framework 中随带了一组新的类,这些类用于处理联网(networking)任务。

 教学要求

(1) 了解 ISO 模型,掌握 TCP/IP 模型。
(2) 熟练使用 Socket 类。
(3) 掌握传输控制协议和用户数据包。
(4) 了解 FTP 编程和 HTTP 编程。

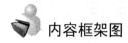

内容框架图

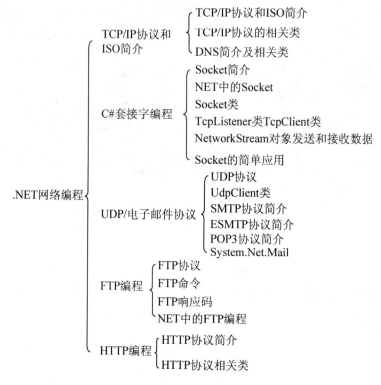

7.1 TCP/IP 协议和 ISO 简介

7.1.1 TCP/IP 协议和 ISO 的简介

TCP/IP(Transmission Control Protocol/Internet Protocol，传输控制协议/网际协议)是目前世界上应用最广泛的协议，已经成为网络协议的代名词。TCP/IP 最初是为互联网的原型 ARPANET 所设计的，目前提供了一整套方便使用，能应用于多种网络上的协议。在局域网络操作系统中，最早使用 TCP/IP 协议的是 UNIX 操作系统，现在几乎所有的网络厂商和操作系统都支持它。TCP/IP 协议有很强的灵活性，可支持任意规模的网络。在安装完成 TCP/IP 协议后，为了使它能够正常工作还需要进行一系列的设置，如 IP 地址、子网掩码、网关、DNS 等。TCP/IP 模型共分为 4 层：应用层、传输层、网络层、主机至网络层。

1. TCP/IP 协议的层次结构

国际标准化组织(ISO)是一个代表了 130 个国家的标准组织的集体。在 20 世纪 80 年代早期，ISO 开始制定一套普遍适用的规范集合，使得全球范围的计算机平台可进行开发式通信。ISO 创建了一个有助于开发和理解计算机的通信模型，即开放系统互连 OSI 模型。OSI 模型把网络结构划分为 7 层：物理层、数据链路层、网络层、传输层、会话层、表示层和应用层。TCP/IP 与 ISO/OSI 协议对照如图 7.1 所示。

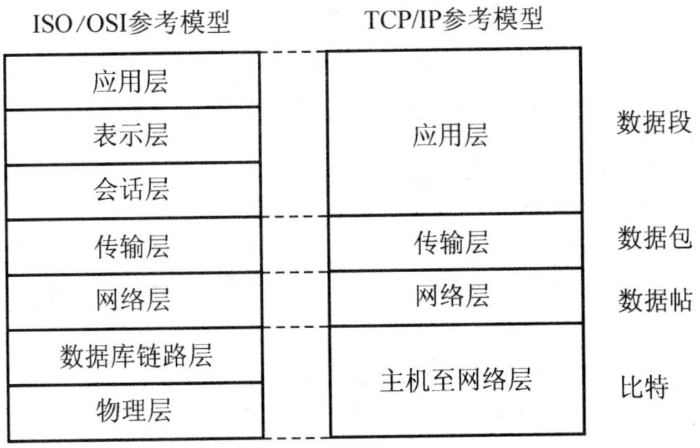

ISO/OSI参考模型	TCP/IP参考模型	
应用层	应用层	数据段
表示层		
会话层		
传输层	传输层	数据包
网络层	网络层	数据帖
数据库链路层	主机至网络层	比特
物理层		

图 7.1 TCP/IP 与 ISO/OSI 协议对照图

(1) 应用层：在开放系统互连(OSI)模型中的最高层，所有用户面向的应用程序的统称。

(2) 传输层：主要是提供应用程序间的通信。

(3) 网络层：TCP/IP 协议族中非常关键的一层，主要定义了 IP 地址格式，从而能够使得不同应用类型的数据在 Internet 上通畅地传输。

主机至网络层是 TCP/IP 结构中的最底层，负责接收 IP 数据包并通过网络发送，或者从网络上接收物理帧，抽出 IP 数据包，交给 IP 层。

2. TCP/IP 模型和协议的缺点

(1) 该模型并没有清楚地区分哪些是规范，哪些是实现，这使得在使用新技术设计新网络的时候，TCP/IP 模型的指导意义不大，而且 TCP/IP 模型不适合于其他非 TCP/IP 协议族。

(2) TCP/IP 模型的主机至网络层并不是常规意义上的一层，它是定义了网络层与数据链路层的接口。接口和层的区别是非常重要的，而 TCP/IP 模型却没有将它们区分开来。

3. TCP/IP 协议中的端口

如果把 IP 地址比作一间房子，端口就是出入这间房子的门。真正的房子只有几个门，但是一个 IP 地址的端口可以有 65 536(即 2^{16})个之多！端口是通过端口号来标记的，端口号只有整数，范围是从 0 到 65 535(2^{16}-1)。

4. TCP 连接的建立

一般情况下，TCP 连接的建立需要经过三次握手，过程如下。

(1) 建立发起者向目标计算机发送一个 TCP SYN 数据包。

(2) 目标计算机收到这个 TCP SYN 数据包后，在内存中创建 TCP 连接控制块(TCB)，然后向发送者回复一个 TCP 确认(ACK)数据包，等待发送源的响应。

(3) 发送者收到 TCP ACK 数据包后，再发送一个 TCP ACK 数据包表示确认，这样 TCP 连接成功。TCP 连接如图 7.2 所示。

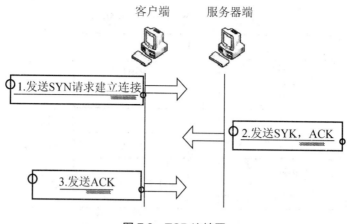

图 7.2 TCP 连接图

7.1.2 TCP 协议的相关类

在 TCP 编程中，经常使用的类有 TcpListener 类、TcpClient 类及 NetworkStream 类。

TcpListener 类提供一些简单方法，用于在同步模式下侦听和接受传入连接请求。可使用 TcpClient 或 Socket 来连接 TcpListener。可使用 IPEndPoint、本地 IP 地址及端口号或者仅使用端口号来创建 TcpListener。TcpListener 类常用属性和方法见表 7-1 和表 7-2。

表 7-1　TcpListener 类常用属性

TcpListener 类常用属性列表(.NET Framework 4)	
Active	获取一个值，该值指示 TcpListener 是否正主动侦听客户端连接
ExclusiveAddressUse	获取或设置一个 Boolean 值，该值指定 TcpListener 是否只允许一个基础套接字来侦听特定端口
LocalEndpoint	获取当前 TcpListener 的基础 EndPoint
Server	获取基础网络 Socket

表 7-2　TcpListener 类常用方法

AcceptSocket()	返回可用于发送和接收数据的 Socket
AcceptTcpClient()	返回可用于发送和接收数据的 TCP Client
Start()	开始侦听传入的连接请求
Stop()	关闭侦听器

TcpClient 类主要用于基于 TCP 协议的客户端编程，其名称空间是 System.Net.Sockets。TcpClient 属性和方法见表 7-3 和表 7-4。

表 7-3　TcpClient 属性列表

名　　称	说　　明
Active	获取或设置一个值，该值指示是否已建立连接
Available	获取已经从网络接收且可供读取的数据量
Client	获取或设置基础 Socket
Connected	获取一个值，该值指示 TcpClient 的基础 Socket 是否已连接到远程主机

续表

名称	说明
ExclusiveAddressUse	获取或设置 Boolean 值，该值指定 TcpClient 是否只允许一个客户端使用端口
LingerState	获取或设置有关套接字逗留时间的信息
NoDelay	获取或设置一个值，该值在发送或接收缓冲区未满时禁用延迟
ReceiveBufferSize	获取或设置接收缓冲区的大小
ReceiveTimeout	获取或设置在初始化一个读取操作以后 TcpClient 等待接收数据的时间量
SendBufferSize	获取或设置发送缓冲区的大小
SendTimeout	获取或设置 TcpClient 等待发送操作成功完成的时间量

表 7-4 TcpClient 类的常用方法

Connect()	与 TCP 服务器主机连接
GetStream()	用来获得答应的数据流
Close()	关闭连接

NetWorkStream 类，该类用于获取操作网络流，在网络编程中经常使用，它的名称空间是 System.Net.Sockets。NetWorkStream 见表 7-5 和表 7-6。

表 7-5 NetWorkStream 常用属性

CanRead	获取一个值，该值指示 NetworkStream 是否支持读取
CanWrite	获取一个值，该值指示 NetworkStream 是否支持写入
CanSeek	获取一个值，该值指示流是否支持查找，当前不支持此属性，它始终返回 false
DataAvailable	该值指示在要读取的 NetworkStream 上是否有可用的数据
Length	获取流上可用数据的长度，此属性当前不受支持，总是引发 NotSupportedException
Position	获取或设置流中的当前位置，此属性当前不受支持，总是引发 NotSupportedException

表 7-6 NetworkStream 类常用方法

Read()	从 NetworkStream 读取数据
BeginRead()	从 NetworkStream 开始异步读取数据
EndRead()	处理异步读取的结束
Write()	将数据写入 NetworkStream
BeginWrite()	开始向流异步写入
EndWrite()	处理异步写入的结束

7.1.3 DNS 简介及相关类

DNS 是计算机域名系统(Domain Name System)的缩写，它是由解析器和域名服务器组成的。域名服务器是指保存有该网络中所有主机的域名和对应 IP 地址，并具有将域名转换为 IP 地址功能的服务器。其中域名必须对应一个 IP 地址，而 IP 地址不一定有域名。域名系统采用类似目录树的等级结构。域名服务器为客户机/服务器模式中的服务器方，它主要有两种形式：主服务器和转发服务器。将域名映射为 IP 地址的过程就称为域名解析。在

Internet 上域名与 IP 地址之间是一对一(或者多对一)的，域名虽然便于人们记忆，但机器之间只能互相认识 IP 地址，它们之间的转换工作称为域名解析，域名解析需要由专门的域名解析服务器来完成，DNS 就是进行域名解析的服务器。DNS 命名用于 Internet 等 TCP/IP 网络中，通过用户输入的名称查找计算机和服务。当用户在应用程序中输入 DNS 名称时，DNS 服务可以将此名称解析为与之相关的其他信息，如 IP 地址。因为，在上网时输入的网址，是通过域名解析系统解析找到相对应的 IP 地址，这样才能上网。其实，域名的最终指向是 IP。

在.NET 平台上，Dns 类，IPHostEntry 类，IPAddress 类和 DnsPermission 类实现了 DNS 的功能。下面简单介绍一下这几个类。

1. Dns 类

Dns 类常用方法见表 7-7。

表 7-7 Dns 类常用方法

方法	说明
GetHostName()	该方法用于获取本地计算机的主机名
Resolve()	将 DNS 主机名或 IP 地址解析为 IPHostEntry 实例
BeginResolve()	开始异步请求将 DNS 主机名或 IP 地址解析为 IPAddress 实例
EndResolve()	结束对 DNS 信息的异步请求
GetHostByName()	获取指定 DNS 主机名的 DNS 信息
BeginGetHostByName()	开始异步请求关于指定 DNS 主机名的 IPHostEntry 信息
EndGetHostByName()	结束对 DNS 信息的异步请求
GetHostByAddress()	根据指定的 IPAddress 创建 IPHostEntry 实例

2. IPHostEntry 类

IPHostEntry 类将一个域名系统(DNS)主机名与一组别名和 IP 匹配一组。IPHostEntry 类作为 Helper 类和 Dns 类一起使用。

构造方法：

(1) 方法功能：构造一个主机。

(2) 方法原型：pbulic IPHostEntry()。

(3) 一下代码定义了一个主机 myHost 并对它进行赋值。

```
IPHostEntry myHost=Dns.GetHostByName("www.ccc.com");
```

IPHostEntry 类的常用方法见表 7-8。

表 7-8 IPHostEntry 类常用方法

方法	说明
Equals	确定两个 Object 的实例是否相等(从 Object 继承)
GetType	获取当前实例的 Type
ToString	获取当前 Object 的 string

3. IPAddress 类

IPAddress 类包含计算机在 IP 网络上的地址。IPAddress 类常用方法见表 7-9。

第 7 章 .NET 网络编程

表 7-9 IPAddress 常用方法

Equals	比较两个 IP 地址(重写 Object.Equals(Object))
Parse	将 IP 地址字符串转换为 IPAddress 实例
HostToNetworkOrder(Int32)	将整数值由主机字节顺序转换为网络字节顺序
IsLoopback	指示指定的 IP 地址是否是环回地址
HostToNetworkOrder(Int64)	将长值由主机字节顺序转换为网络字节顺序

4. DnsPermission 类

该类用于确定 DNS 的权限,该类常用方法如下。

构造方法:

```
public DnsPermission(permissionState state);//权限状态,包括None,Unrestricted.
```

使用 DNS 相关类完成例子,实现获取当前主机的名称和 IP 地址,查询一个网段在线的用户。

【工作任务】

【实例 7-1】 查询一个网段在线用户。

【解题思路】

通过 DNS 相关类中的 GetHostName()方法获取主机名和 IP,然后查询在线用户关系如图 7.3 所示。

图 7.3 程序功能图

【实现步骤】

(1) 新建工程项目。打开 Visual Studio,选择【文件】→【新建】→【项目】命令,在打开的新建项目窗口中选择 Visual C#命令,再选择 Windows 窗体应用程序命令,新建工程项目的名称为"实例 7-1"。

(2) 在 Form1.cs[设计]中添加控件如下表 7-10 所示。

表 7-10 【实例 7-1】控件及其属性设置

控 件 名	属 性	属 性 值
groupbox1	Text	扫描主机
groupbox2	Text	本地主机
groupbox3	Text	查询记录
numericUpDown1	Name	nUD_1
	Maximum	255
	Minimum	0
numericUpDown2	Name	nUD_2
	Maximum	255
	Minimum	0
numericUpDown3	Name	nUD_3

		续表
numericUpDown3	Maximum	255
	Minimum	0
numericUpDown4	Name	nUD_4
	Maximum	255
	Minimum	0
numericUpDown5	Name	nUD_5
	Maximum	255
	Minimum	0
label2	Name	label2
	Text	名称：
label3	Name	label3
	Text	IP 地址：
label1	Name	label1
	Text	…
label4	Name	label4
	Text	…
richTextBox	Name	richTextBox1
button5	Name	button5
	Text	开始扫描
button7	Name	button7
	Text	查询
progressBar	Name	progressBar1

(3) 设计后效果如图 7.4 所示。

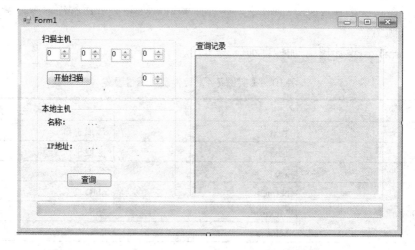

图 7.4 查询一个网段在线用户的程序窗体设计图

(4) 添加命名空间：

```
Using System.Net;
Using System.IO;
```

(5) 双击【开始扫描】按钮,进入代码页面,编写如下代码:

```csharp
private void button5_Click(object sender, EventArgs e)
{
    //下行开始构造字符串
    string ip_a = nUD_1.Value + "." + nUD_2.Value + "." + nUD_3.Value + ".";
    //下行的到临界值
    int i = int.Parse(nUD_4.Value.ToString());
    int j = int.Parse(nUD_5.Value.ToString());

    //设置进度条的最大值和最小值
    progressBar1.Maximum = j;
    progressBar1.Minimum = i;

    for (i = i; i <= j; i++)
    {
        //组合ip地址字符串中
        string ip_a1 = ip_a + i.ToString();
        //下行将ip字符串转换为ip地址类型
        IPAddress myIP = IPAddress.Parse(ip_a1);

        try
        {
            //获得主机信息
            IPHostEntry myHost = Dns.GetHostByAddress(myIP);
            //得到主机名并转换为字符串中
            string t_Home = myHost.HostName.ToString();
            //将数据加入到richTextBox1
            richTextBox1.AppendText(ip_a1 + "-->" + t_Home + "\r");
        }
        catch (Exception ee)
        {
            richTextBox1.AppendText(ip_a1 + "-->" + ee.Message + "\r");
        }
        progressBar1.Value = i;
    }
}
```

(6) 双击【查询】按钮,编写如下代码:

```csharp
//本地主机信息
private void button7_Click(object sender, EventArgs e)
{
    IPHostEntry myHost = new IPHostEntry();
    try
    {
        //获取主机名
        myHost = Dns.GetHostByName(Dns.GetHostName());
        label1.Text = myHost.HostName.ToString();
        richTextBox1.AppendText("本地主机名称-->" + myHost.HostName.ToString() + "\r");
        //得到本机的IP地址
```

```
                for (int i = 0; i < myHost.AddressList.Length; i++)
                {
                    label3.Text = myHost.AddressList[i].ToString();
                    richTextBox1.AppendText("本地 IP 地址-->" + myHost.Address-
List[i].ToString() + "\r");
                }
            }
            catch (Exception ee)
            {
                MessageBox.Show(ee.Message);
            }
        }
```

运行效果如图 7.5 所示。

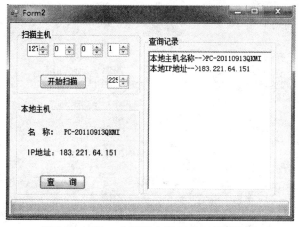

图 7.5 查询一个网段在线用户运行效果图

工程师提示

使用 DNS 相关类来实现主机扫描，查看本机的名称和查看主机的 IP 地址。在扫描 IP 地址段的时候要注意不能使 IP 超出规定的 IP 地址段。

7.2 C#套接字编程

7.2.1 Socket 简介

所谓 Socket 通常也称作"套接字"，应用程序通常通过"套接字"向网络发出请求或者应答网络请求。以 J2SDK-1.3 为例，Socket 和 ServerSocket 类库位于 java.net 包中。ServerSocket 用于服务器端，Socket 是建立网络连接时使用的。在连接成功时，应用程序两端都会产生一个 Socket 实例，操作这个实例，完成所需的会话。对于一个网络连接来说，套接字是平等的，并没有差别，不因为在服务器端或在客户端而产生不同级别。不管是 Socket 还是 ServerSocket，它们的工作都是通过 SocketImpl 类及其子类完成的。

常用的 Socket 类型有两种：流式 Socket(SOCK_STREAM)和数据报式 Socket(SOCK_

DGRAM)。流式 Socket 是一种面向连接的 Socket，针对于面向连接的 TCP 服务应用；数据报式 Socket 是一种无连接的 Socket，对应于无连接的 UDP 服务应用。为了建立 Socket，程序可以调用 Socket 函数，该函数返回一个类似于文件描述符的句柄。Socket 函数原型为：int socket(int domain, int type, int protocol);domain 指明所使用的协议族，通常为 AF_INET，表示互联网协议族(TCP/IP 协议族)；type 参数指定 Socket 的类型：SOCK_STREAM 或 SOCK_DGRAM，Socket 接口还定义了原始 Socket(SOCK_RAW)，允许程序使用低层协议；protocol 通常赋值 0。Socket 调用返回一个整型 Socket 描述符，可以在后面的调用使用它。Socket 描述符是一个指向内部数据结构的指针，它指向描述符表入口。调用 Socket 函数时，Socket 执行体将建立一个 Socket，实际上"建立一个 Socket"意味着为一个 Socket 数据结构分配存储空间。Socket 执行体管理描述符表。两个网络程序之间的一个网络连接包括 5 种信息：通信协议、本地协议地址、本地主机端口、远端主机地址和远端协议端口。Socket 数据结构中包含这 5 种信息。Socket 在测量软件中的使用也很广泛。

7.2.2　.NET 中的 Socket

　　Microsoft.Net Framework 为应用程序访问 Internet 提供了分层的、可扩展的以及受管辖的网络服务，其名字空间 System.Net 和 System.Net.Sockets 包含丰富的类，可以开发多种网络应用程序。.NET 类采用的分层结构允许应用程序在不同的控制级别上访问网络，开发人员可以根据需要选择针对不同的级别编制程序，这些级别几乎囊括了 Internet 的所有需要——从 Socket 套接字到普通的请求/响应，更重要的是，这种分层是可以扩展的，能够适应 Internet 不断扩展的需要。

　　抛开 ISO/OSI 模型的 7 层构架，单从 TCP/IP 模型上的逻辑层面上看,.NET 类可以视为包含 3 个层次：请求响应层、应用协议层、传输层。 WebReqeust 和 WebResponse 代表了请求响应层，支持 HTTP、TCP 和 UDP 的类组成了应用协议层，而 Socket 类处于传输层，如图 7.6 所示。

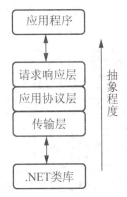

图 7.6　.NET 类层次结构图

　　可见，传输层位于这个结构的最底层，当其上面的应用协议层和请求响应层不能满足应用程序的特殊需要时，就需要使用这一层进行 Socket 套接字编程。

　　在.NET 中，System.Net.Sockets 命名空间为需要严密控制网络访问的开发人员提供了 Windows Sockets (Winsock) 接口的托管实现。System.Net 命名空间中的所有其他网络访问类都建立在该套接字 Socket 实现之上，如 TCPClient、TCPListener 和 UDPClient 类封装了有关创建到 Internet 的 TCP 和 UDP 连接的详细信息；NetworkStream 类则提供用于网络访问的基础数据流等。常见的许多 Internet 服务都可以见到 Socket 的踪影，如 Telnet、HTTP、Email、Echo 等，这些服务尽管通信协议的定义不同，但是其基础的传输都是采用的 Socket。

其实，Socket 可以像流 Stream 一样被视为一个数据通道，这个通道架设在应用程序端(客户端)和远程服务器端之间，而后数据的读取(接收)和写入(发送)均针对这个通道来进行，如图 7.7 所示。

图 7.7　Socket 数据发送与接收

可见，在应用程序端或者服务器端创建了 Socket 对象之后，就可以使用 Send/SentTo()方法将数据发送到连接的 Socket，或者使用 Receive/ReceiveFrom()方法接收来自连接 Socket 的数据，如图 7.8 所示。

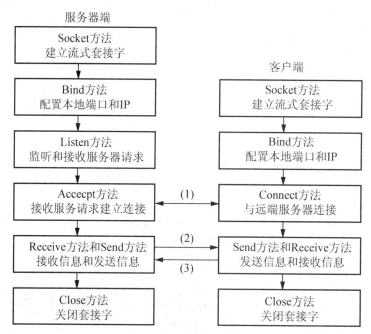

图 7.8　Socket 面向连接流程

首先服务器端至少要有两个套接字，一个套接字只负责和客户端建立连接，另一个是在与客户端建立连接成功之后创建的与之对应的套接字，它只负责与客户端通信。客户端只需要创建一个套接字，用于与服务器端通信。从图 7.8 中可以看出以下步骤。

(1) 客户端向服务器端发送连接请求，服务器向客户端响应连接请求，这时连接成功。

(2) 客户端用 Send()方法向服务器端发送数据，服务器端用 Receive()方法接收数据。

(3) 服务器端处理数据之后用 Send()方法向客户端发送数据，客户端用 Receive()方法接收数据。

针对 Socket 编程，.NET 框架的 Socket 类是 Winsock32 API 提供的套接字服务的托管代码版本。其中为实现网络编程提供了大量的方法，大多数情况下，Socket 类方法只是将数据封送到它们的本机 Win32 副本中并处理任何必要的安全检查。如果熟悉 Winsock API 函数，那么用 Socket 类编写网络程序会非常容易，当然，如果不曾接触过，也不会太困难，跟随下面的解说，就会发觉使用 Socket 类开发 Windows 网络应用程序原来有规可寻，它们在大多数情况下遵循大致相同的步骤。

7.2.3 Socket 类

Socket 类包含在 System.Net.Sockets 命名空间中。一个 Socket 实例包含了一个本地或者一个远程端点的套接字信息。Socket 类的构造函数为：

```
public Socket(AddressFamily addressFamily, SocketType socketType, Protocol-
Type protocolType);
```

其中，addressFamily 为网络类型，指定 Socket 使用的寻址方案，例如 AddressFamily; InterNetwork 表明为 IPv4 的地址；socketType 指定 Socket 的类型，例如 SocketType.Stream 表明连接是基于流套接字的，而 SocketType.Dgram 表示连接是基于数据报套接字的；protocolType 指定 Socket 使用的协议，例如 ProtocolType.Tcp 表明连接协议是 TCP 协议，而 ProtocolType.Udp 则表明连接协议是 UDP 协议。

Socket 构造函数的 3 个参数中，对于网络上的 IP 通信来说，AddressFamily 总是使用 AddressFamily.InterNetwork 枚举值。SocketType 参数则与 ProtocolType 参数配合使用，不允许其他的匹配形式，也不允许混淆匹配。表 7-11 列出了可用于 IP 通信的组合。

表 7-11 IP 套接字定义组合

SocketType	ProtocolType	说 明
Dgram	Udp	无连接通信
Stream	Tcp	面向连接的通信
Raw	Icmp	Internet 控制报文协议
Raw	Raw	简单 IP 包通信

熟悉了构造函数的参数含义，就可以创建套接字的实例。

```
Socket socket = new Socket(AddressFamily.InterNetwork, SocketType.Stream,
ProtocolType.Tcp);
```

套接字被创建后，就可以利用 Socket 类提供的一些属性方便地设置或检索信息，套接常用属性见表 7-12。

表 7-12 套接字常用属性

属 性	说 明
AddressFamily	获取套接字的 Address Family

续表

属　性	说　明
Avilable	从网络中获取准备读取的数据数量
Blocking	获取或设置表示套接字是否处于阻塞模式的值
Connected	获取一个值，该值表明套接字是否与最后完成发送或接收操作的远程设备得到连接
LocalEndPoint	获取套接字的本地 EndPoint 对象
ProtocolType	获取套接字的协议类型
RemoteEndPoint	获取套接字的远程 EndPoint 对象
SocketType	获取套接字的类型

在创建了 Socket 对象之后就可以调用它的方法来完成相关操作，表 7-13 为 Socket 对象的常用方法。

表 7-13　Socket 类的常用方法

方　法　名	说　明
Bind(EndPoint address)	服务端使用
Listen(int con_num)	服务端使用
Accept()	服务端使用，阻塞模式
Send()	发送数据
Receive()	接收数据
Connect(EndPoint addr)	客户端使用，阻塞模式
Shutdown()	禁止发送或接收
Close	关闭套接字实例

在实际应用中，还可以通过调用 Socket 对象的 SetSocketOption 方法设置套接字的各种选项，它有 4 种重载的形式：

```
    public void SetSocketOption(SocketOptionLevel ol, SocketOptionName on, boolean value)
    public void SetSocketOption(SocketOptionLevel ol, SocketOptionName on, byte[] value)
    public void SetSocketOption(SocketOptionLevel ol, SocketOptionName on, int value)
    public void SetSocketOption(SocketOptionLevel ol, SocketOptionName on, object value)
```

其中，ol 定义套接字选项的类型，可选类型有：IP、IPv6、Socket、Tcp、Udp。on 指定套接字选项的值，表 7-14 列出了套接字常用的选项值。

表 7-14　套接字常用选项值

SocketOptionLevel	SocketOptionName	说　明
IP	AddMembership	增加一个 IP 组成员
IP	HeaderIncluded	指出发送到套接字的数据将包括 IP 头
IP	IPOptions	指定 IP 选项插入到输出的数据包中
IP	MulticastInterface	设置组播包使用的接口

续表

SocketOptionLevel	SocketOptionName	说　　明
IP	MultiLoopBack	IP 组播回送
IP	PacketInformation	返回关于接收包的信息
IP	UnBlockSource	设置套接字为无阻塞模式
Socket	AcceptConnection	如果为真，表明套接字正在侦听
Socket	Broadcast	如果为真，表明允许在套接字上发送消息
Socket	MaxConnections	设置使用的最大队列长度
Socket	PacketInformation	返回接收到的套接字信息
Socket	ReceiveBuffer	接收套接字的缓存大小
Socket	ReceiveTimeout	接收套接字的超时时间
Socket	SendBuffer	发送套接字的缓存大小
Socket	SendTimeout	发送套接字的超时时间
Socket	Type	获取套接字的类型
Socket	UseLookback	使用回传
Tcp	NoDelay	为发送合并禁用 Nagle 算法
Udp	ChecksumConverage	设置或获取 UDP 校验和覆盖
Udp	NoChecksum	发送校验和设置为零的 UDP 数据报

Value 参数指定所使用的套接字选项名 SocketOptionName 的值。例如：

```
socket.SetSocketOption(SocketOptionLevel.Socket,,SocketOptionName.SendTimeout, 1000);
```

该语句设置套接字发送超时时间为 1000ms。

一旦创建 Socket，在客户端，就可以通过 Connect()方法连接到指定的服务器，并通过 Send/SendTo()方法向远程服务器发送数据，而后可以通过 Receive/ReceiveFrom()方法从服务端接收数据；而在服务器端，需要使用 Bind()方法绑定所指定的接口，使 Socket 与一个本地终结点相联，并通过 Listen()方法侦听该接口上的请求，当侦听到用户端的连接时，调用 Accept() 完成连接的操作，创建新的 Socket 以处理传入的连接请求。使用完 Socket 后，要使用 Shutdown() 方法禁用 Socket，并使用 Close()方法关闭 Socket。其间用到的方法/函数见表 7-15。

表 7-15　Socket 方法/函数

方　　法	意　　义	使　　用
Socket.Connect()	建立到远程设备的连接	public void Connect(EndPoint remoteEP)(有重载方法)
Socket.Send()	从数据中的指示位置开始将数据发送到连接的 Socket	public int Send(byte[], int, SocketFlags)(有重载方法)
Socket.SendTo()	将数据发送到特定终结点	public int SendTo(byte[], EndPoint)(有重载方法)
Socket.Receive()	将数据从连接的 Socket 接收到接收缓冲区的特定位置	public int Receive(byte[],int,SocketFlags)
Socket.ReceiveFrom()	接收数据缓冲区中特定位置的数据并存储终结点	public int ReceiveFrom(byte[],int,SocketFlags, ref EndPoint)

续表

方法	意义	使用
Socket.Bind()	使 Socket 与一个本地终结点相关联	public void Bind(EndPoint localEP)
Socket.Listen()	将 Socket 置于侦听状态	public void Listen(int backlog)
Socket.Accept()	创建新的 Socket 以处理传入的连接请求	public Socket Accept()
Socket.Shutdown()	禁用某 Socket 上的发送和接收	public void Shutdown(SocketShutdown how)
Socket.Close()	强制 Socket 连接关闭	public void Close()

可以看出，以上许多方法包含 EndPoint 类型的参数，在 Internet 中，TCP/IP 使用一个网络地址和一个服务端口号来唯一标识设备。网络地址标识网络上的特定设备；端口号标识要连接到该设备上的特定服务。网络地址和服务端口的组合称为终结点，在 .NET 框架中正是由 EndPoint 类表示这个终结点，它提供表示网络资源或服务的抽象，用以标识网络地址等信息。.NET 同时也为每个受支持的地址族定义了 EndPoint 的子代，对于 IP 地址，该类为 IPEndPoint。IPEndPoint 类包含应用程序连接到主机上的服务所需的主机和端口信息，通过组合服务主机的 IP 地址和端口号，IPEndPoint 类形成到服务的连接点。用到 IPEndPoint 类的时候就不可避免地涉及到计算机 IP 地址，.NET 中有两种类可以得到 IP 地址实例。

(1) IPAddress 类。IPAddress 类包含计算机在 IP 网络上的地址。其 Parse() 方法可将 IP 地址字符串转换为 IPAddress 实例。下面的语句创建一个 IPAddress 实例。

```
IPAddress myIP = IPAddress.Parse("192.168.1.2");
```

(2) DNS 类。向使用 TCP/IP Internet 服务的应用程序提供域名服务。其 Resolve() 方法查询 DNS 服务器以将用户友好的域名(如 "host.contoso.com")映射到数字形式的 Internet 地址(如 192.168.1.1)。Resolve() 方法返回一个 IPHostEnty 实例，该实例包含所请求名称的地址和别名的列表。大多数情况下，可以使用 AddressList 数组中返回的第一个地址。下面的代码获取一个 IPAddress 实例，该实例包含服务器 "host.contoso.com" 的 IP 地址。

```
IPHostEntry ipHostInfo = Dns.Resolve("host.contoso.com");
      IPAddress ipAddress = ipHostInfo.AddressList[0];
```

也可以使用 GetHostName 方法得到 IPHostEntry 实例。

```
IPHosntEntry hostInfo=Dns.GetHostByName("host.contoso.com")
```

在使用以上方法时，可能需要处理以下几种异常。

SocketException 异常：访问 Socket 时操作系统发生错误时引发。

ArgumentNullException 异常：参数为空时引发。

ObjectDisposedException 异常：Socket 已经关闭时引发。

在掌握上面的知识后，下面的代码将该服务器(host.contoso.com 主机的 IP 地址与端口号组合，以便为连接创建远程终结点。

```
IPEndpoint ipe = new IPEndPoint(ipAddress,11000);
```

确定了远程设备的地址并选择了用于连接的端口后,应用程序可以尝试建立与远程设备的连接。下面的示例使用现有的 IPEndPoint 实例与远程设备连接,并捕获可能引发的异常。

```
try {
s.Connect(ipe);//尝试连接 }
//处理参数为空引发异常
catch(ArgumentNullException ae) {
Console.WriteLine("ArgumentNullException : {0}", ae.ToString());
}
//处理操作系统异常
catch(SocketException se) {
Console.WriteLine("SocketException : {0}", se.ToString());
}
catch(Exception e) {
Console.WriteLine("Unexpected exception : {0}", e.ToString());
    }
```

需要知道的是,Socket 类支持两种基本模式:同步模式和异步模式。其区别在于:在同步模式中,对执行网络操作的函数(如 Send()和 Receive())的调用一直等到操作完成后才将控制返回给调用程序;在异步模式中,这些调用立即返回。

另外,很多时候,Socket 编程视情况不同需要在客户端和服务器端分别予以实现,在客户端编制应用程序向服务器端指定端口发送请求,同时编制服务器端应用程序处理该请求,这个过程在上面的阐述中已经提及。当然,并非所有的 Socket 编程都需要严格编写这两端程序,视应用情况不同,可以在客户端构造出请求字符串,服务器相应端口捕获这个请求,交由其公用服务程序进行处理。以下事例语句中的字符串就向远程主机提出页面请求。

```
string  Get = "GET / HTTP/1.1\r\nHost: " + server + "\r\nConnection: Close\r\n\r\n";
```

远程主机指定端口接收到这一请求后,就可利用其公用服务程序进行处理而不需要另行编写服务器端应用程序。

7.2.4　TcpListener 类和 TcpClient 类

在 System.Net.Sockets 命名空间下,TcpClient 类与 TcpListener 类是两个专门用于 TCP 协议编程的类。这两个类封装了底层的套接字,并分别提供了对 Socket 进行封装后的同步和异步操作的方法,降低了 TCP 应用编程的难度。

TcpClient 类用于连接、发送和接收数据,TcpListener 类则用于监听是否有传入的连接请求。

1. TcpClient 类

TcpClient 类归类在 System.Net 命名空间下。利用 TcpClient 类提供的方法,可以通过网络进行连接、发送和接收网络数据流。该类的构造函数有 4 种重载形式。

(1) TcpClient():该构造函数创建一个默认的 TcpClient 对象,该对象自动选择客户端尚未使用的 IP 地址和端口号。创建该对象后,即可用 Connect()方法与服务器端进行连接。例如:

```
TcpClient tcpClient=new TcpClient();
tcpClient.Connect("www.abcd.com", 51888);
```

(2) TcpClient(AddressFamily family):该构造函数创建的 TcpClient 对象也能自动选择客户端尚未使用的 IP 地址和端口号,但是使用 AddressFamily 枚举指定了使用哪种网络协议。创建该对象后,即可用 Connect()方法与服务器端进行连接。例如:

```
TcpClient tcpClient = new TcpClient(AddressFamily.InterNetwork);
tcpClient.Connect("www.abcd.com", 51888);
```

(3) TcpClient(IPEndPoint iep):iep 是 IPEndPoint 类型的对象,iep 指定了客户端的 IP 地址与端口号。当客户端的主机有一个以上的 IP 地址时,可使用此构造函数选择要使用的客户端主机 IP 地址。例如:

```
IPAddress[] address = Dns.GetHostAddresses(Dns.GetHostName());
IPEndPoint iep = new IPEndPoint(address[0], 51888);
TcpClient tcpClient = new TcpClient(iep);
tcpClient.Connect("www.abcd.com", 51888);
```

(4) TcpClient(string hostname, int port):这是使用最方便的一种构造函数。该构造函数可直接指定服务器端域名和端口号,且不需使用 Connect()方法。客户端主机的 IP 地址和端口号则自动选择。例如:

```
TcpClient tcpClient=new TcpClient("www.abcd.com", 51888);
```

表 7-16 和表 7-17 分别列出了 TcpClient 类的常用属性和方法。

表 7-16 TcpClient 类的常用属性

属 性	含 义
Client	获取或设置基础套接字
LingerState	获取或设置套接字保持连接的时间
NoDelay	获取或设置一个值,该值在发送或接收缓冲区未满时禁用延迟
ReceiveBufferSize	获取或设置 TCP 接收缓冲区的大小
ReceiveTimeout	获取或设置套接字接收数据的超时时间
SendBufferSize	获取或设置 TCP 发送缓冲区的大小
SendTimeout	获取或设置套接字发送数据的超时时间

表 7-17 TcpClient 类的常用方法

方 法	含 义
Close	释放 TcpClient 实例,而不关闭基础连接
Connect	用指定的主机名和端口号将客户端连接到 TCP 主机
BeginConnect	开始一个对远程主机连接的异步请求
EndConnect	异步接受传入的连接尝试
GetStream	获取能够发送和接收数据的 NetworkStream 对象

2. TcpListener 类

TcpListener 类用于监听和接收传入的连接请求。该类的构造函数有如下几种。

(1) TcpListener(IPEndPoint iep)：其中 iep 是 IPEndPoint 类型的对象，iep 包含了服务器端的 IP 地址与端口号。该构造函数通过 IPEndPoint 类型的对象在指定的 IP 地址与端口监听客户端连接请求。

(2) TcpListener(IPAddress localAddr, int port)：建立一个 TcpListener 对象，在参数中直接指定本机 IP 地址和端口，并通过指定的本机 IP 地址和端口号监听传入的连接请求。

构造了 TcpListener 对象后，就可以监听客户端的连接请求了。与 TcpClient 相似，TcpListener 也分别提供了同步和异步方法。在同步工作方式下，对应有 AcceptTcpClient()方法、AcceptSocket()方法、Start()方法和 Stop()方法。

AcceptSocket()方法用于在同步阻塞方式下获取并返回一个用来接收和发送数据的套接字对象。该套接字包含了本地和远程主机的 IP 地址与端口号，然后通过调用 Socket 对象的 Send()和 Receive()方法和远程主机进行通信。

AcceptTcpClient()方法用于在同步阻塞方式下获取并返回一个可以用来接收和发送数据的封装了 Socket 的 TcpClient 对象。

Start()方法用于启动监听，构造函数为：

```
public void Start(int backlog);
```

整型参数 backlog 为请求队列的最大长度，即最多允许的客户端连接个数。Start()方法被调用后，把 LocalEndPoint 和底层 Socket 对象绑定起来，并自动调用 Socket 对象的 Listen()方法开始监听来自客户端的请求。如果接受了一个客户端请求，Start()方法会自动把该请求插入请求队列，然后继续监听下一个请求，直到调用 Stop()方法停止监听。当 TcpListener 接受的请求超过请求队列的最大长度或小于 0 时，等待接受连接请求的远程主机将会抛出异常。

Stop()方法用于停止监听请求，构造函数为：

```
public void Stop();
```

程序执行 Stop()方法后，会立即停止监听客户端连接请求，并关闭底层的 Socket 对象。等待队列中的请求将会丢失，等待接受连接请求的远程主机会抛出套接字异常。

7.2.5 NetworkStream 对象发送和接收数据

NetworkStream 对象专门用于对网络流数据进行处理。创建了 NetworkStream 对象后，就可以直接使用该对象接收和发送数据。例如：

```
NetworkStream networkStream = new NetworkStream(clientSocket );
//发送数据
string message = "发送的数据";
byte[] sendbytes = System.Text.Encoding.UTF8.GetBytes(message );
networkStream.Write(sendbytes ,0, sendbytes.Length );
……
//接收数据
byte[] readbytes = new byte[1024];
int i = networkStream.Read(readbytes, 0, readbytes.Length);
```

与套接字的 Send()方法不同，NetworkStream 对象的 Write()方法的返回值为 void，之所以不返回实际发送的字节数，是因为 Write()方法能保证字节数组中的数据全部发送到 TCP 发送缓冲区中，避免了使用 Socket 类的 Send()方法发送数据时所遇到的调用一次不一定能全部发送成功的问题，从而在一定程度上简化了编程工作量。但是所有的这一切操作必须在 NetworkStream 对象的 Writeable 属性值有效时才行，因此在使用 NetworkStream 对象的 Write()方法前应该检测 NetworkStream 对象的 Writeable 属性值是否为 True。

如果发送的全部是单行文本信息，创建 NetworkStream 对象后，使用 StreamReader 类和 StreamWriter 类的 ReadLine()和 WriteLine()方法更简单，而且也不需要编程进行字符串和数组之间的转换。

与 Write()方法相对应，调用 NetworkStream 类的 Read()方法前应确保 NetworkStream 对象的 CanRead 属性值有效。在此前提下，该方法一次将所有的有效数据读入到接收缓冲变量中，并返回成功读取的字节数。

注意，Read()方法之所以也有一个整型的返回值，是因为有可能 TCP 接收缓冲区还没有接收到对方发送过来的指定长度的数据。也就是说，接收到的数据可能没有指定的那么多。在后面的内容中，将进一步学习解决这个问题的方法。

在 Read()方法中，有一点与 Socket 类的 Receive()方法类似，即如果远程主机关闭了套接字连接，并且此时有效数据已经被完全接收，那么 Read()方法的返回值将会是 0 字节。

7.2.6 Socket 的简单应用

当学习了前面的内容之后，就可以编写一个简单的网络通信工具了，也许一开始不知从何着手，但是通过分析注意到，尽管这是一个聊天程序，但是却可以明确地划分为两部分，服务器端和客户端。服务器端要监视端口，有连接挂起就连接。

【工作任务】

【实例 7-2】简单的网络通信工具。

【解题思路】

服务器创建一个套字节进行侦听，客服端套字节向服务端发出请求。当服务器接收到请求后，重新创建一个套字节与客户端进行对话。关系如图 7.9 所示。

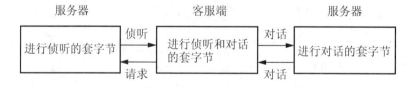

图 7.9 服务器与客户端通信关系

【实现步骤】

(1) 新建工程项目。打开 Visual Studio，选择【文件】→【新建项目】命令，在打开的新建项目窗口中选择 Visual C#命令，再选择【Windows 窗体应用程序】命令，新建工程项目的名称为"实例 7-2"。

(2) 在 Form1.cs[设计]中添加【服务器端】控件见表 7-18。(注：toolStripStatusLabel 此控件需先拖放 StatusStrip 在选择。)

表 7-18 服务端控件及其属性设置

控 件 名	属 性	属 性 值
groupBox1	Text	服务器设置：
groupBox2	Text	信息
label1	Text	服务器：
label2	Text	端口：
label3	Text	注册用户昵称：
label4	Text	接信息：
label5	Text	发信息：
textBox	Name	tx_address
textBox	Name	tx_port
	Text	3344
textBox	Name	tx_name
toolStripStatusLabel	Text	未连接…
richTextBox	Name	rtb_showinfo
richTextBox	Name	rtb_sendinfo
button1	Name	Button1
	Text	停止监听
button2	Name	Button2
	Text	发送信息
button3	Name	button3
	Text	开始监听

(3) 设计后效果如图 7.10 所示。

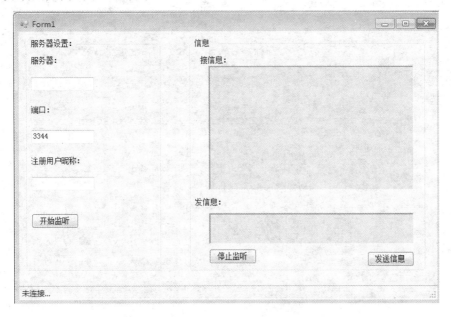

图 7.10 服务端设计效果

(4) 添加命名空间：

```
using System.Net;
using System.Net.Sockets;
using System.Threading;
```

(5) 添加模块级变量(即公共变量)：

```
private IPAddress myIP = IPAddress.Parse("127.0.0.1");
private IPEndPoint MyServer;
private Socket socket;
private bool bb = true;
private Socket nSocket;
```

(6) 在线程开始时添加如下代码：

```
public Form1()
{
    InitializeComponent();
    Control.CheckForIllegalCrossThreadCalls = false; //关闭微软线程检测
    IPHostEntry ipe = Dns.Resolve(Dns.GetHostName());
    tx_address.Text = ipe.AddressList[0].ToString();//获取本机IP
}
```

(7) 双击【开始监听】按钮，编写如下代码：

```
//设置
private void button3_Click(object sender, EventArgs e)
{
    try
    {
        //将字符串转换 成IP地址
        myIP = IPAddress.Parse(tx_address.Text);
    }
    catch
    { MessageBox.Show("你输入的ip格式不对，请重新输入?"); }
    try
    {
        //转换成端口
        MyServer = new IPEndPoint(myIP,Int32.Parse(tx_port.Text));
        socket = new
        Socket(AddressFamily.InterNetwork,SocketType.Stream,ProtocolType.Tcp);
        //绑定特定通道
        socket.Bind(MyServer);
        //监听端口
        socket.Listen(50);
        toolStripStatusLabel1.Text = "主机: " + myIP + "端口: " + tx_port.Text + "开始监听..";

        Thread thread = new Thread(new ThreadStart(targett));
        thread.Start();
    }
```

```csharp
            catch (SocketException ee) { toolStripStatusLabel1.Text = ee.Message; }
        }

    targett()
    //用于连接信息接收
    private void targett()
        {
            try
            {
                nSocket = socket.Accept();//创建新的连接
                bb = false;
                if (nSocket.Connected)
                {
                    toolStripStatusLabel1.Text = "与客户建立连接";
                    //构造字节数组
                    Byte[] bytee = new Byte[64];
                    //为字节数组赋值
                    bytee = System.Text.Encoding.BigEndianUnicode.GetBytes("欢迎使用本服务器\n".ToString());
                    //向客户端发送欢迎信息
                    nSocket.Send(bytee, bytee.Length, 0);
                    //如果是true,循环接收数据
                    while (!bb)
                    {
                        //构造字节数组
                        Byte[] bbb = new Byte[64];
                        //接收数据
                        nSocket.Receive(bbb, bbb.Length, 0);
                        //将字节数组转换为字符串
                        string ccc = System.Text.Encoding.BigEndianUnicode.GetString(bbb);
                        rtb_showinfo.AppendText(ccc+"\r\n");
                    }
                }
            }
            catch(Exception es)
            {
                MessageBox.Show(es.Message);
            }
        }
```

(8) 双击【发送】按钮，编写如下代码：

```csharp
//发送信息
        private void button2_Click(object sender, EventArgs e)
        {
            try
            {
                //定义字节数组
```

```
                Byte[] bytee = new Byte[64];
                if (tx_name.Text != "")
                {
                    string send = tx_name.Text + ">>>>" + rtb_sendinfo.Text + "\r\n";
                    rtb_showinfo.AppendText(send+"\n");
                    bytee = System.Text.Encoding.BigEndianUnicode.GetBytes(send.ToCharArray());
                    //发送数据
                    nSocket.Send(bytee, bytee.Length, 0);
                    //发送框中的数据
                    rtb_sendinfo.Clear();
                }
                else
                { MessageBox.Show("请输入昵称"); }
            }
            catch { MessageBox.Show("尚未建立连接，无法发送"); }
        }
```

(9) 双击【停止监听】按钮，编写如下代码：

```
        private void button1_Click(object sender, EventArgs e)
        {
            try
            {
                //关闭 socket 连接
                socket.Close();
                //关闭 nSocket 连接
                nSocket.Close();
                bb = false;
                toolStripStatusLabel1.Text = "主机：" + myIP + "端口：" + tx_port.Text + "停止监听";
            }
            catch { MessageBox.Show("监听尚未开始，关闭无效"); }
        }
```

(10) 新建另一个工程项目。单击【文件】→【新建项目】命令，在打开的新建项目窗口中选择 Visual C#命令，再选择【Windows 窗体应用程序】命令，新建工程项目的名称为"实例 7-2"。

(11) 在 Form1.cs[设计]中添加【客户端】的控件及其属性值参照服务端见表 7-18。（注：toolStripStatusLabel 此控件需先拖放 StatusStrip 在选择。）

(12) 设计后效果如图 7.11 所示。

(13) 在新添加的窗体代码页面添加命名空间：

```
    using System.Net;
    using System.Net.Sockets;
    using System.Threading;
```

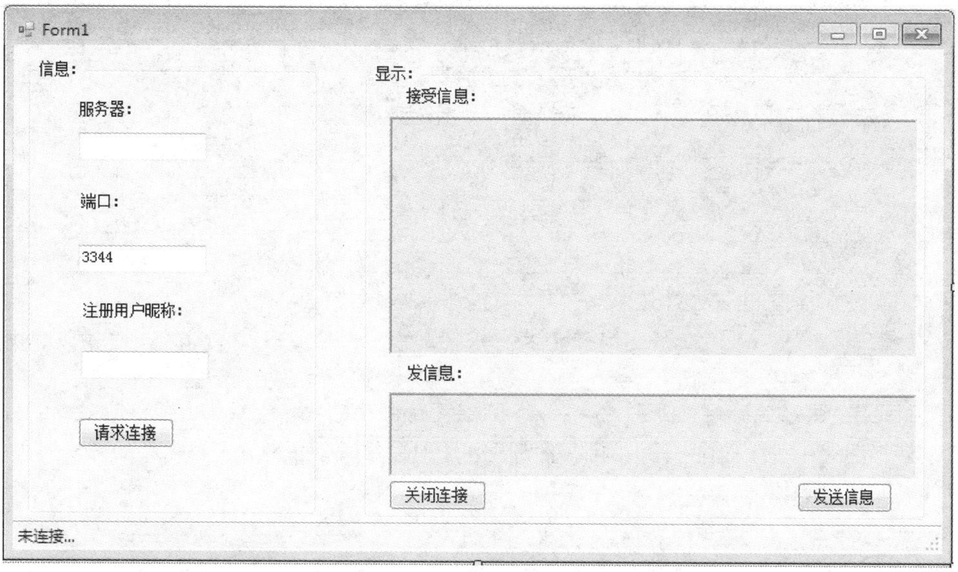

图 7.11 客服端设计效果

(14) 添加模块级变量：

```
private IPAddress myIP = IPAddress.Parse("127.0.0.1");
    private IPEndPoint MyServer;
    private Socket socket;
    private bool bb = true;
```

(15) 在线程开始时添加如下代码：

```
       public Form1()
        {
            InitializeComponent();
            Control.CheckForIllegalCrossThreadCalls = false;//关闭微软线程检测
        }
```

(16) 双击【请求连接】按钮，编写如下代码：

```
//请求服务器连接
    private void button1_Click(object sender, EventArgs e)
    {
        try
        {
            //将字符串转换成IP地址
            myIP = IPAddress.Parse(tx_address.Text);
        }
        catch { MessageBox.Show("你输入的ip地址不正确"); }
        try
        {
            //将字符串转换成端口号并建立IPEndPoint
            MyServer=new IPEndPoint(myIP,Int32.Parse(tx_port.Text));
            //创建socket
            socket=new
```

```csharp
            Socket(AddressFamily.InterNetwork,SocketType.Stream, ProtocolType.Tcp);
            //连接到服务器
            socket.Connect(MyServer);
            toolStripStatusLabel1.Text="主机"+myIP+"端口"+tx_port.Text+
"连接成功";

            Thread thread=new Thread(new ThreadStart(targett));
            thread.Start();
        }
        catch(Exception ee)
        {
            MessageBox.Show(ee.Message);
        }
    }
```

(17) 添加一个方法，用于接收服务器发来的数据，代码如下：

```csharp
    //该法用于接收数据
        private void targett()
        {
            try
            {
                while (bb)
                {
                    Byte[] bbb = new Byte[640];
                    //接收数据
                    socket.Receive(bbb, bbb.Length, 0);
                    //将字节数组转换为字符串
                    string aaaa = System.Text.Encoding.BigEndianUnicode.GetString(bbb);

                    rtb_showinfo.AppendText(aaaa + "\n");
                }
            }
            catch(Exception jex)
            {
                MessageBox.Show(jex.Message);
            }
        }
```

(18) 双击【发送信息】按钮，编写如下代码：

```csharp
    //发送信息
        private void button2_Click(object sender, EventArgs e)
        {
            try
            {
                //构建字节数组
                Byte[] bytee = new Byte[640];
                string send = tx_name.Text + ">>>" + rtb_sendinfo.Text + "\r\n";
                rtb_showinfo.AppendText(send+"\n");
                //将字符串转换为字节数组
                bytee = System.Text.Encoding.BigEndianUnicode.GetBytes(send.ToCharArray());
```

的用户名和密码),然后将当前目录设置为"<UserLoginDirectory>/path"。

用户必须拥有服务器的有效用户名和密码,或者服务器必须允许匿名登录才可以附录到 FTP 服务器。用户可以通过设置 Credentials 属性来指定用于连接服务器的凭据,也可以将它们包含在传递给 Create()方法的 URL 的 UserInfo 部分中。如果 URL 中包含 UserInfo 信息,则使用指定的用户名和密码信息将 Credentials 属性设置为新的网络凭据。

用户必须具有 WebPermission 的访问权限才能访问 FTP 资源,否则会引发 SecurityException 异常。

通过将 Method 属性设置为 WebRequestMethods.Ftp 结构中定义的值,从而指定要发送到服务器的 FTP 命令。若要传输文本数据,需将 UseBinary 属性由默认值(true)更改为 false。

如果使用 FtpWebRequest 对象向服务器上传文件,则必须将文件内容写入请求流,请求流是通过调用 GetRequestStream()方法或其异步对应方法(BeginGetRequestStream()和 EndGetRequestStream()方法)获取的。文件内容必须写入流并在发送请求之前关闭该流。

请求是通过调用 GetResponse()方法或其异步对应方法(BeginGetResponse()和 EndGetResponse()方法)发送到服务器的。请求的操作完成时,会返回一个 FtpWebResponse 对象。FtpWebResponse 对象提供操作的状态以及从服务器下载的所有数据。

用户可以用 ReadWriteTimeout 属性设置用于读取或写入服务器的超时值。如果超过超时时间,则调用方法引发 WebException 并将 WebExceptionStatus 设置为 Timeout。

从 FTP 服务器下载文件时,如果命令成功,所请求的文件的内容即在响应对象的流中。通过调用 GetResponseStream()方法可以访问此流。

如果设置了 Proxy 属性(直接设置或在配置文件中设置),与 FTP 服务器的通信将通过指定的代理进行。如果指定的代理是 HTTP 代理,则仅支持 DownloadFile、ListDirectory 和 ListDirectoryDetails 命令。

服务器仅缓存已下载的二进制内容。也就是说,使用 UseBinary 属性设置为 true 的 DownloadFile 命令收到内容。

如果可能,多个 FtpWebRequest 重用现有连接。

警告

除非 EnableSsl 属性是 true,否则所有数据和命令(包括用户名和密码信息)都会以明文形式发送到服务器。监视网络流量的任何人都可以查看凭据并使用它们连接到服务器。如果要连接的 FTP 服务器要求凭据并支持安全套接字层(SSL),则应将 EnableSsl 设置为 true。

7.5 HTTP 编程

7.5.1 HTTP 协议简介

HTTP(HyperText Transfer Protocol)是互联网上应用最为广泛的一种网络协议。所有的 WWW 文件都必须遵守这个标准。设计 HTTP 最初的目的是为了提供一种发布和接收 HTML 页面的方法。1960 年美国人 Ted Nelson 构思了一种通过计算机处理文本信息的方法,称之为超文本(Hypertext),这成为了 HTTP 超文本传输协议标准架构的发展根基。Ted Nelson 组织协调万维网协会(World Wide Web Consortium)和互联网工程工作小组(Internet Engineering Task Force)共同合作研究，最终发布了一系列的 RFC，其中著名的 RFC 2616 定义了 HTTP 1.1。HTTP 状态码见表 7-33。

表 7-33 HTTP 状态码

状 态 码	含 义
200	已按请求成功执行
201	POST 已完成
202	已经被接受
204	服务器已接受，但是没有反应
301	资源已移动
304	没有发现
400	错误的请求
401	没有授权
403	禁止所有请求所要求的执行
404	没有发现
500	服务器内部错误
501	没有实现所请求的操作
502	错误网关
503	不能得到服务

7.5.2 HTTP 协议相关类

1. HttpWebRequest 类

该类用于获取和操作 HTTP 的请求，其命名空间为 System.Net，在网络编程中经常使用。

HttpWebRequest 类对 WebRequest 中定义的属性和方法提供支持，也对使用户能够直接与使用 HTTP 的服务器交互的附加属性和方法提供支持。

不要使用 HttpWebRequest 构造函数。使用 WebRequest.Create()方法初始化新的 HttpWebRequest 对象。如果统一资源标识符(URL)的方案是"http://"或"https://"，则通过 Create()方法返回 HttpWebRequest 对象。

GetResponse()方法向 RequestUrl 属性中指定的资源发出同步请求并返回包含该响应的 HttpWebResponse。用户可以使用 BeginGetResponse()和 EndGetResponse()方法对资源发出异步请求。

当要向资源发送数据时，GetRequestStream()方法返回用于发送数据的 Stream 对象。BeginGetRequestStream()和 EndGetRequestStream()方法提供对发送数据流的异步访问。

客户端使用 HttpWebRequest 验证身份时客户端证书必须安装在当前用户的"我的证书"存储区中。

如果在访问资源时发生错误，则 HttpWebRequest 类将引发 WebException 异常。WebException.Status 属性包含指示错误源的 WebExceptionStatus 值。当 WebException.Status 为 WebExceptionStatus.ProtocolError 时，Response 属性包含从资源接收的 HttpWebResponse。

HttpWebRequest 将发送到 Internet 资源的公共 HTTP 标头值公开为属性，由方法或系统设置；下表包含完整列表。可以将 Headers 属性中的其他标头设置为名称/值对。注意，服务器和缓存在请求期间可能会更改或添加标头。

注意

Framework 在创建 SSL 会话时缓存这些会话，如果可能，还尝试对新请求重用缓存的会话。尝试重用 SSL 会话时，该框架将使用 ClientCertificates 的第一个元素(如果有)；如果 ClientCertificates 为空，则将尝试重用匿名会话。

2. HttpWebResponse 类

该类用于获取和操作 HTTP 的应答。此类包含对 WebResponse 类中的属性和方法的 HTTP 特定用法的支持。HttpWebResponse 类用于生成发送 HTTP 请求和接收 HTTP 响应的 HTTP 独立客户端应用程序。

用户不要直接创建 HttpWebResponse 类的实例，而应当使用通过调用 HttpWebRequest.GetResponse()所返回的实例。用户必须调用 Stream.Close()方法或 HttpWebResponse.Close()方法来关闭响应并将连接释放出来供重用，不必同时调用 Stream.Close 和 HttpWebResponse.Close，但这样做不会导致错误。

注意

不要混淆 HttpWebResponse 和 HttpResponse 类，后者用于 ASP.NET 应用程序，而且它的方法和属性是通过 ASP.NET 的内部 Response 对象公开的。

3. WebRequest 类

WebRequest 是.NETFramework 的请求/响应模型的 abstract 基类，用于访问 Internet 数据。使用该请求/响应模型的应用程序可以用协议不可知的方式向 Internet 请求数据，在这种方式下，应用程序处理 WebRequest 类的实例，而协议特定的子类则执行请求的具体细节。

请求从应用程序发送到某个特定的 URL，如服务器上的网页。URL 根据为应用程序注册的 WebRequest 子代列表确定要创建的正确的子代类。WebRequest 后代通常被注册来处理特定的协议(例如 HTTP 或 FTP)，但也可能被注册来处理对特定服务器或服务器上的路径的请求。

如果在访问 Internet 资源时发生错误，则 WebRequest 类将引发 WebException。Status 属性是 WebExceptionStatus 值之一，它指示错误源。当 Status 为 WebExceptionStatus.ProtocolError 时，Response 属性包含从 Internet 资源接收的 WebResponse。

因为 WebRequest 类是一个 abstract 类，所以 WebRequest 实例在运行时的实际行为由 Create() 方法所返回的子类确定。

本 章 小 结

本章系统介绍了 ISO/OSI 模型和 TCP/IP 模型的发展和区别，TCP/IP 协议和 DNS 协议简介以及简单的应用。读者应掌握 C#套接字的编程，Socket 是点对点传输信息，在 C#中 Socket

的使用，基于 Socket 的简单聊天程序开发；掌握 UDP/电子邮件协议，UDP 是一种无连接的通信协议，以及在.NET 平台下开发的邮件发送程序；熟悉 FTP 协议、HTTP 协议和 HTTP 协议相关类。

课 后 练 习

一、判断题

1. DNS 是由解析器和域名服务器组成的。( )
2. 在 Socket 中，流式 Socket 是面向连接而数据报式 Socket 是无连接。( )
3. TcpClient 类用于监听是否有传入的连接请求，TcpListener 类则用于连接、发送和接收数据。( )
4. UDP 中文名是用户数据报协议，是 OSI 参考模型中一种无连接的传输层协议，提供面向事务的简单不可靠信息传送服务。( )
5. FTP(File Transfer Protocol, FTP)文件传输协议，是网络中很重要的应用之一。它属于网络协议族的数据链接层。( )

二、填空题

1. TCP 连接的建立需要经过_____次握手的过程。
2. 传输层常用的协议有_____和_____。
3. _____就是为网络服务提供一种机制。
4. TCP/IP 模型共分为 4 层：_____、_____、_____、_____。
5. 在 TCP 编程中，经常使用的类有_____类，_____类，_____类等。
6. _____是互联网上应用最为广泛的一种网络协议。
7. 在.NET 平台上，_____类，_____类，_____类和_____类实现了 DNS 的功能。
8. NetWorkStream 类用于获取操作网络流，在网络编程中经常使用。它的命名空间是_____。

三、选择题

1. 在 IPAddress 类中将 IP 地址字符串转换为 IPAddress 实例的方法是( )。
   A．Equals   B．Parse
   C．HostToNetworkOrder   D．IsLoopback
2. 在 Socket 类的常用方法中服务端在阻塞模式使用的是( )。
   A．Send   B．Shutdown   C．Receive   D．Accept
3. 将一个域名系统(DNS)主机名与一组别名和一组 IP 的匹配方法是( )。
   A．IPHostEntry 类   B．TcpClient 类   C．IPAddress 类   D．TcpListener 类
4. 下面的语句创建一个 IPAddress 实例，正确的是( )。
   A．IPAddress myIP = new (IPAddress.Parse("192.168.1.2"));
   B．IPAddress myIP = new IPAddress.Parse("192.168.1.2"));
   C．IPAddress myIP = IPAddress.Parse("192.168.1.2");

D. IPAddress myIP = IPAddress.Parse('192.168.1.2');
5. 将数据从连接的 Socket 接收到接收缓冲区的特定位置的方法是(　　)。
   A. Socket.Send　　　　　　　　　　B. Socket.ReceiveFrom
   C. Socket.Receive　　　　　　　　　D. Socket.Listen

四、程序题

网络编程知识在项目中运用非常广泛，如发送邮件，建立聊天室等。建立一个简单的聊天工具，需要分客户端和服务器端。以下是在本机建立一个简单聊天室端口 20000 服务器端建立连接的部分代码，请填写完成。

```
private IPAddress myIP = IPAddress.Parse("127.0.0.1");
private IPEndPoint MyServer;
private Socket socket;
private bool bb = true;
private Socket OneSocket;
private void ServerReadState_Click(object sender, EventArgs e)
{
   try
   {
      myIP = IPAddress.Parse("127.0.0.1");
      MyServer = new IPEndPoint(myIP,Int32.Parse_____ );
      socket  =  new  Socket(AddressFamily.InterNetwork,SocketType.Stream,ProtocolType.Tcp);
      _____;
      socket.Listen(50);
      MessageBox.Show("开始监听");
      Thread thread = new Thread(new ThreadStart(targett));
      _____;
   }
catch (SocketException ee)
{
   MessageBox.Show(ee.ToString());
}
//用于连接信息接收
private void targett()
{
 try
 {
   OneSocket= socket.Accept();
   bb = false;
   if (OneSocket.Connected)
   {
    MessageBox.Show( "与客户建立连接");
    Byte[] byt = new Byte[1024*1];
    byt=Encoding.BigEndianUnicode.GetBytes("欢迎使用本服务器\n".ToString ());
    _____;
    while (!bb)
    {
      Byte[] bytt= new Byte[1024*1];
      string str= Encoding.BigEndianUnicode.GetString(bytt);
```

```
            MessageBox.Show( str.ToString());
          }
        }
      }
    catch(Exception es)
    {
      MessageBox.Show(es.Message);
    }
  }
}
```

第8章 XML

内容提示

XML(Extensible Mark Language,可扩展标记语言)不仅是一种优秀的元标记语言,同时也是一种标准的数据交换格式。本章主要讲解 XML 基础、XML 在 ASP.NET 中的运用以及 XML 与 ADO.NET 的数据转换。

教学要求

(1) 了解 XML 基础知识。
(2) 掌握 XML 在 ASP.NET 中的运用。
(3) 掌握 ADO.NET 与 XML 的数据转换。

内容框架图

```
                    ┌─ XML简介
        ┌ XML基础 ─┼─ XML语法规则
        │          └─ XML文档类型定义（DTD）
        │                           ┌─ 使用XmlTextReader类
        │          读取流格式的XML ─┼─ 使用XmlValidatingReader类
        │                           └─ 使用XmlTextWriter类
  XML ─┤  在.NET中使用DOM
        │                              ┌─ 在.NET中使用Xpath
        │  在.NET中使用Xpath和XSLT ─┤
        │                              └─ 在.NET中使用XSLT
        │                  ┌─ 将ADO.NET数据转换为XML文档
        └ XML与ADO.NET ─┤
                           └─ 将XML文档转换为ADO.NET数据
```

8.1 XML 基础

8.1.1 XML 简介

1. XML

XML 指可扩展标记语言(Extensible Markup Language)。

XML 是一种标记语言，很类似 HTML。

XML 的设计宗旨是传输数据，而非显示数据。

XML 标签没有被预定义，需要自行定义标签。

XML 被设计为具有自我描述性。

XML 是 W3C 的推荐标准。

2. XML 的主要技术特点

XML 是一种元标记语言，强调以数据为核心，这两大特点在 XML 的众多技术特点中最为突出，同时也奠定了 XML 在信息管理中的优势。

XML 是一种元标记语言，与 HTML 不同，XML 不是一种具体的标记语言，它没有固定的标记符号，是一种元标记语言，是一种用来定义标记的标记语言，它允许用户自己定义一套适于应用的 DTD(文档类型定义，Doument Type Definetien)。

XML 的核心是数据。在一个普通的文档里，往往混合有文档数据、文档结构、文档样式这 3 个要素。而对于 XML 文档来说，数据是其核心。将样式与内容分离，是 XML 的巨大优势。一方面可以使应用程序轻松的从文档中寻找并提取有用的数据信息，而不会迷失在混乱的各类标签之中；另一方面，由于内容与样式的独立，也可以为同一内容套用各种样式，使得显示方式更加丰富、快捷。

8.1.2 XML 语法规则

1. XML 文档开发工具

XML 文件和 HTML 文件一样，实际上是一个文本文件，所以编辑 XML 文档的工具很多。最普通的就是记事本了。主流的 XML 编辑工具还有 Altova XMLSpy、XML Notepad、XML Pro、XML Editor 等。这些工具的一大特点是：能够检查所建立的 XML 文件是否符合 XML 规范。另外，FrontPage、DreamWeaver、Visual Studio 等工具也可以用来编辑 XML。

【工作任务】

【实例 8-1】编写一个简单的 XML 文档。

【解题思路】

在 vs 里，新建 XML 文件，并写入以下代码。

【实现步骤】

(1) 新建 XML 文件。打开 Visual Studio，单击【文件】→【新建】→【项目】→ "Web" → "【XML】文件"，单击【打开】，文件名称为 "xml 文档"。

(2) 写入以下代码：

```
<?xml version="1.0" encoding="gb2312" ?>
```

```
        <参考资料>
          <书籍>
            <名称>XML 入门精解</名称>
            <作者>张三</作者>
            <价格 货币单位="人民币">20.00</价格>
          </书籍>
          <书籍>
            <名称>XML 语法</名称>
            <!--此书即将出版-->
            <作者>李四</作者>
            <价格 货币单位="人民币">18.00</价格>
          </书籍>
        </参考资料>
```

(3) 选择保存后，一个 XML 文档就创建成功了。这是一个典型的 XML 文件，编辑好后保存为一个以.xml 为后缀的文件。此文件分为文件序言(Prolog)和文件主体两个大的部分。在此文件中的第一行即是文件序言。该行是一个 XML 文件必须要声明的东西，而且也必须位于 XML 文件的第一行，它主要是告诉 XML 解析器如何工作。其中，version 是标明此 XML 文件所用的标准的版本号，必须要有；encoding 指明了此 XML 文件中所使用的字符类型，可以省略，在省略此声明的时候，后面的字符码必须是 Unicode 字符码(建议不要省略)。因为在这个例子中使用的是 gb2312 字符码，所以 encoding 这个声明也不能省略。文件的其余部分都是属于文件主体，XML 文件的内容信息存放在此。可以看到，文件主体是由开始的〈参考资料〉和结束的〈/参考资料〉控制标记组成，这个称为 XML 文件的"根元素"；〈书籍〉是作为直属于根元素下的"子元素"；在〈书籍〉下又有〈名称〉、〈作者〉、〈价格〉这些子元素。货币单位是〈价格〉元素中的一个属性，"人民币"则是属性值。

<!--此书即将出版-->这一句同 HTML 一样，是注释，在 XML 文件里，注释部分是放在"<!--"与"-->"标记之间的。

XML 文件是相当简单的。同 HTML 一样，XML 文件也是由一系列的标记组成，不过，XML 文件中的标记是自定义的标记，具有明确的含义，开发人员可以对标记中的内容的含义作出说明。

对 XML 文件有了初步的印象之后，就要详细地谈一谈 XML 文件的语法。在讲语法之前，必须要了解一个重要的概念，就是 XML 解析器(XML Parse)。

2. XML 解析器

解析器的主要功能就是检查 XML 文件是否有结构上的错误，剥离 XML 文件中的标记，读出正确的内容，以交给下一步的应用程序处理。由于现在的 HTML 标记实际上相当混乱，存在大量不规范的标记(有的网页用 IE 能正常显示，而用 Netscape Navigator 则不行)，所以从一开始，XML 的设计者就严格规定了 XML 的语法和结构，开发人员编写的 XML 文件必须遵循这些规定，否则 XML 解析器将毫不留情地显示错误信息。

有两种 XML 文件，一种是 Well-Formed XML 文件，一种是 Validating XML 文件。

如果一个 XML 文件满足 XML 规范中的某些相关法则，且没有使用 DTD(文件类型定义)时，可称这份文件是 Well-Formed XML 文件。而如果一个 XML 文件是 Well-Formed，且正确地使用了 DTD，DTD 中的语法又是正确的，那么这个文件就是 Validating XML 文件。对应两种 XML 文件，有两种 XML 解析器，一种是 Well-Formed 解析器，一种是 Validating 解析器。IE 5 中就内含 Validating 解析器。Validating 解析器也可用来解析 Well-Formed XML 文件。

大家可能要问为什么在浏览器中的显示和刚编写的源文件还一样？没错，因为对于 XML 文件，这里只定义了 XML 文档的内容，而它的显示形式是交给 CSS 或 XSL 来完成的。所以如果要将它以某种形式显示出来，就必须编辑 CSS 或 XSL 文件(这个问题会在以后讨论)。

3. XML 语法规则

XML 必须是 Well-Formed 的，才能够被解析器正确地解析出来，显示在浏览器中。那么什么是 Well-Formed 的 XML 文件呢？主要有下面几个准则，在创建 XML 文件的时候必须满足它们。XML 的语法规则很简单，且很有逻辑。这些规则很容易学习，也很容易使用。

(1) 所有 XML 元素都须有结束标签。在 HTML 中，经常可以看见没有结束标签的元素，如：

```
<p>这是第一个段落
<p>这是第二个段落
```

在 XML 中，省略结束标签则是非法的，所有元素必须有结束标签，如：

```
<p>这是第一个段落</p>
<p>这是第二个段落</p>
```

(2) XML 标签区分大小写。在 XML 中，大小写标签代表着不同的含义，如<A>和<a>是不同的，相应地如果开始标签使用了大写，那么结束标签也必须大写，否则将不能通过验证。

(3) XML 必须正确地嵌套。在 XML 中，所有元素都必须彼此正确地嵌套，如果在标签<A>后面有标签<B>，那么结束标签</B>必须在结束标签</A>之前。即由于<B>元素是在<A>元素内打开的，那么它必须在<A>元素内关闭。

(4) XML 文档必须有根元素。XML 文档必须有一个元素是所有其他元素的父元素，该元素称为根元素。

(5) XML 的属性值须加引号。与 HTML 类似，XML 也可拥有属性(名称/值对)。在 XML 中，XML 的属性值须加引号。如实例 8-1 中的文档的<价格 货币单位="人民币">20.00</价格>，意思是价格的货币单位属性为"人民币"。

(6) 实体引用。在 XML 中，一些字符拥有特殊的意义。如果把字符"<"放在 XML 元素中，会发生错误，这是因为解析器会把它当作新元素的开始，这样会产生 XML 错误。

```
<Code>if x<50</Code>
```

为了避免这样的错误，可以使用实体引用。

```
<Code>if x&lt;</Code>
```

XML 已经预定了 5 个常用的实体引用，见表 8-1。

表 8-1 XML 中 5 个预定义实体

实体	代表符号	实体	代表符号
&lt;	<	&apos;	'
&gt;	>	&quot;	"
&amp;	&		

在此做个小结,符合上述规定的 XML 文件就是 Well-Formed 的 XML 文件。这是编写 XML 文件的最基本要求。可以看到 XML 文件的语法规定比 HTML 要严格多了。由于有这样的严格规定,软件工程师编写 XML 解析器就容易多了,不像编写 HTML 语言的解析器,必须费尽心思去适应不同的网页写法,提高自己浏览器的适应能力。实际上,这对于初学者来说,也是一件好事。该怎样就怎样,不必像原来那样去疑惑各种 HTML 的写法。

8.1.3 XML 文档类型定义(DTD)

前面介绍了 XML 文档的基本语法,利用这些语法可以编写出格式良好的 XML 文档。然后会有这样一个问题:如果需要交换数据,但是 XML 标签都是自定义的,那么必然在表述某些信息时会用不同的方式,如公司 A 用<价格>来表示一个商品的价格信息,公司 B 可能会用<售价>来表示,那么这样对于交换数据就产生了误差,怎样来解决这样的问题呢?实际上 DTD 就是制定一个语法规则来制约 XML 文档的内容,即编写 XML 文件可以用哪些标记,母元素中能够包括哪些子元素,各个元素出现的顺序,元素中的属性怎样定义等。有了 DTD,用 XML 来交换数据就会方便很多。

那么如何定义 DTD,使用 DTD 呢? DTD 分为外部 DTD 和内部 DTD,外部 DTD 就是在 XML 文件中调用另外已经编辑好的 DTD,内部 DTD 则是在 XML 文件中直接设定 DTD,这一点与 HTML 中的外部 CSS 样式表和内部 CSS 样式表类似。下面来看一个含有简单 DTD 的 XML 文档,如实例 8-2。

【工作任务】

【实例 8-2】包含内部 DTD 的 XML 文档。

【实现步骤】

(1) 新建 XML 文件。打开 Visual Studio,单击"文件"→"新建"→"文件"→"XML 文件",单击【打开】,文件名称为"实例 8-2"。

(2) 写入以下代码:

```
[1]  <?xml version="1.0" encoding="gb2312" ?>
[2]  <!DOCTYPE 参考资料[
[3]  <!ELEMENT 参考资料 (书籍+)>
     <!ELEMENT 书籍 (名称,作者,价格)>
     <!ELEMENT 名称 (#PCDATA)>
     <!ELEMENT 作者 (#PCDATA)>
<!ELEMENT 价格 (#PCDATA)>
<!ELEMENT 出版社 (#PCDATA)>
[4]  <!ATTLIST 价格 货币单位 (人民币|美元|欧元) "人民币">
[5]  ]>
[6]  <参考资料>
       <书籍>
         <名称>XML 入门精解</名称>
         <作者>李斯</作者>
         <价格 货币单位="人民币">20.00</价格>
     <出版社>四川托普学院</四川托普学院>
       </书籍>
```

```
            <书籍>
                <名称>XML 语法</名称>
                <!--此书即将出版-->
                <作者>李四</作者>
                <价格 货币单位="人民币">18.00</价格>
        <出版社>四川托普学院</四川托普学院>
          </书籍>
        </参考资料>
```

(3) 保存 XML 文档。

【总结】

以上 XML 文档可以看出是在实例 8-1 的基础上增加了一个内部 DTD 文档，分析一下它的结构。

(1) 是 XML 文档声明。

(2) 是内部 DTD 的开始。

(3) 是对 XML 文档中要用到的元素的声明。

(4) 是对价格的属性声明。

(5) 是 DTD 的结束结束标记。

(6) 以后是按照这个 DTD 编写的一个 XML 文档。

从例子中可以看出，DTD 的文档格式与 XML 文档格式不一样，它有自己独立的语法，下面来具体学习这些语法。

1. 元素声明的语法

在编辑 DTD 时，元素声明的基本语法如下：

```
<!ELEMENT elementName elementContentMode>
```

上述元素声明代码<!表示一条指令的开始，ELEMENT 是声明元素的关键字，elementName 表示元素名，elementContentMode 表示元素包含的内容。如上例的<!ELEMENT 参考资料 (书籍+)>表示元素"参考资料"中包含"书籍"这个子元素(+号表示子元素的出现字数为 1 次或多次)，而<!ELEMENT 名称 (#PCDATA)>表示"名称"元素中包含字符数据。

2. 控制元素的内容

根据元素所包含的内容，可以将元素内容类型分为以下 6 种。

① 简单类型：元素内容只能是文本字符类型，且没有属性。

② 包含简单类型的复杂类型：元素内容只能是文本字符内容，但可以有属性。

③ 包含复杂内容的复杂类型：元素内容可以包含子元素，也可以有属性。

④ 混合内容类型：元素内容既可以有文本字符，也可以包含子元素，同时还可以有属性。

⑤ 空内容类型：元素内容为空，但可以有属性，此类元素一般都带有属性。

⑥ 任何内容类型：元素内容不受限制，也可以有属性。

(1) 简单类型声明：简单类型表示元素只能含有文本字符，语法如下：

```
<!ELEMENT elementName  (#PCDATA)>
```

如实例 8-2 中的

```
<!ELEMENT 名称 (#PCDATA)>
```

(2) 包含简单类型的复杂类型：这种类型表示元素内容只能是文本字符内容，但可以有属性。如实例 8-2 中的：

```
<!ELEMENT 价格 (#PCDATA)>
<!ATTLIST 价格 货币单位 (人民币|美元|欧元) "人民币">
```

价格这个元素既含有文本内容，又包含"货币单位"这个属性。

(3) 包含复杂内容的复杂类型：表示元素内容可以包含子元素，也可以有属性，如实例 8-2 的：

```
<!ELEMENT 参考资料 (书籍+)>
```

这里如果加一句<!ELEMENT 参考资料 分类 CDATA "图书">那么它们就共同声明了一个包含复杂内容的复杂类型元素"参考资料"，这样在参考资料表情里就可以插入它的属性"分类"了。对于它所包含的子元素，可以控制其出现的先后顺序，以及它们出现的次数。

① 控制子元素出现的顺序。元素出现的先后顺序根据元素声明的子元素出现先后顺序确定，如实例 8-2 中的：

```
<!ELEMENT 书籍 (名称,作者,价格)>
```

那么"书籍"的子元素出现顺序就是名称-作者-价格，在实际应用中可以根据需要来调整它们的顺序。

② 控制元素出现的次数。在没有特别声明的情况下，默认它的出现次数为 1 次，如果有其他需要，则需要特别声明，如实例 8-2 中的：

```
<!ELEMENT 参考资料 (书籍+)>
```

这里声明书籍的出现次数为 1 次或者多次，其它的语法有 "?" 号代表出现 0 次或者 1 次，"*" 则表示出现 0 次或者多次，即不限次数。

(4) 混合内容类型：混合内容类型表示元素内容既可以有文本字符，也可以包含子元素，同时还可以有属性，基本语法是：

```
<!ELEMENT elementName (#PCDATA |element1|element2|...)*>
```

(5) 空内容类型：空内容类型表示元素本身不包含任何内容，但可以有属性。语法如下：

```
<!ELEMENT elementName EMPTY>
```

EMPTY 是关键字，表示不包含任何内容。

(6) 任何内容类型：这是限制最小的一种元素类型，对元素内容几乎没有限制，语法如下：

```
<!ELEMENT elementName ANY>
```

这种类型除非是文档明确要求使用这样的元素，一般是用不到的，原因是破坏了文档结构。开发人员应该注意这一点。

3. 属性声明的语法

在 XML 中，属性声明的语法如下：

```
<!ATTLIST elementName attributeName attributeType [keyword] [attribute-DefaultValue]>
```

<!ATTLIST 属性声明开始,其中 ATTLIST 为关键字。
elementName 为元素名。
attributeType 为属性类型。
[keyword]是设定默认值的关键字,可以为#IMPLIED、#REQUIRED、#FIXED,为可选。
[attributeDefaultValue]为属性的默认值。
DTD 元素的属性类型分为 10 种,见表 8-2。

表 8-2 DTD 中的 10 种属性类型

属性值类别	描述
CDATA	字符数据
Enumerated	列出该属性的取值范围,一次只能有一个属性值能够赋予属性
NMTOKEN	表示属性值只能由字母、数字、下划线、.、:、-这些符号组成
NMTOKENS	表示属性值能够由多个 NMTOKEN 组成,每个 NMTOKEN 之间用空格隔开
ID	该属性在 XML 文件中是唯一的,常用来表示人的身份证号码
IDREF	表示该属性值是参考了另一个 ID 属性
IDREFS	表示该属性值是参考了多个 ID 属性,这些 ID 属性的值用空格隔开
ENTITY	表示该属性的设定值是一个外部的 ENTITY,如一个图片文件
ENTITIES	该属性值包含了多个外部 ENTITY,不同的 ENTITY 之间用空格隔开
NOTATION	符号引用类型,在 DTD 中声明为用于指示表示法类型的名称

4. DTD 的引用

DTD 分为内部 DTD 和外部 DTD,那么,如何来引用它们来验证 XML 文档呢?
(1) 内部 DTD 的引用格式如下:

```
<!DOCTYPE RootElementName[
   <!--DTD 声明-->  ]>
```

其中 RootElementName 为根元素的名称。
(2) 外部 DTD 的引用格式如下:

```
<!DOCTYPE RootElementName SYSTEM "DTD_URL">
```

其中 RootElementName 为根元素的名称,DTD_URL 为 DTD 文件的物理路径。

8.2 读取流格式的 XML

微软公司的.NET 框架为开发者提供了许多开发的便利。随着 XML 的重要性不断增长,开发者们都期待着有一整套功能强大的 XML 工具被开发出来。.NET 框架没有辜负开发者的期望,在 System.Xml 名称空间中组织进了以下几个用于 XML 的类。

XmlTextReader——提供以快速、单向、无缓冲的方式存取 XML 数据。(单向意味着你只能从前往后读取 XML 文件,而不能逆向读取。)

XmlValidatingReader——与 XmlTextReader 类一起使用,提供验证 DTD、XDR 和 XSD 架构的能力。

XmlTextWriter——生成遵循 W3C XML 1.0 规范的 XML 文件。

8.2.1 使用 XmlTextReader 类

XmlTextReader 类能够从 XML 文件中读取数据,并且将其转换为 HTML 格式在浏览器中输出。使用 XmlTextReader 类读取 XML 文档的方法非常简单,就是在创建新对象的构造函数中指明 XML 文件的位置即可,如:

```
XmlTextReader textReader = new XmlTextReader("C:\\books.xml");
```

一旦新对象创建完毕,就可以调用 XmlTextReader 的 Read()方法来读取 XML 文档了。调用 Read()方法之后,信息被存储起来,可以通过读取该对象的 Name、BaseURI、Depth、LineNumber 等属性来获取这些信息。

XmlTextReader 类中有一个很重要的属性——NodeType,通过该属性以知道其节点的节点类型。枚举类型 XmlNodeType 中包含了如 Text、Attribute、CDATA、Element、Comment、Document、DocumentType、Entity、ProcessInstruction 以及 WhiteSpace 等的 XML 项的类型。通过与 XmlNodeType 中的元素的比较,可以获取相应节点的节点类型并对其完成相关的操作。

下面给出一个完整的实例,该实例通过 XmlTextReader 简单地读取"books.xml"文件,然后将其中的信息显示在控制台中。

【工作任务】

【实例 8-3】使用 XmlTextReader 类读取 XML 文件的信息。

【解题思路】

使用 XmlTextReader 类读取 XML 信息,就需要创建 XmlTextReader 对象的构造函数并指明要读取的 XML 文档的地址。所需控件及其属性设置见表 8-3。

【实现步骤】

(1) 新建工程项目。打开 Visual Studio,选择【文件】→【新建】→【项目】命令,在打开的新建项目窗口中选择 Visual C#命令,再选择【Windows 窗体应用程序】命令,新建工程项目的名称为"读取 XML 数据"。

(2) 在 Form1.cs[设计]中添加表 8-3 所示的控件并设置其属性。

表 8-3 【实例 8-3】控件属性设置

控 件 名	属 性	值
Label1	Name	lab_FilePath
	Text	XML 文件路径:
TextBox1	Name	txt_FilePath
Button1	Name	btn_Open
	Text	……
ListBox1	Name	lib_xmlcontent
openFileDialog1	Filter	XML 文件(*.xml)|*.xml

(3) 设计后的窗体初始界面如图 8.1 所示。

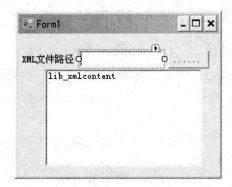

图 8.1 读取 XML 文件窗体初始界面图

(4) 添加引用：

```
using System.Net;
using System.Xml;
using System.IO;
```

(5) 双击 btn_Open 按钮，进入代码页面，编写如下代码：

```
private void btn_Open_Click(object sender, EventArgs e)
{
    if (openFileDialog1.ShowDialog() != DialogResult.Cancel)
    {
        string filename = openFileDialog1.FileName; //获取 XML 文件的路径
        Txt_FilePath.Text = filename;
        XmlTextReader tr = new XmlTextReader(filename);//创建 XmlTextReader 对象
        while (tr.Read())
        {
            if (tr.NodeType == XmlNodeType.Text) //如果读取到文本类型的节点
                lib_xmlcontent.Items.Add(tr.Value); //添加读取到的节点到 XML 内
        }
    }
}
```

运行效果如图 8.2 所示。

图 8.2 使用 XMLTextReader 类读取 XML 文档运行效果图

代码分析

openFileDialog1.ShowDialog() != DialogResult.Cancel 这句代码的意思是，显示一个打开文件的对话框，如果用户没有单击【取消】按钮(即单击【确定】按钮)，那么才能执行下面的代码。

工程师提示

在要读取 XML 文档时，如果 XML 文档是用记事本编辑写的，可能会出现格式错误等错误消息，所以笔者建议开发人员使用专业 XML 文档编辑器来创建 XML 文档。

8.2.2 使用 XmlValidatingReader 类

.NET 程序集 System.Xml 包含了许多类，这些类用于在.NET 平台上提供 XML 功能。XmlValidatingReader 类(XmlReader 类的一种实现)就是其中的一种。在将 XML 文档或 XML 片段读入系统时，该类提供验证支持。它实现了 DTD、XML 数据简化 (XDR) 架构和 XML 架构定义语言(XSD)等规范所定义的有效性约束。

如果要验证 XML 文档的有效性，就需要使用 XmlValidatingReader 类，它的功能与 XMLTextReader 相同(它们都扩展了 XmlReader)，但 XmlValidatingReader 增加了 ValidationType 属性、Schemas 属性和 SchemaType 属性。

把 ValidationType 属性设置为要进行有效性验证的类型。这个属性的有效值见表 8-4。

表 8-4　ValidationType 属性

属 性 值	说　　明
Auto	如果在声明中声明了 DTD，就加载和处理该 DTD，在 DTD 中定义的默认属性和一般实体是可用的；如果找到了一个 XSD schemalocation 属性，就加载和处理 XSD，并返回在该模式中定义的默认属性；如果找到了带有 MSXML x-schema 前缀的命名空间，就加载和处理 XDR 模式，返回定义的默认属性
DTD	根据 DTD 规则进行有效性验证
Schema	根据 XSD 模式进行有效性验证
XDR	根据 XDR 模式进行有效性验证
None	不执行任何有效性验证

设置好属性后，就需要指定 ValidationEventHandler，它的意思是在验证过程中出现错误时，按照指定的事件对错误做出响应。下面通过一个实例说明如何使用 XmlValidatingReader 来验证 XML 文档。

【工作任务】

【实例 8-4】使用 XmlValidatingReader 类的 DTD 验证方式验证 XML 文档。

【解题思路】

首先设置 ValidationType 属性为 DTD，然后再设置 ValidationEventHandler，把错误信息显

示到 Listbox 中，所需控件及其属性设置见表 8-5。

【实现步骤】

(1) 新建工程项目。打开 Visual Studio，单击"文件"→"新建"→"项目"命令，在打开的新建项目窗口中选择 Visual C#命令，再选择【Windows 窗体应用程序】命令，新建工程项目的名称为"验证 XML"。

(2) 在 Form1.cs[设计]中添加表 8-5 所示的控件并设置其属性。

表 8-5 【实例 8-4】控件属性设置

控 件 名	属 性	值
label1	Name	lab_FilePath
	Text	XML 文件路径：
label2	Name	lab_error
	Text	错误信息：
textBox1	Name	txt_FilePath
button1	Name	btn_Open
	Text	……
listBox1	Name	lib_xmlContent
listBox2	Name	lib_xmlError
openFileDialog1	Filter	XML 文件(*.xml)|*.xml

(3) 添加引用：

```
using System.Net;
using System.Xml;
```

(4) 设计后的窗体初始界面如图 8.3 所示。

图 8.3 使用 XmlValidatingReader 类验证 XML 文档窗体界面设计图

(5) 双击 btn_Open 按钮，进入代码页面，编写如下代码：

```
private void btn_Open_Click(object sender, EventArgs e)
{
    if (openFileDialog1.ShowDialog() != DialogResult.Cancel)
```

```
                {
                    string filename = openFileDialog1.FileName;
                    txt_FilePath.Text = filename;
                    XmlTextReader tr = new XmlTextReader(filename);
                    XmlValidatingReader trv = new XmlValidatingReader(tr);
                    trv.ValidationType = ValidationType.DTD;
                    trv.ValidationEventHandler+=new
System.Xml.Schema.ValidationEventHandler(trv_ValidationEventHandler);
                    while (trv.Read())
                    {
                      if(trv.NodeType==XmlNodeType.Text)
                          lib_xmlContent .Items .Add(trv.Value);
                    }
                 }
            }
        void trv_ValidationEventHandler(object sender, System.Xml.Schema.
ValidationEventArgs e)
            {
                lib_xmlError.Items.Add(e.Message);
            }
```

(6) 现在就要创建要验证的 XML 文档了，这里我们使用实例 8-1 中的 XML 文档为例，为了实现验证效果，要把它稍作修改，如图 8.4 所示。

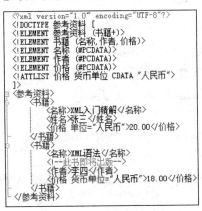

图 8.4 修改后的 XML

修改后的 XML 文档中有一个"姓名"元素没有定义，价格的"单位"属性也没有声明，目的是通过引发一个有效性验证错误，来说明确实进行了验证。

(7) 运行之后的效果如图 8.5 所示。

代码分析

void trv_ValidationEventHandler(object sender, System.Xml.Schema.ValidationEventArgs e) 这段代码是指定如何响应错误方式，在编辑的时候不需要动手输入，再设置 ValidationEventHandler 把错误显示到 Listbox 中，最后进行验证。

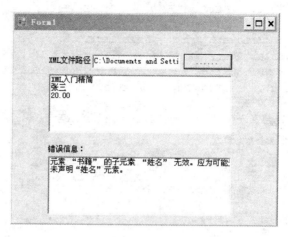

图 8.5 修改后的 XML 文档运行结果图

这里首先设置了 ValidationType 属性为 DTD，然后指定 ValidationEventHandle 把错误显示到 Listbox 中，最后进行验证。

8.2.3 使用 XmlTextWriter 类

XmlTextWriter 类可以把 XML 写入一个流、文件或 TextWriter 中。与 XmlTextReader 一样，XmlTextWriter 类以只向前、未缓存的方式进行写入，XmlTextWriter 的可配置性很高，可以指定是否缩进文本、缩进量、在属性值中使用什么引号以及是否支持命名控件等信息。下面是一个简单的实例说明了如何使用 XmlTextWriter 类。

【工作任务】

【实例 8-5】使用 XmlTextWriter 创建一个 XML 文档。

【解题思路】

首先创建 XmlTextWriter 对象，然后调用相应的方式给 XML 文档添加内容。所需控件及其属性设置见表 8-6。

【实现步骤】

(1) 新建工程项目。打开 Visual Studio，选择【文件】→【新建】→【项目】命令，在打开的新建项目窗口中选择 Visual C#命令，再选择【Windows 窗体应用程序】命令，新建工程项目的名称为"创建 XML 文档"。

(2) 在 Form1.cs[设计]中添加表 8-6 所示的控件并设置其属性。

表 8-6 【实例 8-5】控件属性设置

控 件 名	属 性	值
label1	Name	lab_FilePath
	Text	选择保存位置：
textBox1	Name	txt_FilePath

续表

控件名	属性	值
button1	Name	btn_Open
	Text	选择
button2	Name	btn_Create
	Text	创建 XML 文档
saveFileDialog1	FileName	实例 8-5.xml

(3) 设计后的窗体初始界面如图 8.6 所示。

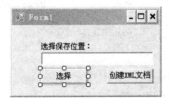

图 8.6 使用 XmlTextWriter 创建 XML 文档窗体初始界面图

(4) 添加引用：

```
using System.Net;
using System.Xml;
using System.IO;
```

(5) 双击 btn_Open 按钮，进入代码页面，编写如下代码：

```
private void btn_Open_Click(object sender, EventArgs e)
{
    if (saveFileDialog1.ShowDialog () != DialogResult .Cancel)
    {
        txt_FilePath.Text = saveFileDialog1.FileName;
    }
}
private bool CreateXml(string filename)
{
    try
    {
        XmlTextWriter writer = new XmlTextWriter(filename, Encoding.Default);
        writer.Formatting = Formatting.Indented;//设置缩进格式
        writer.WriteStartDocument();//XML 文档声明
        writer.WriteStartElement("参考资料/书籍");//开始写入 XML 节点
        writer.WriteStartElement("书籍");
        writer.WriteStartElement("名称");
        writer.WriteString("XML 入门精简");
        writer.WriteEndElement();
        writer.WriteStartElement("作者");
        writer.WriteString("张三");
        writer.WriteEndElement();
        writer.WriteStartElement("价格");
        writer.WriteAttributeString("货币单位", "人民币");
        writer.WriteString("20.00");
```

```
            writer.WriteEndElement();
            writer.Close();//关闭流以保存 XML 文档
            return true;
        }
        catch { return false; }
    }
```

(6) 双击"创建 XML 文档"按钮，编写如下代码：

```
        private void btn_Create_Click(object sender, EventArgs e)
        {
            if (CreateXml(saveFileDialog1.FileName))
            {
                MessageBox.Show("创建成功 XML");
            }
            else
            {
                MessageBox.Show("创建 XML 文档失败！");
            }
        }
```

运行效果如图 8.7 所示。

图 8.7 使用 XmlTextWriter 创建 XML 文档运行效果图

(7) 找到刚才的目录，打开创建的"创建 XML 文档"，打开后如图 8.8 所示。

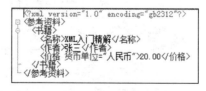

图 8.8 创建好的 XML 文档

代码分析

writer.WriteEndElement();这句代码是创建结束标签的意思。在 XML 中，标签必须成对出现，所以在创建元素节点后，必须用 WriteEndElement()方法创建结束标签。

工程师提示

在创建完 XML 各个节点后,一定要关闭流,否则创建的 XML 文件只是一个空白 XML 文件。

8.3 在.NET 中使用 DOM

DOM(Document Object Model，文档对象模型)是 W3C 组织推荐的处理可扩展标记语言的标准编程接口。.NET 中的 DOM 支持 W3C DOM Level1 和 Core DOM Level2 规范。DOM 是通过 XmlNode 类来实现的。XmlNode 是一个抽象类,它表示 XML 文档中的一个节点。还有一个重要的类是 XmlNodeList，它是一个节点的有序列表。XmlNode 和 XmlNodeList 类组成了.NET FrameWork 中 DOM 的核心，表 8-7 是基于 XmlNode 的一些类。

表 8-7　XmlNode 的一些类

类　　名	说　　明
XmlLinkedNode	返回当前节点之前或之后的节点，给 XmlNode 添加 NextSibling 和 PreviousSibling 属性
XmlDocument	表示整个文档，执行 DOM Level1 和 Level2 规范
XmlDocumentFragment	表示文档树的一个片段
XmlAttribute	XmlElement 对象的一个属性对象
XmlEntity	一个已分析或未分析的实体节点
XmlNotation	包含在 DTD 或模式中声明的记号

下面通过一个实例来说明如何使用 XmlDocument 类来修改 XML 文档。

【工作任务】

【实例 8-6】使用 XmlDocument 类创建、修改 XML 文档。

【解题思路】

使用 XmlDocument 对象创建 XML 文档对象，再利用 XmlNodeList、XmlElement 等对象来实现节点定位、修改等操作。这里用实例 8-4 创建好的 XML 作为示例，所需控件及其属性设置见表 8-8。

【实现步骤】

(1) 新建工程项目。打开 Visual Studio，选择【文件】→【新建】→【项目】命令，在打开的新建项目窗口中选择 Visual C#命令，再选择【Windows 窗体应用程序】命令，新建工程项目的名称为"修改 XML 文档"。

(2) 在 Form1.cs[设计]中添加表 8-8 所示的控件并设置其属性。

表 8-8　控件及其属性设置

控　件　名	属　　性	值
label1	Name	lab_FilePath
	Text	请选择 XML 文档
label2	Name	lab_Message
	Text	信息
button1	Name	btn_Open
	Text	选择

续表

控件名	属性	值
button2	Name	btn_AddNode
	Text	添加节点
button3	Name	btn_EditNode
	Text	修改节点
button4	Name	btn_AddAtt
	Text	添加属性
richTextBox1	Name	rich_Xmlcontent
openFileDialog1	Filter	XML 文件(*.xml)|*.xml

(3) 添加模块级声明：

```
XmlDocument doc = new XmlDocument();  //创建 XmlDocument 对象
```

(4) 添加引用：

```
using System.Net;
using System.Xml;
using System.IO;
```

(5) 设计后的窗体初始界面如图 8.9 所示。

图 8.9　窗体初始界面设计

(6) 双击 btn_Open 按钮，进入代码页面，编写如下代码：

```
        XmlDocument doc = new XmlDocument();
private void btn1_Open_Click(object sender, EventArgs e)
{
    if (openFileDialog1.ShowDialog() != DialogResult.Cancel)
    {
        txt_FilePath.Text = openFileDialog1.SafeFileName;
        ReadXml();
        lab_Message.Text = "信息 XML 加载完成!";
    }
}
```

(7) 添加一个 ReadXml()方法来读取 XML 文件，代码如下：

```csharp
private void ReadXml()
{
    doc.PreserveWhitespace = true;
    doc.Load(openFileDialog1.SafeFileName);
    rich_Xmlcontent.Text = doc.OuterXml;
}
```

(8) 双击 btn_AddNode 按钮，编写如下代码：

```csharp
private void btn_AddNode_Click(object sender, EventArgs e)
{
    XmlNode root = doc.SelectSingleNode("参考资料书籍");
    XmlElement xel = doc.CreateElement("出版社");
    xel.InnerText = "四川托普学院";
    root.AppendChild(xel);
    doc.Save(openFileDialog1.SafeFileName);
    lab_Message.Text = "信息添加节点"+ xel.Name + "成功";
    ReadXml();
}
```

(9) 双击 btn_EditNode 按钮，编写如下代码：

```csharp
private void btn_EditNode_Click(object sender, EventArgs e)
{
    XmlNodeList list1 = doc.SelectSingleNode("参考资料籍").ChildNodes;
    foreach (XmlNode node in list1)
    {
        if (node.NodeType != XmlNodeType.Whitespace)
        {
            XmlElement element = (XmlElement)node;
            if (node.Name == "作者") ;
            node.InnerText = "李斯";
        }
    }
    doc.Save(openFileDialog1.SafeFileName);
    lab_Message.Text = "信息:修改节点成功";
    ReadXml();
}
```

(10) 双击 btn_AddAtt 按钮，编写如下代码：

```csharp
private void btn_AddAtt_Click(object sender, EventArgs e)
{
    XmlNode root = doc.SelectSingleNode("参考资料书籍");
    XmlElement element = (XmlElement)root;
    element.SetAttribute("类别", "程序");
    doc.Save(openFileDialog1.SafeFileName);
    lab_Message.Text=("信息:添加属性成功");
    ReadXml();
}
```

运行效果图如图 8.10～图 8.13 所示。

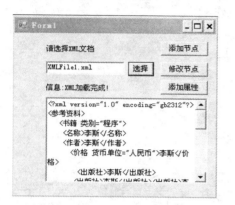

图 8.10 加载 XML 文档后的运行效果图

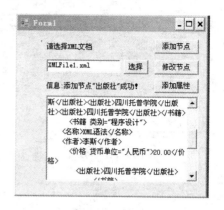

图 8.11 单击【添加节点】按钮后运行效果图

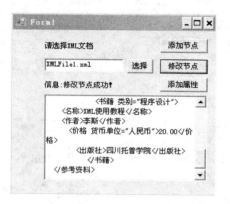

图 8.12 单击【修改节点】按钮后运行效果图

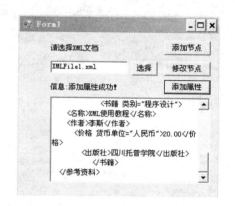

图 8.13 单击【添加属性】按钮后运行效果图

代码分析

foreach (XmlNode node in list1); 用这种循环方式来遍历 XML 子元素非常有效。

工程师提示

使用 DOM 操作 XML 文档后，一定要使用 Save()方法保存，这样才能成功完成本次操作。

8.4 在.NET 中使用 XPath 和 XSLT

XPath 是一种在 XML 文档中查找信息的语言。XPath 用于在 XML 文档中通过元素和属性进行导航。XSLT(Extensible Stylesheet Language Transformations，扩展样式表转换语言)是一种对 XML 文档进行转化的语言。本节主要介绍.NET FrameWork 对它们的支持。

8.4.1 在.NET 中使用 XPath

XPath 存在于 System.Xml.XPath 中，它主要是倾向于速度，因此它提供了对 XML 文档的一种只读视图，没有编辑功能。表 8-9 列出了 System.Xml.XPath 命名空间中的一些重要类。

表 8-9 System.Xml.XPath 命名空间中的一些重要类

类　　名	说　　明
XPathDocument	提供整个 XML 文档的视图，只读
XPathNavigator	提供 XPathDocument 的浏览功能
XPathNodeIterator	提供节点集的迭代功能
XPathExpression	提供表示已编译的 XPath 表达式的类型化类
XPathException	XPath 异常类

1. XPathDocument 类

XPathDocument 类没有提供 XmlDocument 类的任何功能，它只提供对 XML 文档的读取浏览功能，它可以从文件路径字符串、TextReader 对象、XmlReader 对象或基于 Stream 的对象中打开 XML 文档。

2. XPathNavigator 类

XPathNavigator 类包含所需移动和选择元素的所有方法，其中的一些移动方法见表 8-10。

表 8-10 XPathNavigator 类的常见方法

方法名	说　　明
MoveTo()	当在派生类中被重写时，将 XPathNavigator 移动到与指定的 XPathNavigator 相同的位置
MoveToAttribute()	移动到指定的属性，参数为属性名和命名空间
MoveToFirst()	移动到当前节点的第一个同级节点
MoveToNext()	移动到当前节点的下一个同级节点
MoveToLast()	移动到当前节点的最后一个同级节点
MoveToFirstChild()	移动到当前节点的第一个子节点
MoveToRoot()	移动到当前节点所属的根节点

3. XPathNodeIterator 类

XPathNodeIterator 可以看作是 XPath 中的 NodeList 或 NodeSet，这个对象有 3 个属性和两个方法:

Clone——创建它本身的一个新副本。

Count——XPathNodeIterator 对象中的节点数。

Current——返回指向当前节点的 XPathNavigator。

CurrentPosition()——返回表示当前位置的一个整数。

MoveNext()——移动到匹配 XPath 表达式的下一个节点上，创建 XPathNodeIterator。

【代码分析】

【实例 8-7】使用 XPath 浏览 XML 文档。

【解题思路】

(1) 创建 XPathDocument 对象。

(2) 从 XPathDocument 对象中实例化 XPathNavigator。

(3) 进行相应操作，所需控件及其属性设置见表 8-11。

【实现步骤】

(1) 新建一个 XML 文档，代码如下：

```xml
<?xml version="1.0" encoding="gb2312"?>
<参考资料>
  <书籍 类别="程序设计">
    <名称>XML 入门精解</名称>
    <作者>张三</作者>
    <价格 货币单位="人民币">20.00</价格>
    <出版社>北京大学出版社</出版社>
  </书籍>
  <书籍 类别="程序设计">
    <名称>XML 语法</名称>
    <作者>李四</作者>
    <价格 货币单位="人民币">18.00</价格>
    <出版社>清华大学出版社</出版社>
  </书籍>
  <书籍 类别="程序设计">
    <名称>XML 实用教程</名称>
    <作者>王五</作者>
    <价格 货币单位="人民币">23.00</价格>
    <出版社>四川大学出版社</出版社>
  </书籍>
</参考资料>
```

(2) 新建工程项目。打开 Visual Studio，选择【文件】→【新建】→【项目】命令，在打开的新建项目窗口中选择 Visual C#命令，再选择【Windows 窗体应用程序】命令，新建工程项目的名称为"浏览 XML 文档"。

(3) 在 Form1.cs[设计]中添加表 8-11 所示的控件并设置其属性。

表 8-11 控件及其属性设置

控 件 名	属 性	值
label1	Name	lab_FilePath
	Text	XML 文件路径：
textBox1	Name	txt_FilePath
button1	Name	btn_Open
	Text	选择
listBox1	Name	lib_Xmlcontent
openFileDialog1	Filter	XML 文件(*.xml)|*.xml

(4) 添加引用：

```csharp
using System.Net;
using System.Xml;
using System.IO;
using System.Xml.XPath;
```

(5) 设计后的窗体初始界面如图 8.14 所示。

图 8.14 窗体初始界面图

(6) 双击 btn_Open 按钮，进入代码页面，编写如下代码：

```
private void LoadXml(XPathNavigator lstNav)
    {
    //创建 XPathNodeInterator 对象
    XPathNodeIterator iterBook = lstNav.SelectDescendants(XPathNodeType.Element, false);
    while (iterBook.MoveNext())
        {
        lib_Xmlcontent.Items.Add(iterBook.Current.Name + ":" + iterBook.Current.Value);
        }
    }
private void btn_Open_Click(object sender, EventArgs e)
    {
        if (openFileDialog1.ShowDialog() != DialogResult.Cancel)
        {
            txt_FilePath.Text = openFileDialog1.FileName;
            string filename = openFileDialog1.FileName;
            //初始 XPathDocument 对象
            XPathDocument doc = new XPathDocument(filename);
            //创建 XPathNavigator 对象
            XPathNavigator nav = doc.CreateNavigator();
            //使用指定得到 XPath 表达式创建 XPathNodeInterator 对象
            XPathNodeIterator iter = nav.Select("/参考资料/书籍[@类别='程序设计']");
            while (iter.MoveNext())//循环移动 XPathNavigator 对象
            {
                LoadXml(iter.Current);
                lib_Xmlcontent.Items.Add("");

            }
            //计算价格
            lib_Xmlcontent.Items.Add("总价格=" + nav.Evaluate("sum(/参考资料/书籍[@类别='程序设计']/价格)") + "人民币");
        }
    }
```

运行效果如图 8.14 所示。

图 8.15 使用 XPath 浏览 XML 文档运行效果图

代码分析

lib_Xmlcontent.Items.Add("总价格=" + nav.Evaluate("sum(/参考资料/书籍[@类别='程序设计']/价格)") + "人民币");这句重点在引号中的 XPath 表达式,这里先是使用 sum 求和,然后再使用 Evaluate()方法来计算结果。

工程师提示

这个例子用到的几个对象都是存在于 System.XML.XPath 中的,因此要添加对它的引用:using System.XML.XPath;。

8.4.2 在.NET 中使用 XSLT

System.Xml.Xsl 命名空间包含.NET FrameWork 用于支持 XslCompiledTransform 类,这个命名空间的类可以和任何实现 IXPathNavigable 接口的存储器一起使用,下面通过一个实例来说如何使用 XSLT 对 XML 文档进行转换。

【工作任务】
【实例 8-8】使用 XSLT 转换 XML 文档。
【解题思路】
首先准备一个 XML 文档和一个 XSL 文档,然后使用 XslCompiledTransform 类的 Transform()方法来转换。所需控件及其属性见表 8-12。
【实现步骤】
(1) 新建一个 XML 文档,代码如下:

```
<?xml version="1.0" encoding="gb2312"?>
<?xml-stylesheet type="text/xsl" href="C:\Users\Administrator\Desktop\实例 8-6.xsl"?>
<参考资料>
    <书籍 类别="程序设计">
```

```
        <名称>XML 入门精解</名称>
        <作者>张三</作者>
        <价格 货币单位="人民币">20.00</价格>
        <出版社>北京大学出版社</出版社>
    </书籍>
    <书籍 类别="程序设计">
        <名称>XML 语法</名称>
        <作者>李四</作者>
        <价格 货币单位="人民币">18.00</价格>
        <出版社>清华大学出版社</出版社>
    </书籍>
</参考资料>
```

(2) 新建一个 XSL 样式表，代码如下：

```
<?xml version="1.0" encoding="UTF-8"?>
<xsl:stylesheet version="1.0" xmlns:xsl="http://www.w3.org/1999/XSL/Transform" xmlns:fo="http://www.w3.org/1999/XSL/Format">
    <xsl:template match="/">
    <html>
        <head>
            <title>图书信息</title>
        </head>
        <body>
            <xsl:for-each select="/参考资料/书籍">
                <div style=" width:150px;height:100px;border:1px solid Red; color: blue;font-size:12px;">
                    <xsl:value-of select="名称"/><br/>
                    <xsl:value-of select="作者"/><br/>
                    <xsl:value-of select="价格"/><br/>
                    <xsl:value-of select="出版社"/>
                </div>
                <br/>
            </xsl:for-each>
        </body>
    </html>
    </xsl:template>
</xsl:stylesheet>
```

(3) 新建工程项目。打开 Visual Studio，选择【文件】→【新建】→【项目】命令，在打开的新建项目窗口中选择 Visual C#命令，再选择【Windows 窗件应用程序】命令，新建工程项目的名称为"转换 XML 文档"。

(4) 在 Form1.cs[设计]中添加表 8-12 所示的控件并设置其属性。

表 8-12 控件属性设置

控件名	属性	值
label1	Name	lab_xmlFilePath
	Text	XML 文档
label2	Name	lab_xslFilePath

续表

控件名	属性	值
label2	Text	XSL 文档
textBox1	Name	txt_xmlFilePath
textBox2	Name	txt_xslFilePath
button1	Name	btn_Open1
	Text	选择文档格式
button2	Name	btn_Open2
	Text	选择文档格式
button3	Name	btn_Open3
	Text	转换
button4	Name	btn_Save
	Text	保存
openFileDialog1	Filter	XML 文件(*.xml)|*.xml
openFileDialog2	Filter	XSL 文件(*.xsl)|*.xsl
saveFileDialog1	Filter	HTML 文件(*.html)|*.html

(5) 添加命名空间引用：

```
using System.Net;
using System.IO;
using System.Xml.Xsl;
using System.Xml.XPath;
```

(6) 设计后的窗体初始界面如图 8.16 所示。

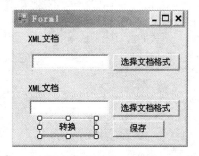

图 8.16 使用 XslCompiledTranform 类转换 XML 文档窗体界面图

(7) 双击 btn_Open1 按钮，进入代码页面，编写如下代码：

```
Bitmap bitmap;
    private void btn_Open1_Click(object sender, EventArgs e)
    {
        if (openFileDialog1.ShowDialog() != DialogResult.Cancel)
        {
            string xmlfilename = openFileDialog1.FileName;
            txt_xmlFilePath.Text = openFileDialog1.FileName;
        }
    }
```

(8) 双击 btn_Open2 按钮,进入代码页面,编写如下代码:

```csharp
private void btn_Open2_Click(object sender, EventArgs e)
{
    if (openFileDialog2.ShowDialog() != DialogResult.Cancel)
    {
        string xslfilename = openFileDialog2.FileName;
        txt_xslFilePath.Text = openFileDialog2.FileName;
    }
}
```

(9) 双击 btn_Open3 按钮,进入代码页面,编写如下代码:

```csharp
private void btn_Open3_Click(object sender, EventArgs e)
{
    if (saveFileDialog1.ShowDialog() != DialogResult.Cancel)
    {
        //使用 XPathDocument 对象加载 XML 文档
        XPathDocument doc = new XPathDocument(openFileDialog1.FileName);
        //初始 XslCompiledTransform 对象
        XslCompiledTransform form = new XslCompiledTransform();
        //加载 XML 文件 t
        form.Load(openFileDialog2.FileName);
        //创建 XML 文件 t
        FileStream fs = new FileStream(saveFileDialog1.FileName, FileMode.Create);
        // 创建 XPathNavigator 对象
        XPathNavigator nav = doc.CreateNavigator();
        //执行文档转换
        form.Transform(nav, null, fs);
        MessageBox.Show("转换成功!");
    }
}
```

(10) 双击 btn_Save 按钮,进入代码页面,编写如下代码:

```csharp
private void btn_Save_Click_1(object sender, EventArgs e)
{
    if (bitmap != null)
    {
        SaveFileDialog save = new SaveFileDialog();
        save.Filter = "XML 文档ì(*.xml)|*.xml";
        if (save.ShowDialog()!= DialogResult.Cancel)
        {
            bitmap.Save(save.FileName);
        }
    }
}
```

运行效果如图 8.17 所示。

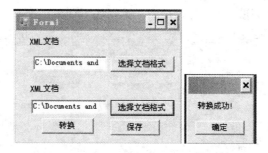

图 8.17 使用 XslCompiledTranform 类转换 XML 文档运行结果图

代码分析

FileStream fs = new FileStream(saveFileDialog1.FileName, FileMode.Create);这句代码使用指定的路径、创建模式来创建一个文件。

工程师提示

这个例子的 XML 文档中，添加了 XSL 文件的引用，在实际中应替换为自己具体的目录。

8.5　XML 与 ADO.NET

伴随着 Internet 的发展，出现了很多使用不同系统的公司之间开展商务活动。公司之间要进行共享数据与交换数据，这就要求数据必须适用于不同的操作系统平台的应用程序。应用程序之间要相互交换数据，这些数据就必须适用于不同的应用程序的结构化数据，这就带来了数据交换的困难。随着网络的更加普及，数据交换能力成为应用系统的一个重要指标。.NET 中提供了强大的功能来读写以及转换 XML 文档，System.Xml 命名空间也包含可以使用 ADO.NET 关系数据的类。

8.5.1　将 ADO.NET 数据转换为 XML 文档

下面这个实例先把数据库中的数据读取到 DataSet 中，然后绑定到 DataGridView 中，最后把这些数据转换成一个 XML 文档。

【工作任务】

【实例 8-9】读取 ADO.NET 数据并转换为 XML 文档。

【解题思路】

这里使用第 1 章用到的 Books 数据库作为数据源，实例中先建立数据库连接读取 BooksInfo 表中的数据，再使用 WriteXml()方法生成 XML 文档。

【实现步骤】

(1) 新建工程项目。打开 Visual Studio，选择【文件】→【新建】→【项目】命令，在打开的新建项目窗口中选择 Visual C#命令，再选择【Windows 窗体应用程序】命令，新建工程

项目的名称为"读取数据并转换为 XML 文档"。

(2) 设计后的窗体初始界面如图 8.18 所示。

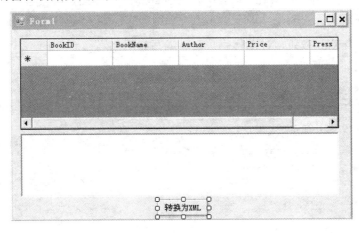

图 8.18 读取 ADO.NET 数据转换为 XML 文档窗体初始界面图

(3) 在 Form1.cs[设计]中添加表 8-13 所示的控件并设置其属性。

表 8-13 【实例 8-9】控件属性设置

控 件 名	属 性	值
dataGridView1	Name	Grv_Data
richTextBox1	Name	rich_Xmlcontent
button1	Name	btn_ToXml
	Text	转换为 XML
saveFileDialog1	Filter	XML 文件(*.xml)|*.xml

(4) 添加模块级声明：

```
        private DataSet ds = new DataSet();
         private XmlDocument doc = new XmlDocument();
        //创建XmlDocument对象
```

(5) 双击窗体，编写窗体的 Load 事件：

```
        private void Form1_Load(object sender, EventArgs e)
          {
            SqlConnection conn = new SqlConnection();
            conn.ConnectionString = "Data Source=.;Initial Catalog=Book;Integrated Security=True";
            try
            {
                conn.Open();
                ds = new DataSet("XMLProducts");
                SqlDataAdapter da = new SqlDataAdapter("Select*Form Tb_BooksInfo", conn);
                da.Fill(ds, "Tb_BooksInfo");
                conn.Close();
                Grv_Data.DataSource = ds;
```

```
              Grv_Data.DataMember = "Tb_BooksInfo";
            }
            catch (Exception x) { MessageBox.Show(x.Message); }
        }
```

(6) 双击 btn_ToXml 按钮，进入代码页面，编写如下代码：

```
    private void btn_ToXml_Click(object sender, EventArgs e)
        {
            if (saveFileDialog1.ShowDialog() != DialogResult.Abort)
            {
                ds.WriteXml(saveFileDialog1.FileName);
                doc.PreserveWhitespace = true;
                doc.Load(saveFileDialog1.FileName);
                rich_Xmlcontent.Text = doc.OuterXml;
            }
        }
```

运行结果如图 8.19 所示。

图 8.19 读取 ADO.NET 数据并转换为 XML 文档运行效果图

【代码分析】

ds.WriteXml(saveFileDialog1.FileName); 这句代码的意思是 DataSet 向 XML 写入数据，用指定的文件名保存 XML 文档。

工程师提示

这个例子中，首先建立数据库连接，然后将 SqlDataAdapter 读取到的内容填充到 DataSet 中，最后使用它的 WriteXml()方法写入到 XML。

8.5.2 将 XML 文档转换为 ADO.NET 数据

由于 XML 文档和 ADO.NET 的密切集成，使得它们之间的转换变得简单，下面实现实际中将 XML 文档转换为 ADO.NET 数据的例子。

第 8 章 XML

【工作任务】

【实例 8-10】将 XML 文档转换为 ADO.NET 数据。

【解题思路】

这里使用实例 8-8 中生成的 XML 文档作为要转换的 XML 文档，将其放入程序启动目录 Debug 下。所需控件及其属性设置见表 8-14。

【实现步骤】

(1) 新建工程项目。打开 Visual Studio，选择【文件】→【新建】→【项目】命令，在打开的新建项目窗口中选择 Visual C#命令，再选择【Windows 窗体应用程序】命令，新建工程项目的名称为"XML 文档转换为数据"。

(2) 设计后的窗体初始界面如图 8.20 所示。

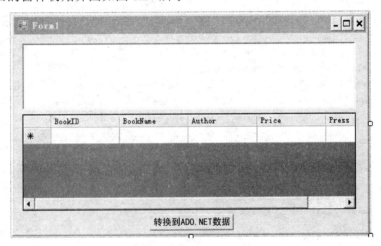

图 8.20　窗体初始界面图

(3) 在 Form1.cs[设计]中添加表 8-14 所示的控件并设置其属性。

表 8-14　【实例 8-10】控件及其属性设置

控 件 名	属 性	值
dataGridView1	Name	Grv_Data
richTextBox1	Name	rich_Xmlcontent
button1	Name	btn_ToADO
	Text	转换到 ADO.NET 数据

(4) 双击窗体，编写窗体加载事件，代码如下：

```
private void Form1_Load(object sender, EventArgs e)
{
    XmlDocument doc = new XmlDocument();
    doc.PreserveWhitespace = true;         //保留元素空白
    doc.Load(Application.StartupPath + @"\实例 8-10.xml"); //载入 XML 文档
    rich_Xmlcontent.Text = doc.OuterXml;//显示 XML 内容至 richTextBox
}
```

(5) 双击 btn_ToADO 按钮，编写如下代码：

```csharp
private void btn_ToADO_Click(object sender, EventArgs e)
{
    string filename = Application.StartupPath+@"\实例 8-10.xml";
    DataTable dt = new DataTable();//创建 DataTable
    //为 DataTable 添加集合
    dt.Columns.Add("BookID",typeof(String));
    dt.Columns.Add("BookName", typeof(String));
    dt.Columns.Add("Author", typeof(String));
    dt.Columns.Add("Price", typeof(String));
    dt.Columns.Add("Press", typeof(String));
    XmlDocument doc = new XmlDocument();
    doc.Load(filename);//读取 XML 文件
    XmlTextReader reader = new XmlTextReader(filename);
    XmlNodeList list = doc.SelectNodes("//Tb_BooksInfo");//指定节点
    foreach (XmlNode node in list)
    {
        DataRow row = dt.NewRow();
        row["BookID"] = node.ChildNodes[0].ChildNodes[0].InnerText;
        row["BookName"] = node.ChildNodes[1].ChildNodes[0].InnerText;
        row["Author"] = node.ChildNodes[2].ChildNodes[0].InnerText;
        row["Price"] = node.ChildNodes[3].ChildNodes[0].InnerText;
        row["Press"] = node.ChildNodes[4].ChildNodes[0].InnerText;
        dt.Rows.Add(row);
    }
    Grv_Data.DataSource = dt;
}
```

运行效果如图 8.21 所示。

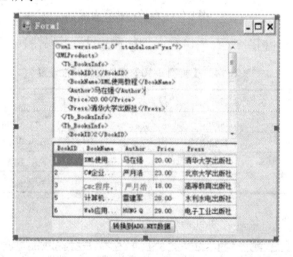

图 8.21 将 XML 文档转换为 ADO.NET 数据

代码分析

XmlNodeList list = doc.SelectNodes("//Tb_BooksInfo");意思是返回匹配 "//Tb_BooksInfo" 这个表达式的节点列表。这里返回的是根元素的节点列表。

工程师提示

在.NET 窗体应用程序中，程序的启动目录位于解决方案目录下的 bin\Debug 中。在程序中可以使用本例中的方法来利用它。

本 章 小 结

本章系统介绍了在.NET Framework 中应用 XML，首先 8.1 节介绍 XML 的基本知识，8.2 节介绍在 C#中如何通过流格式来读取 XML 文档，主要需要掌握 XmlTextReader、XmlValidatingReader、XmlTextWriter 几个基本类的使用，它们还有很多的方法都需要去学习。然后 8.3 节介绍了在.NET 中使用 DOM 也是为了更方便地操作 XML。XPath 和 XSLT 实现了在 XML 中进行导航和格式转换。XML 数据和 ADO.NET 数据的相互转换使得 XML 数据的应用更加广泛。

课 后 练 习

一、选择题

1．XML 是一种(　　)语言，和 HTML 语言很类似。
　　A．扩展　　　　　　B．标记　　　　　　C．高级　　　　　　D．机器
2．HTML 的主要目的是显示数据，XML 的主要目的是(　　)。
　　A．存储数据　　　　B．显示数据　　　　C．传输数据　　　　D．统计数据
3．XML 的基本结构是(　　)。
　　A．队列　　　　　　B．树形　　　　　　C．线性表　　　　　D．以上都不正确
4．如果要以快速、单向、无缓冲的方式存取 XML 数据，则需要用到下面哪个类?(　　)
　　A．XmlTextReader　　B．XmlTextWriter　　C．XmlReader　　　D．XmlWriter
5．使用 XmlTextWriter 对象完成 XML 的写入后，需要调用(　　)方法关闭流以保存数据。
　　A．Flush()　　　　　　　　　　　　　　B．WriteCData()
　　C．WriteEndDocument()　　　　　　　　D．Close()

二、填空题

1．XML 的中文名称是_____。
2．在 C#中要使用 XML 的类需要引用命名空间_____，要使用 XPath 需要引用命名空间_____，要使用 XSLT 需要引用命名空间_____。
3．能够对 XML 文档提供验证的文档结构的名称是_____。
4．将 DataSet 的内容写入到 XML 文档的方法是_____，它的参数代表_____。

第 9 章 Ajax Web 应用程序

内容提示

Ajax，是一种在无须重新加载整个网页的情况下，能够更新部分网页的技术。与传统的 Web 应用程序相比，Ajax 可以创建更好、更快以及更友好的 Web 应用程序。

教学要求

(1) 掌握 Ajax Web 应用程序与传统的 Web 应用程序的区别。
(2) 掌握 Ajax Web 应用程序的处理过程。
(3) 掌握 Ajax Web 的数据格式 XML 和 JSON。
(4) 理解 Get 与 Post 请求的区别。

内容框架图

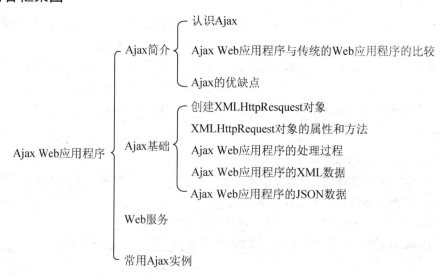

9.1 Ajax 简介

9.1.1 认识 Ajax

Ajax 的全称是 Asynchronous JavaScript and XML，即异步 JavaScript 和 XML。它不是指一种单一的技术，而是用来描述一组技术，它可以使浏览器为用户提供更为自然高速的浏览体验。其特点体现在为 Web 开发者提供异步的数据传输和交换方式，可以在不刷新页面的情况下与服务器进行数据交换。使用 Ajax，用户可以创建接近本地桌面应用的直接、高可用、更丰富、更动态的 Web 用户界面。

9.1.2 Ajax Web 应用程序与传统的 Web 应用程序的比较

传统的 Web 应用程序结构采用同步交互式过程，在这种情况下，用户首先向 HTTP 服务器发出一个行为或请求的对话。反之，当服务器执行完某些任务时，再向发出请求的用户返回一个 HTML 页面。这种结构形式是不连贯的用户体验，服务器在处理请求时，用户在大多数时间处于等待服务器返回结果状态，客户端浏览器没有内容显示，浪费用户大量时间。传统的 Web 应用程序模式结构如图 9.1 所示。

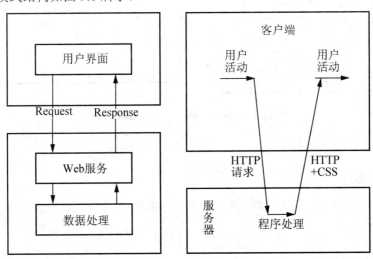

图 9.1 传统的 Web 应用程序模式结构

自从采用超文本作为 Web 数据传输格式和呈现手段之后，网站开发人员一直采用这种传统方式。当服务器负荷比较小的时候，这种体验并不会有不妥的地方，但是当负荷比较大时，服务器响应时间就会变长，长时间的等待将导致用户无法忍受。在严重的情况下，响应超时，服务器就会直接返回页面不可使用的提示消息。另外，某些时候，用户只是想改变页面的局部数据，但传统的 Web 应用程序也必须重新加载整个页面。传统的 Web 应用程序是让用户等待以加载整个页面而不断刷新，用户体验度很糟糕。现在最直接减少用户等待时间的技术就是现在流行的 Ajax。

与传统的 Web 应用程序不同，Ajax 采用异步的交互过程。Ajax 在用户与服务器之间引入一个中间媒介，称为"Ajax 引擎"，尽量消除传统的 Web 应用程序("请求→等待→响应")的弊端。用户在浏览器执行任务请求时，系统自动加载 Ajax 引擎。Ajax 引擎是一个浏览器新加入的 JavaScript 对象，通常放在一个隐藏的框架中，它负责编译用户界面及与服务器进行交互。Ajax 引擎允许用户与应用软件之间的交互过程异步进行，独立于用户与网络服务。可以用 JavaScript 调用 Ajax 引擎来代替产生一个 HTTP 请求，内存中的数据编辑、页面导航、数据校验等不需要重新加载整个页面的服务可以直接交给 Ajax 引擎来执行，这样使服务器响应用户任务更加及时。使用 Ajax 引擎发出一次请求，用户不会感到页面在重新刷新一次。Ajax Web 的应用模式结构如图 9.2 所示。

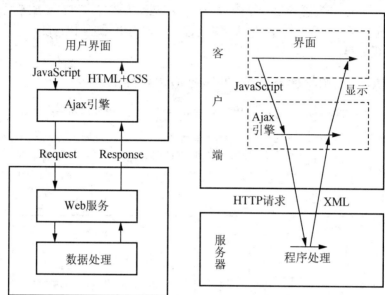

图 9.2　Ajax Web 的应用模式结构

工程师提示

比较图 9.1 与图 9.2 有什么不同，找出相同点与不同点，仔细分析使用 Ajax Web 应用程序带来了什么好处。

9.1.3　Ajax 的优缺点

1．Ajax 的优点

使用 Ajax 创建 Web 站点，可以为网络服务器、网站开发人员、客户端用户带来诸多方便，主要包括以下几个方面。

（1）减轻服务器的负担，提升站点的性能。

（2）无需刷新更新页面，减少用户实际和心理等待时间。

（3）更好的用户体验。

（4）也可以把以前的一些服务器负担的工作转移到客户端，利用客户端闲置的处理能力来进行处理，减轻服务器和宽带的负担，节约空间和宽带租用成本。

（5）Ajax 是基于标准化并被广泛支持的技术，不需要插件和下载小程序。

(6) Ajax 使用 Web 中的界面与应用分离(也可以说是数据和呈现分离)，而在以前两者是没有清晰的界限的，数据与呈现分离有利于分工合作，减少非技术人员对页面的修改造成的 Web 应用程序错误，提高效率，也更加适用于现在的发布系统。

2. Ajax 的缺点

Ajax 虽然有很多优点，同时它也有很多缺陷，在使用中应该注意到以下的问题。

(1) 一些手持设备(如手机、PDA 等)现在还不能很好地支持 Ajax。

(2) Ajax 更新页面内容的时候并没有刷新整个页面，也就是说，网页的后退功能是失效的(后退是记录上一次页面全部加载的信息)。有的用户经常搞不清楚现在的数据是原来的还是更新过的。

(3) 对流媒体的支持没有 Flash、JavaApplet 好。

(4) 中间过程不能被 bookmark(书签化)。解决方法：GoogleMaps 通过在页面上提供一个"link to this page"的办法来解决。另外，还可以通过在 URL 链接中加无效的"？^"标记来解决，但该方法还未被验证。

9.2 Ajax 基础

9.2.1 创建 XMLHttpRequest 对象

1. XMLHttpRequest 对象概述

XMLHttpRequest 类首先由 Internet Explorer 以 ActiveX 对象引入，被称为 XMLHTTP。不同的浏览器使用的异步调用对象也有所不同，在 IE 浏览器中异步调用使用的是 XMLHTTP 组件中的 XMLHttpRequest 对象，而在 Netscape、Firefox 浏览器中则直接使用 XMLHttpRequest 组件。因此，在不同浏览器中创建 XMLHttpRequest 对象的方式有所不同。

2. 创建 XMLHttpRequest 对象

在 IE 浏览器中创建 XMLHttpRequest 对象的方式如下。

```
var xmlHttpRequest = new ActiveXObject("Microsoft.XMLHTTP");
```

在 Netscape 浏览器中创建 XMLHttpRequest 对象的方式如下。

```
var xmlHttpRequest = new XMLHttpRequest();
```

注意：由于无法确定用户使用的是什么浏览器，所以在创建 XMLHttpRequest 对象时，最好将以上两种方法都加上，代码如下：

```
var xmlHttpRequest;   //定义一个变量,用于存放 XMLHttpRequest 对象
function createXMLHttpRequest()    //创建 XMLHttpRequest 对象的方法
{
    if (window.ActiveXObject)    //判断是否是 IE 浏览器
    {  xmlHttpRequest = new ActiveXObject("Microsoft.XMLHTTP");   //创建 IE 浏览器中的 XMLHttpRequest 对象
    }
    else if (window.XMLHttpRequest)     //判断是否是 Netscape 等其他支持 XMLHttpRequest 组件的浏览器
```

```
            {   xmlHttpRequest = new XMLHttpRequest();   //创建其他浏览器上的
XMLHttpRequest对象
            }
        }
```

工程师提示

"if(window.ActiveXObject)"用来判断是否使用 IE 浏览器。其中 ActiveXObject 并不是 Windows 对象的标准属性，而是 IE 浏览器中专有的属性，可以用于判断浏览器是否支持 ActiveX 控件。通常只有 IE 浏览器或以 IE 浏览器为核心的浏览器才能支持 ActiveX 控件。

"else if(window.XMLHttpRequest)"是为了防止一些浏览器不支持 ActiveX 控件(非 IE 浏览器)，也不支持 XMLHttpRequest 组件而进行的判断。其中 XMLHttpRequest 也不是 Windows 对象的标准属性，但可以用来判断浏览器是否支持 XMLHttpRequest 组件。

如果浏览器既不支持 ActiveX 控件，也不支持 XMLHttpRequest 组件，那么就不会对 XMLHttpRequest 变量赋值。

9.2.2 XMLHttpRequest 对象的属性和方法

XMLHttpRequest 对象在 Ajax 应用中承担了很多重要的工作。表 9-1 列举了 XMLHttpRequest 对象的属性和方法。

表 9-1 XMLHttpRequest 对象的属性和方法

属性或方法名称	说明
abort()	暂停当前向服务器的请求
getAllResponseHeaders()	将当前 HTTP 请求的所有响应首部作为键值对返回
getResponseHeader()	根据响应首部的键得到响应首部的值
open()	创建一个 HTTP 请求，并指定请求方法、URL 等参数值
send()	向指定服务器发出 HTTP 请求
setRequestHeader()	设定指定请求首部设置为所提供的值，在设置任何首部之前必须首先调用 open()方法

下面详细讲解以上方法。

void abort()：暂停当前对服务器的请求。

void open(String method，String url，boolean isAsynchronism，[String username]，[String password])：open()方法建立对服务器调用。method、url、isAsynchronism 是必选参数，username、password 是可选参数。method 是指示 XMLHttpRequest 对象以何种方式进行服务器请求，请求方式有 3 种，分别是 POST、GET、PUT。url 即 XMLHttpRequest 对象请求的服务器地址。isAsynchronism 指示 XMLHttpRequest 对象是否是异步服务器请求，isAsynchronism 默认值为 true 即异步请求服务器。异步调用是 Ajax 应用最大的优势，将 isAsynchronism 设为 false 与 Ajax 应用的初衷不符。一旦设定 isAsynchronism 为 false，XMLHttpRequest 对象就会停止对服务器的请求，直到服务器返回响应。Username、password 即指定一个用户执行服务器请求。

void send(String content)：发送对服务器的请求。如果 open()方法设定 isAsynchronism 为

true，send()方法会立即返回。如果 open()方法设定 isAsynchronism 为 false，send()方法会等待直到服务器返回响应。Content 可以是流、字符串等，content 会作为请求体的一部分发送到服务器。

void setRequestHeader(String header，String value)：设定指定请求首部的值。header 即设定首部的键，value 即首部的值。在调用 setRequestHeader()之前必须首先调用 open()方法。

在 Ajax 应用中，XMLHttpRequest 对象还提供了很多其他的重要属性，用以查看请求 XMLHttpRequest 与服务器通信状况。表 9-2 是 XMLHttpRequest 对象的重要属性。

表 9-2　XMLHttpRequest 对象的重要属性

onreadystatechange	该属性是一个注册为事件的委托即函数指针，readyState 属性变化，会调用一个 JavaScript 函数
readyState	返回当前请求状态
responseText	服务器响应返回的字符串
responseXML	服务器响应返回的 XmlDocument 对象
status	服务器的 HTTP 状态码
statusText	HTTP 状态码对应的文本

下面详细讲解以上属性。

onreadystatechange：该属性是一个注册为事件的委托即函数指针。通过一个无参数、无返回值的 JavaScript 函数实例化该属性，当服务器通信状态改变就会触发该属性，该属性会自动执行实例化它自身的 JavaScript 函数。

readyState：返回一个正整数即 XMLHttpRequest 对象请求服务器的状态码。该属性只有 5 个值：0=初始化，1=正在加载，2=已加载，3=与服务器数据交互中，4=数据交互完成。

responseText：服务器响应返回的字符串。

responseXML：服务器响应返回的 XmlDocument 对象。

status：服务器的 HTTP 状态码，如 200 表示服务器地址正确、请求正确，404 表示请求的页面未找到，500 表示服务器错误。

statusText：服务器 HTTP 状态码对应的文本。如 200 对应 OK，404 对应 Page Not Found，500 对应 Server Error 等 Http 报文。

9.2.3　Ajax Web 应用程序的处理过程

(1) 初始化 XMLHttpRequest 对象。在使用 XMLHttpRequest 对象发出请求之前，必须首先创建一个 XMLHttpRequest 对象的实例，或者是含有 XMLHttpRequest 对象的变量。上面提到由于各个浏览器 XMLHttpRequest 创建对象方式不同，IE 浏览器以 ActiveX 空间形式提供，在一般情况下，创建 XMLHttpRequest 对象实例的代码如下：

```
if (window.ActiveXObject)    //判断是否是 IE 浏览器
    {
        xmlHttpRequest = new ActiveXObject("Microsoft.XMLHTTP");
    }
    else if (window.XMLHttpRequest)     //判断非 IE 浏览器           {
        xmlHttpRequest = new XMLHttpRequest(); //创建 XMLHttpRequest
对象
```

}

(2) 指定响应处理程序和处理服务器响应。要指定服务器返回信息时客户端的处理方式，方法是将 XMLHttpRequest 对象的 onreadystatechange 属性设置为处理指定服务器响应的回调函数(响应处理函数)，监听 readyState 属性改变的状态，获取需要的值。

```
xmlHttpRequest.onreadystatechange = function ()   //指定响应处理
{
        if (xmlHttpRequest.readyState == 4) //信息已经返回,可以开始处理
         {
           if (xmlHttpRequest.status == 200) //页面正常,可以开始处理
            {
               alert(xmlHttpRequest.responseText);//弹出制定返回的数据
             }
          }
        else    //信息还没有返回,等待中
          {
          }
 }
```

 工程师提示

onreadystatechange 属性处理指定响应。它是一个回调函数，在这个回调函数里面写指定响应后页面发生的变化。

(3) 发出 HTTP 请求。

把指定响应处理的事情做完后，就可以向服务器发出 HTTP 请求，使用工程师提示的 open()和 send()方法，代码如下。

```
xmlHttpRequest.open("GET", "../Tools/ashx.ashx", true);
xmlHttpRequest.send(null);
```

open()方法里面可以写 5 个参数，一般情况下写前 3 个。

第一个参数是 HTTP 请求的使用方法，取值为 GET、POST、PUT.。

第二个参数是目标的 URL。基于安全方面的考虑，这个 URL 只能是同局域网的，否则会提示"没有权限"的错误。这个 URL 可以是任何的 URL，包括需要服务器解释执行的页面，不仅仅是静态页面。URL 处理 XMLHttpRequest 请求则跟处理 HTTP 请求一样。

第三个参数是指发出 HTTP 请求是否异步，默认为 True。

9.2.4 Ajax Web 应用程序的 XML 数据

XML 即可扩展标记语言(Extensible Markup Language)。标记是指计算机所能理解的信息符号，通过此种标记，计算机之间可以处理包含各种信息的文章等。在 Web 开发中，对开发人员最大的挑战一直是互联网上服务器与浏览器之间的数据交互。XML 既是一种标记语言，也是一种非常有用的数据格式。开发人员通过将数据转化为 XML，可以实现服务器与浏览器之间的数据交互，因为 XML 存储为纯文本格式，也可以把某个应用程序扩展或者更新为新的服务器、应用程序以及浏览器。

第 9 章 Ajax Web 应用程序

【工作任务】
【实例 9-1】Ajax Web 应用程序 XML 数据。
【解题思路】
Ajax 向服务器发出请求，服务器返回一个 XML 文档，客户端使用 JavaScript 读取 XML 文档，在目录下新建一个 Select 类。Ajax 请求的关系如图 9.3 所示。

图 9.3 Ajax 请求关系图

【实现步骤】
(1) 打开 Visual Studio 2008，选择【文件】→【新建】→【项目】命令，在打开的新建项目窗口中选择【ASP.NET Web 应用程序】命令。在解决方案资源管理器中新建一个 Ajax 文件夹和一个 Tools 文件夹。在 Ajax 文件夹下面添加一个 Web 窗体命名为"Ajax_XML.aspx"，在 Tools 文件夹下面添加一个一般处理程序，命名为"xml.ashx"。添加完之后的效果如图 9.4 所示。

图 9.4 添加完窗体和一般处理程序后的效果图

(2) 在 Ajax_XML.aspx 页面写下 JavaScript 代码如下：

```
<script type ="text/JavaScript" >
    var XHR = null;
    function Xml()
    {
        if (window.ActiveXObject)  //判断浏览器是否为 IE 内核
        {
            XHR = new ActiveXObject("Microsoft.XMLHTTP");
        }
        else if (window.XMLHttpRequest)
        {
            XHR = new XMLHttpRequest();
        }
```

```
                    if (XHR != null)
                    {
                        XHR.open("POST", "../Tools/xml.ashx", true);//发出请求
//第一个参数是POST,第二个参数是路径(根目录相对路径),第三个参数是true,异步
                        XHR.onreadystatechange = function ()
                        {
                            if (XHR.readyState == 4)
                            {
                                if (XHR.status == 200)
                                {
                                    var xmlobj = XHR.responseXML;
                                    var items, title, content;
                                    items = xmlobj.getElementsByTagName("class");
                                    title = items[0].getElementsByTagName("title")
[0].childNodes[0].nodeValue;
                                    content = items[0].getElementsByTagName("content")
[0].firstChild.data;
                                    document.getElementById("title").innerHTML = title;
                                    document.getElementById("content").innerHTML =
content;
                                }
                                else
                                {
                                    alert("出现问题了!");
                                }
                            }
                        }
                        XHR.send(null);
                    }
                }
    </script>
```

(3) 在 Ajax_XML.aspx 页面写下 html 代码如下：

```
<input type="button" value="XML" id="div1" onclick="Xml()" />
<a id="title"></a><br />
<a id="content"></a>
```

(4) 在 xml.ashx 一般处理程序里添加代码如下：

```
        public void ProcessRequest(HttpContext context)
        {
            StringBuilder sb = new StringBuilder();
            sb.Append("<?xml version=\"1.0\" encoding=\"utf-8\"?>");
            sb.Append("<channel>");
            sb.Append("<class>");
            sb.Append("<title>Ajax Web 服务</title>");
            sb.Append("<content>使用 XMLHTTPRequest 对象实现异步请求</content>");
            sb.Append("</class>");
```

```
            sb.Append("</channel>");
            context.Response.ContentType = "text/xml";
            context.Response.Write(sb.ToString());
    }
```

效果如图 9.5 和图 9.6 所示。

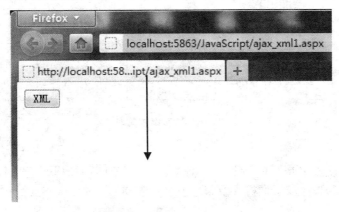

图 9.5 程序初始界面运行图

图 9.6 单击 XML 按钮后运行效果图

工程师提示

使用 StringBuilder 类时，应先添加 using System.Text;的引用，如果不能出现预期效果，请更换 Firefox 浏览器再试。

9.2.5 Ajax Web 应用程序的 JSON 数据

JSON(JavaScript Object Notation)是一种轻型格式，用来展示对象与它们的状态。在 Ajax 应用程序中，JSON 和 XML 都可以作为数据传输格式。选择数据传输格式的关键是看要传输的数据类型。XML 的结构要比 JSON 复杂得多。在 ASP.NET 3.5 Ajax 中，JSON 被用来当作客户端与服务器端的数据交换格式，而不使用 Web 应用程序最常用的 XML。JSON 也是除 XML 之外的另一种选择，重点是它比 XML 更容易解析。客户端 JSON 序列化组件会将 JavaScript 对象序列化为 JSON 格式，至于反序列化则可以使用 JavaScript 的 eval 函数来完成。

虽然 JSON 是默认的序列化格式，Web 应用程序与 ASP.NET 页面中的方法还是可以将数据以不同的格式返回,例如,用户可以将数据以 XML 格式返回。用户也可以使用属性来指定一个方法序列化格式。

【工作任务】

【实例 9-2】Ajax Web 应用程序使用 JSON 数据。

【解题思路】

Ajax 向服务器发出请求,服务器返回一个 JSON 字符串。Ajax 请求的关系如图 9.7 所示。

图 9.7　Ajax 请求关系

【实现步骤】

(1) 在 Ajax 的文件夹下面创建一个 json.aspx 的页面,在 Tools 文件夹下面创建一个 json.ashx 的一般处理程序。页面控件及属性设置见表 9-3。

表 9-3　页面控件及属性值

控件名	属性名	属性值
input	type	button
	value	json

(2) 在 json.aspx 页面写下 JavaScript 代码如下:

```javascript
<script type="text/JavaScript">
    var XHR = null;
    function Xml() {
        XHR = window.XMLHttpRequest ? new XMLHttpRequest : new ActiveXObject("Microsoft.XMLHTTP");
        if (XHR != null) {
            XHR.open("GET", "../Tools/json.ashx", true);
            XHR.onreadystatechange = function () {
                if (XHR.readyState == 4) {
                    if (XHR.status == 200) {
                        var person = eval("(" + XHR.responseText + ")");
                        document.write(person[0].Name);
                    }
                }
            }
            XHR.send(null);
        }
    }
</script>
```

(3) 在 json.aspx 页面下添加 html 代码如下:

```html
<input type="button" value="json" onclick="Xml()" />
```

(4) Ajax 发出请求处理代码如下:

```
public void ProcessRequest(HttpContext context)
```

```csharp
            {
                JavaScriptSerializer jss = new JavaScriptSerializer();
                Person[] ps = new Person[] { new Person() { Name = "Washington", Age = 11 }, new Person() { Name = "Brush", Age = 30 } };
                string json = jss.Serialize(ps);   //序列化ps,ps是一个字符串数组
                context.Response.Write(json);      //向客户端输出json
                context.Response.ContentType = "text/html";//输出的格式
            }
            //新建一个类
            public class Person
            {
                public string Name { set; get; }
                public int Age { set; get; }
            }
```

效果如图 9.8 所示。

图 9.8　Ajax Web 应用程序使用 JSON 数据运行后效果图

工程师提示

使用 JavaScriptSerializer 类，应先添加 using System.Web.Script.Serialization;的引用。

9.3　Web 服务

GET 与 POST 请求比较如下。

(1) GET 是从服务器上获取数据，POST 是向服务器传送数据。

(2) GET 是把参数数据队列加到提交表单的 ACTION 属性所指的 URL 中，值和表单内各个字段一一对应，在 URL 中可以看到。POST 是通过 HTTP POST 机制，将表单内各个字段与其内容放置在 HTML HEADER 内一起传送到 ACTION 属性所指的 URL 地址，用户看不到这个过程。

(3) GET 方式需要使用 Request.QueryString()来取得变量的值；而 POST 方式通过 Request.Form()来访问提交的内容。

(4) GET 方式传输的数据量非常小，一般限制在 2 KB 左右，但是执行效率却比 POST 方法好；而 POST 方式传递的数据量相对较大，它是等待服务器来读取数据，不过也有字节限制，这是为了避免用大量数据对服务器进行恶意攻击，根据微软方面的说法，微软对用 Request.Form()可接收的最大数据有限制，IIS 4 中为 80 KB，IIS 5 中为 100 KB。

(5) GET 安全性非常低，POST 安全性较高。

(6) GET 方式提交数据，会带来安全问题，比如一个登录页面，通过 GET 方式提交数据时，用户名和密码将出现在 URL 上，如果页面可以被缓存或者其他人可以访问客户这台机器，就可以从历史记录获得该用户的账号和密码，所以表单提交建议使用 POST 方法。POST 方法提交的表单页面常见的问题是，该页面刷新的时候会弹出一个对话框。

(7) GET 方式提交表单的参数没有任何意义。例如<form method="GET" action="a.asp?b=b">跟<form method="GET" action="a.asp">是一样的，也就是说，action 页面后边带的参数列表会被忽视；而<form method="POST" action="a.asp?b=b">跟<form method="POST" action= "a.asp">是不一样的。

工程师提示

(1) 出于安全性考虑，建议最好使用 POST 提交数据。

(2) 在使用 Ajax 请求时，更改页面的数据(保存、重新生成方案)，浏览后发现页面没有任何反应。这时应该清除浏览器缓存、历史记录，重新加载。

9.4 常用 Ajax 实例

比较 Ajax 验证与传统的 Web 服务验证。

【工作任务】

【实例 9-3】Ajax 验证用户名是否存在与使用服务器端单击事件比较。

【解题思路】

Ajax 请求如图 9.3(或者图 9.7)所示，服务器控件单击事件的处理模式如图 9.9 所示。

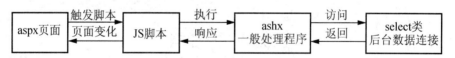

图 9.9 服务器控件单击事件的处理模式

传统的 Web 服务请求实现如图 9.10 所示。

图 9.10 传统的 Web 服务请求实现

【实现步骤】

(1) 选择【文件】→【新建】→【项目】命令，在打开的新建项目窗口中选择【ASP.NET Web 应用程序】命令。在解决方案资源管理器中新建一个 Ajax 文件夹和一个 Tools 文件夹。在 Ajax 文件夹下面添加一个 Web 窗体，命名为"Ajax_Compare.aspx"，在 Tools 文件夹下面添加一个一般处理程序，命名为"Compare.ashx"，如图 9.11 所示。

第 9 章 Ajax Web 应用程序

图 9.11 添加 Ajax_Compare.aspx 页面和一般处理程序后的效果图

(2) 在 Ajax_Compare.aspx 页面写下 JavaScript 代码如下：

```
<script type="text/JavaScript">
    var XHR = null;
    function ajax_compare() {
        var id = document.getElementById("ajax_input").value;//
XHR= window.XMLHttpRequest ? new XMLHttpRequest : new ActiveXObject("Microsoft.
XMLHTTP");
        if (XHR != null) {
            XHR.open("GET", "../Tools/compare.ashx?ID="+id+"", true);
            XHR.onreadystatechange = function() {
                if (XHR.readyState == 4) {
                    if (XHR.status == 200) {
                        //这里传过来的值不是XML,也不是JSON,这里需要自己处理,更具"+"号处理
                        var obj = XHR.responseText;
                        if (obj != "N") {
//显示div_ajax1标签
document.getElementById("div_ajax1").style.display = "block";
//隐藏div_ajax2标签
document.getElementById("div_ajax2").style.display = "none";
                            var object = obj.split("+");
document.getElementById("ajax_bookid").innerHTML = object[0];
document.getElementById("ajax_bookname").innerHTML = object[1];
document.getElementById("ajax_author").innerHTML = object[2];
document.getElementById("ajax_price").innerHTML = object[3];
document.getElementById("ajax_press").innerHTML = object[4];
                        }
                        else {
//隐藏div_ajax1标签
document.getElementById("div_ajax1").style.display = "none";
//显示div_ajax2标签
document.getElementById("div_ajax2").style.display = "block";
document.getElementById("div_ajax2").innerHTML = "您输入的书的编号没有记载!";
```

```
                    }
                }
            }
            XHR.send(null);
        }
    }
</script>
```

(3) 在 Ajax_Compare.aspx 页面写下 html 代码如下：

```
            <asp:Repeater ID="Repeater1" runat="server">
            <HeaderTemplate>
                <table border="1" cellpadding="0" cellspacing="0" >
                    <tr align="center">
                        <td>图书编号</td>
                        <td >图书名称</td>
                    </tr>
            </HeaderTemplate>
            <ItemTemplate>
                    <tr align="center">
                        <td><%#Eval("BookID") %></td>
                        <td><%#Eval("BookName") %></td>
                    </tr>
            </ItemTemplate>
            <FooterTemplate>
                </table>
            </FooterTemplate>
            </asp:Repeater>
            <br />
            <br />
            <div style="font-size:16px; font-weight:bold;">使用Ajax技术与传统的Web应用程序在查询的比较</div>
            <br />
            <div style="font-size:16px; font-weight:bold;">传统的Web应用程序在查询</div>
            <div>
                <label for="input1">请输入图书编号：</label><asp:TextBox ID="TextWeb"runat="server"></asp:TextBox><asp:Button
                    runat="server" ID="txt_Web" Text="查询" onclick="txt_Web_Click" />
                <div id="div_Web1" runat="server">
    <div>图书编号：<asp:Label ID="Lab_BookID" runat="server"></asp:Label></div>
                    <div>图书名称：<asp:Label ID="Lab_BookName" runat="server"></asp:Label></div>
                    <div>作者：<asp:Label ID="Lab_author" runat="server"></asp:Label></div>
                    <div>价格：<asp:Label ID="Lab_price" runat="server"></asp:Label></div>
                    <div>出版社:<asp:Label ID="Lab_press" runat="server"></asp:Label></div>
                </div>
                <div id="div_Web2" runat="server"></div>
    </div>
```

```html
            <br />
            <br />
            <div style="font-size:16px; font-weight:bold;">Ajax Web 应用程序在查
询</div>
            <div>
    <label for="input2">请输入图书编号:</label><input type="text" id="ajax_input"
/><input type="button" id="ajax_click" value="查询" onclick="ajax_compare()" />
            <div id="div_ajax1">
                <div>图书编号:<a id="ajax_bookid"></a></div>
                <div>图书名称:<a id="ajax_bookname"></a></div>
                <div>作者:<a id="ajax_author"></a></div>
                <div>价格:<a id="ajax_price"></a></div>
                <div>出版社:<a id="ajax_press"></a></div>
            </div>
            <div id="div_ajax2" ></div>
        </div>
```

(4) 双击服务器控件 txt_Web 按钮，编写代码如下：

添加引用：
```csharp
using System.web.UI.HtmlControls;

protected void txt_Web_Click(object sender, EventArgs e)
        {
            string bookid = TextWeb.Text.Trim();
            string strsql = "select * from Tb_BooksInfo where BookID='"+ bookid+"' ";
            DataTable dt = Select.Tbale(strsql);
            if (dt.Rows.Count > 0)
            {
            //前台的 div1 标签有 runat="server",在后台用 HtmlGenericControl 找到该标签
            HtmlGenericControl div1 = (HtmlGenericControl)FindControl("div_Web1");
            div1.Style.Add("display", "block");
            HtmlGenericControl div2 = (HtmlGenericControl)FindControl("div_Web2");
            div2.Style.Add("display", "none");
            Lab_BookID.Text = dt.Rows[0][0].ToString();
            Lab_BookName.Text = dt.Rows[0][1].ToString();
            Lab_author.Text = dt.Rows[0][2].ToString();
            Lab_price.Text = dt.Rows[0][3].ToString();
            Lab_press.Text = dt.Rows[0][4].ToString();
            }
            else
            {
            HtmlGenericControl div1 = (HtmlGenericControl)FindControl("div_Web1");
            div1.Style.Add("display", "none");
            HtmlGenericControl div2 = (HtmlGenericControl)FindControl("div_Web2");
            div2.Style.Add("display", "block");
```

```
            div2.InnerText = "您输入的书的编号没有记载！";
        }
```

(5) 在 Ajax_Compare.aspx 加载事件中写下如下代码：

```
    protected void Page_Load(object sender, EventArgs e)
    {
        if (!IsPostBack)
        {
    Repeater1.DataSource = Select.Tbale("select top(4) * from Tb_Books-
Info");
        Repeater1.DataBind();//绑定数据
        }
    }
```

(6) Ajax 发出请求处理代码(compare.ashx 代码)如下：

```
    添加引用：using System.Data;
        Using System.Text;
    public void ProcessRequest(HttpContext context)
    {
        string id=context.Request.QueryString["ID"];
        string strsql = "select * from Tb_BooksInfo where BookID='" + id
+ "' ";
        DataTable dt = Select.Tbale(strsql);
        if (dt.Rows.Count > 0)
        {
            StringBuilder sb = new StringBuilder();
            for (int i = 0; i < dt.Columns.Count; i++)
            {
                sb.Append(dt.Rows[0][i].ToString());
                sb.Append("+");
            }
            context.Response.Write(sb.ToString());
        }
        else
        {
            string res = "N";
            context.Response.Write(res);
        }
        context.Response.ContentType = "text/html";
    }
```

(7) 在 Select 类中写下如下代码：

```
    public class Select
    {
        public static SqlConnection getconn()
        {
            string con = "Data Source=.;Initial Catalog=books;Integrated
Security=True";
            SqlConnection conn = new SqlConnection(con);
```

```
        return conn;
    }
    public static DataTable Tbale(string str)
    {
        DataTable dt = new DataTable();
        SqlConnection conn = getconn();
        conn.Open();
        try
        {
            SqlDataAdapter da = new SqlDataAdapter(str, conn);
            da.Fill(dt);
            return dt;
        }
        catch (Exception e)
        {
            return null;
        }
        finally
        {
            conn.Close();
        }
    }
```

发布后的效果如图 9.12 所示。

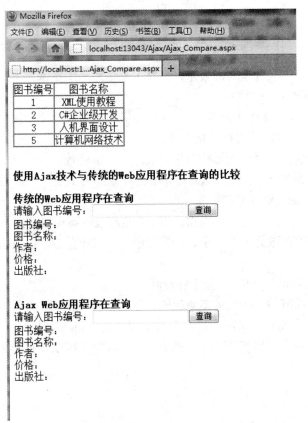

图 9.12 Ajax 验证与传统 Web 服务验证运行效果图

工程师提示

完成以上步骤，再单击两个"查询"按钮，请注意观察浏览器左上角和左下角发生的变化。思考把传统的"Web 应用程序在查询"部分的 html 代码与"Ajax Web 应用程序在查询"的 html 代码相交换，在使用"Web 应用程序在查询"时，页面有什么直接的变化。

本 章 小 结

本章系统介绍 Ajax 在 Web 应用程序的使用。首先让读者了解 Ajax 的发展、Ajax 的历史。在这里面介绍 Ajax 为什么有这么多的人着迷，Ajax 的出现使传统的 Web 应用程序发生了一次历史性的变革。接着介绍 Ajax 的优缺点，让使用 Ajax 的开发人员了解到 Ajax 带来什么好处，同时知道怎么来避免和注意它的弊端。然后本章的重点就在 9.2 节，里面阐述了 Ajax 怎么在 Web 中使用：如何创建 XMLHttpRequest 对象，XMLHttpRequest 对象下面有哪些属性和方法，以及最重要的 Ajax 在 Web 应用程序的处理过程和 Ajax 数据传递。本章在最后重点介绍 GET 与 POST 请求机制的区别。

课 后 练 习

一、判断题

1．Ajax Web 不是指一种单一的技术，而是用来描述一组技术，可以使浏览器为用户提供更为自然高速的浏览体验。（　　）

2．Ajax Web 的特点体现在为 Web 开发者提供异步的数据传输和交换方式，可以在不刷新页面的情况下与服务器直接进行数据交换。（　　）

3．Ajax 的优点包括减轻服务器的负担，提升站点的性能。（　　）

4．在 IE 浏览器中创建 XMLHttpRequest 对象的方式是：var xmlHttpRequest = new ActiveXObject("Microsoft.XMLHTTP");。（　　）

5．GET 是从服务器上传送获取数据，POST 是向服务器获取数据。（　　）

6．GET 方式传输的数据量非常小，一般限制在 2 KB 左右，但是执行效率却比 POST 方法好。（　　）

7．GET 安全性非常低，POST 安全性较高。（　　）

8．Ajax 可以把以前的一些服务器负担的工作转移到客户端，利用客户端闲置的处理能力来进行处理，减轻服务器和宽带的负担，节约空间和宽带租用成本。（　　）

9．XML 存储为纯文本格式，也可以把某个应用程序扩展或者更新为新的服务器、应用程序以及浏览器。（　　）

二、填空题

1．使用 Ajax，用户可以创建接近本地桌面应用的直接、_____、更丰富、_____Web 用户界面。

2. 与传统的 Web 应用程序不同，Ajax 采用_____的交互过程，Ajax 引擎用_____语言编写，通常放在一个隐藏的框架中，它负责编译_____及与服务器进行交互。

3．在 Netscape 浏览器中创建 XMLHttpRequest 对象的方式是：_____= new XMLHttpRequest();。

4．XMLHttpRequest 对象的方法属性 getAllResponseHeaders 将当前_____请求的所有响应首部作为_____返回。

5．onreadystatechange：该属性是一个注册为事件的_____。通过一个无参数、无返回值的_____函数实例化该属性，当服务器通信状态改变就会触发该属性，该属性会自动执行实例化它自身的_____函数。

6．在使用 XMLHttpRequest 对象发出请求之前，必须首先用_____创建一个_____对象的实例，或者是含有 XMLHttpRequest 对象的变量。

7．在 Ajax 应用程序中，_____或_____都可以作为数据传输格式

8．GET 是把参数数据队列加到提交表单的_____属性所指的 URL 中，值和表单内各个字段一一对应，在 URL 中可以看到。Post 是通过_____，将表单内各个字段与其内容放置在_____内一起传送到 ACTION 属性所指的 URL 地址。

9．GET 方式需要使用_____来取得变量的值；而 POST 方式通过_____来访问提交的内容。

10．Ajax 是基于标准化并被广泛支持的技术，不需要_____。

三、选择题

1．以下表述 Ajax 优点正确的是(　　)。
　　A．减轻服务器的负担，提升站点的性能
　　B．无须刷新更新页面，减少用户实际和心理等待时间
　　C．更好的用户体验
　　D．对流媒体的支持有 Flash、Java Applet

2．关于 POST 请求与 GET 请求以下正确的是(　　)。
　　A．GET 是从服务器上获取数据，POST 是向服务器传送数据
　　B．GET 方式需要使用 Request.QueryString()来取得变量的值；POST 方式通 Request.Form()来访问提交的内容
　　C．GET 安全性非常高，POST 安全性较低
　　D．GET 方式传输的数据量非常大，POST 方式传递的数据量相对较小

3．以下是 XMLHttpRequest 对象的方法或属性的有(　　)。
　　A．getAllResponseHeaders 将当前 HTTP 请求的所有响应首部作为键值对返回
　　B．open()创建一个 HTTP 请求，并指定请求方法、URL 等参数值
　　C．send()向指定服务器发出 HTTP 请求
　　D．responseXMLHTTP 状态码对应的文本

4．Ajax Web 应用程序处理过程有(　　)。
　　A．初始化 XMLHttpRequest 对象
　　B．指定响应处理程序和处理服务器响应

C. 发出 HTTP 请求
D. 实例化 XMLHttpRequest 对象

5. Method 是指示 XMLHttpRequest 对象以何种方式进行服务器请求，请求方式有两种，分别是(   )。

    A. POST   B. GET   C. SRC   D. URL

第10章 Web Service

内容提示

随着网络的发展，Web Service 技术将受到人们的青睐。本章主要讲解 Web Service 的关键技术及 Web Service 的创建、发布和调用的知识。

教学要求

(1) 了解什么是 Web Service。
(2) 掌握 Web Service 的创建。
(3) 掌握 Web Service 的发布。
(4) 掌握 Web Service 的调用。

内容框架图

Web Service
- Web Service概述
- Web Service原理
- Web Service的关键技术
- 创建Web Service
- Web Service的发布
- 调用Web Service
  - C/S模式的调用
  - B/S模式的调用
- Web Service开发应注意的问题
- 解决Web Service的安全方式

10.1　Web Service 概述

1. 简介

1) Web Service

Web Service 是一种新的 Web 应用程序分支，它是自包含、自描述、模块化的应用，可以在网络中发布、定位、通过 Web 调用。Web Service 可以执行从简单的请求到复杂商务处理的任何功能。一旦部署以后，其他的 Web Service 应用程序可以发现并调用它部署的服务。Web Service 是一种应用程序，它可以使用标准的互联网协议，如超文本传输协议(HTTP)和简易对象访问协议(SOAP)，将功能纲领性地体现在互联网和企业内部网上。可将 Web 服务视作 Web 上的组件编程。从表面上看，Web Service 就是一个应用程序，它向外界暴露出一个能够通过 Web 进行调用的 API。也就是说，可以利用编程的方法通过 Web 来调用这个应用程序。

2) Web Service 的两层含义

(1) Web Service 是指封装成单个项目并发布到网络上的功能集合体。

(2) Web Service 是指功能集合体被调用后所提供的服务。

2. 历史

Web 程序通过 TCP/IP 协议来通信，再用 HTML 标签来显示数据。Web 程序的特点是其开放性和跨平台性，开放性正是 Web Service 的基础。和 Java 类似，Web Service 可以一次编译后在任何平台调用，实现代码的重用和共享。

3. Web Service 的发展趋势

随着 Web 的不断发展，Web 页面的内容将会更加动态化。因此，用户访问 Internet 的速度会更快，更容易获取资源，存储器也将变得更便宜，大量的设备，例如移动电话、电脑，PC 等将在 Internet 上变得普遍，平台变得更多元化，像 XML 这样的跨平台技术将变得更重要。Web Service 在这其中扮演什么角色呢？

Web 的这些趋势意味着，更加智能的处理，操作和汇总内容变得十分重要。从 Web Service 角度预示：内容更加动态(一个 Web Service 必须能合并多个不同来源的内容，可以包括股票、天气、新闻等，传统环境中的内容，如存货水平，购物订单或者目录信息等，都从后端系统而来)；带宽更加便宜(Web Service 可以发布各种类型的内容(音频、视频流等))；存储更便宜(Web Service 必须能智能地处理大量数据，意味着要使用数据库、LDAP(Lightweight Directory Access Protocol)目录、缓冲和负载平衡软件等技术保持可扩展能力)；普遍式计算更加重要(Web Service 不能要求客户使用某一版本的 Windows 的传统浏览器，所以必须支持各种设备、平台、浏览器类型、各种内容类型)。

4. 技术支持

Web Service 平台需要一套协议来实现分布式应用程序的创建。任何平台都有它的数据表示方法和类型系统。要实现互操作性，Web Service 平台必须提供一套标准的类型系统，用于沟通不同平台、编程语言和组件模型中的不同类型系统。

10.2　Web Service 原理

Web 服务是一个 URL 资源，客户端可以通过编程方式请求得到它需要的服务，而不需要知道所请求的服务是怎样实现的，这一点与传统的分布式组件对象模型不同。Web 服务的体系结构是基于 Web 服务提供者、Web 服务请求者、Web 服务中介者 3 个角色和发布、发现、绑定 3 个动作构建的。

Web 服务提供者就是 Web 服务的拥有者，它耐心等待为其他服务和用户提供自己已有的功能；Web 服务请求者就是 Web 服务功能的使用者，它利用 SOAP(Simple Object Access Protocol，简单对象访问协议)消息向 Web 服务提供者发送请求以获得服务；Web 服务中介者的作用是把一个 Web 服务请求者与合适的 Web 服务提供者联系在一起，充当管理者的角色，一般是 UDDI(Universal Description Discovery and Integration，通用描述、发现和集成服务)。这 3 个角色是根据逻辑关系划分的，在实际应用中，角色之间很可能有交叉：一个 Web 服务既可以是 Web 服务提供者，也可以是 Web 服务请求者，或者二者兼而有之。图 10.1 显示了 Web 服务角色之间的关系。

其中，"发布"是为了让用户或其他服务知道某个 Web 服务的存在和相关信息；"查找 (发现)"是为了找到合适的 Web 服务；"绑定"则是在提供者与请求者之间建立某种联系。

Web Service 原理如图 10.1 所示。

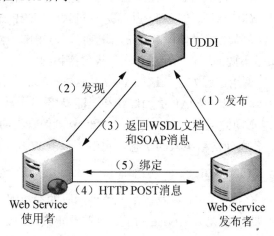

图 10.1　Web Service 的原理图

(1) Web 服务提供者设计实现 Web 服务，并将调试正确后的 Web 服务通过 Web 服务中介者发布，并在 UDDI 注册中心注册。

(2) Web 服务请求者向 Web 服务中介者请求特定的服务，中介者根据请求查询 UDDI 注册中心，为请求者寻找满足请求的服务。

(3) Web 服务中介者向 Web 服务请求者返回满足条件的 Web 服务信息，该信息用 WSDL (Web Service Description Language)写成，各种支持 Web 服务的机器都能阅读，同时服务请求者根据返回的 WSDL 文档生成 SOAP 消息。

(4) 服务请求者将利用返回的描述信息生成的 SOAP 消息嵌入到 HTTP 消息中，发送给 Web 服务提供者，以实现 Web 服务的调用。

(5) Web 服务提供者将 HTTP POST 消息转发给 Web Service 处理器,处理器的作用在于解析收到的 SOAP 消息,调用 Web Service,然后再生成相应的 SOAP 应答,按 SOAP 消息执行相应的 Web 服务,Web 服务器得到 SOAP 应答后会再通过 HTTP 应答的方式把信息送回到服务请求者。

10.3 Web Service 的关键技术

1. XML

XML(可扩展的标记语言)是标准通用标记语言(SGML)的子集,非常适合 Web 传输。XML 提供统一的方法来描述和交换独立于应用程序或供应商的结构化数据。由于 Web Service 要以一种可靠的自动的方式操作数据,HTML 不满足要求,而 XML 可以使 Web Service 十分方便地处理数据,它的内容与表示的分离十分理想,因此 XML 是 Web Service 平台中表示数据的基本格式。它除了易于建立和易于分析外,XML 主要的优点还在于它既与平台无关,又与厂商无关。XML 是由万维网协会(W3C)创建的,在 Web 上传送结构化数据的功能非常强大。

2. SOAP 协议

SOAP 即简单对象访问协议(Simple Object Access Protocol),它是用于交换 XML 编码信息的轻量级协议。它有 3 个主要方面:XML-envelope 为描述信息内容和如何处理内容定义了框架,将程序对象编码成为 XML 对象的规则,执行远程过程调用(RPC)的约定。SOAP 可以运行在任何其他传输协议上。例如,可以使用 SMTP,即因特网电子邮件协议来传递 SOAP 消息。SOAP 在传输层之间的头是不同的,但 XML 有效负载保持相同。

SOAP 使用 XML 消息调用远程方法,这样 Web Service 可以通过 HTTP 协议的 POST 和 GET 方法与远程机器交互,而且,SOAP 更加健壮和灵活易用。

Web Service 希望实现不同的系统之间能够用"软件-软件对话"的方式相互调用,打破了软件应用、网站和各种设备之间格格不入的状态,实现"基于 Web 无缝集成"的目标。

3. Web Service 服务说明 WSDL

怎样介绍 Web Service 有什么功能,以及每个方法调用时的参数呢?可能需要写一套文档,甚至可能会口头上告诉需要使用 Web Service 的人。这些非正式的方法至少都有一个严重的问题:当程序员坐到电脑前,想要使用 Web Service 的时候,他们的工具(如 Visual Studio)无法给他们提供任何帮助,因为这些工具根本就不了解 Web Service。最好的解决方法就是:用机器能阅读的方式提供一个正式的描述文档。Web Service 描述语言(WSDL)就是这样一个基于 XML 的语言,用于描述 Web Service 及其函数、参数和返回值。因为是基于 XML 的,所以 WSDL 既是机器可阅读的,又是人可阅读的,这将是一个很大的好处。一些最新的开发工具既能根据 Web Service 生成 WSDL 文档,又能导入 WSDL 文档生成调用相应 Web Service 的代码。

4. UDDI

1) UDDI

首先了解一下 UDDI 产生的背景。近些年来,B2B(Business to Business,商家对商家)的电子商务发展非常迅速,但是在向全球一体化的贸易模式发展过程中,商家遇到一个相同的困难:他们只能发现那些和自己使用相同的应用和 Web 服务的企业。能够在世界范围内寻找按照自己的需求供应服务或产品的企业,并且发布自己所能提供的服务以便其他商业实体发现,这是全球商家的共同期望。

为了满足商家的这一期望,技术领域和商业领域的领头羊合作启动了 UDDI(Universal Description, Discovery and Integration)计划。他们研究制订了 UDDI 规范,并且在 Internet 上部署 UDDI 服务。UDDI,统一描述、发现和集成协议,是新一代的基于 Internet 的电子商务技术标准。它包含一组基于 Web 的、分布式的、Web 服务信息注册中心的实现标准,并且包含一组使企业能将自己提供的 Web 服务注册(发布)到信息注册中心以便其他商业实体能够迅速发现的访问协议的实现标准。统一描述、发现和集成协议(UDDI)标准定义了 Web 服务的注册发布与发现的方法。UDDI 提倡 Web 服务之间的相互操作和相互采用。

UDDI 也是一种在电子商务界居于领先地位的企业之间的伙伴关系,这种关系最早是由 IBM、Ariba 和 Microsoft 3 家公司建立。现在参加 UDDI 的公司已经有 300 多家,并且还有更多的公司准备参加。可以预测,UDDI 将是未来电子商务的基石,它将使商业实体能够选用自己满意的应用软件,快速、方便地发现现存的或潜在的商业伙伴,并与之进行电子交易。所有的这些过程全部由应用程序自动完成。

UDDI 的目的是为电子商务建立标准。UDDI 是一套基于 Web 的、分布式的、为 Web Service 提供的、信息注册中心的实现标准规范,同时也包含一组使企业能将自身提供的 Web Service 注册,以使别的企业能够发现的访问协议的实现标准。

2) UDDI 的工作方式

简单地说,UDDI 的工作方式类似邮局公开发行的电话簿的黄页广告目录,它可以把特定的企业信息和 Web 服务在 Internet 上广而告之,并且提供具体的联系地址、方式。

UDDI 提供了一套操作方法来访问分布式的 UDDI 商业注册中心(UDDI Registry,所有提供 UDDI 注册服务的站点的统称)。公共 UDDI 注册中心面向全球企业,其中的不同站点采用 P2P(对等网络)进行构架,也就是说,从其中任一站点都可以访问整个公共 UDDI 注册中心。UDDI 商业注册中心维护了许多描述企业及该企业提供的 Web 服务的全球目录,而且其中的信息描述格式遵循通用的 XML 格式。UDDI 商业注册是 UDDI 的核心组件,该注册使用一个 XML 文档来描述企业及其提供的 Web 服务。

UDDI 商业注册所提供的信息从概念上来说分为 3 个部分。

白页(White Page)表示与企业有关的基本信息,包括企业名称、经营范围、联系地址、企业标识等;

黄页(Yellow page)用来依据标准分类法区分不同的行业类别,使企业能够在更大的范围(如地域范围)内查找已经在注册中心注册的企业或 Web 服务;

绿页(Green Page)则包括了关于该企业所提供的 Web 服务的技术信息,其形式可能是一些指向文件或是 URL 的指针,而这些文件或 URL 是服务发现机制的必要组成部分。

企业所有的 UDDI 商业注册信息都存储在某一个 UDDI 商业注册中心(比如 IBM 的 UDDI 商业注册中心)中。先来看看 UDDI 消息是如何传输的。如图 10.2 所示,从客户端发出的 SOAP 请求首先通过 HTTP 传到注册中心节点。注册中心服务器接收 SOAP 请求并传给 SOAP 处理器处理,处理器解析 SOAP 请求并生成对应请求查询注册库把 SOAP 响应返回给服务请求者。

注册中心的安全要求服务请求者发出的修改数据的请求必须是安全的、经过验证的事务(比如采用 SSL 协议)。图 10.2 是 Web Service 服务请求者与 UDDI 注册点的关系。

UDDI 消息在客户端和注册中心之间的流动。

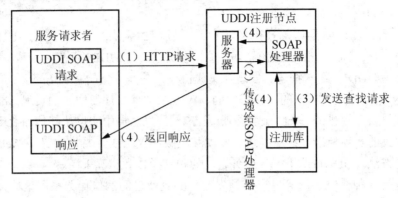

图 10.2 Web Service 服务请求者与 UDDI 注册点关系图

10.4 创建 Web Service

【工作任务】

【实例 10-1】创建一个验证用户是否可以登录 Web Service。

【解题思路】

在 Visual Studio 2008 工具里创建一个 Web Services 服务，新建一个 Uers 表，通过 IIS 发布这个 Services。用户可以通过 Web 调用此 Services 以查询 Uers 表中的数据，关系如图 10.3 所示。

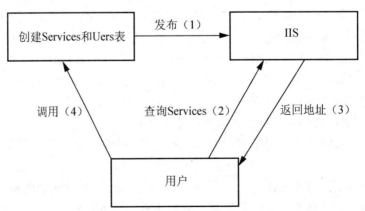

图 10.3 Services、表、IIS、用户之间的关系图

【实现步骤】

(1) 打开 Visual Studio 2008 新建项目，在 Framework 3.5 中选择"Visual C#"项目下面的"Web"，模板中选择"ASP.NET Web 服务应用程序"命令，命名为"Login"，如图 10.4 所示，单击"确定"按钮，创建完成如图 10.5 所示。

第 10 章　Web Service

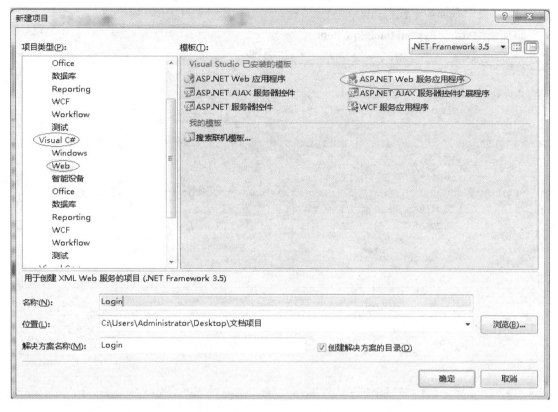

图 10.4　Login 创建过程图

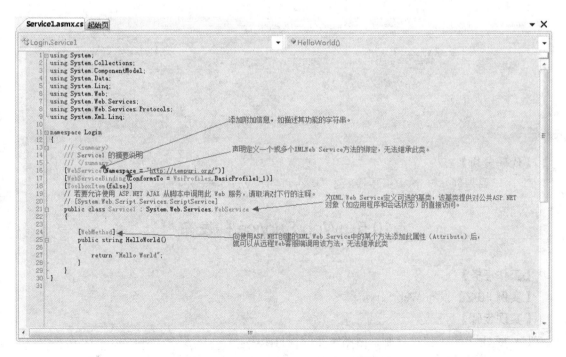

图 10.5　Service1.asmx.cs 页面结构图

· 245 ·

(2) 在类中添加如下代码：

添加引用 using System.data.SqlClient;

```csharp
public class Service1 : System.Web.Services.WebService
{
    [WebMethod]
    public bool ReferUser(string U_name, string U_pwd)
    {
        string sql = "select * from Users Where U_name='"+U_name+"'and U_pwd='"+U_pwd+"'";
        SqlConnection conn =
            new SqlConnection("Data Source=.;database=Books;uid=用户名;pwd=密码;");
        SqlDataReader dr = null;
        try
        {
            conn.Open();
            SqlCommand cmd = new SqlCommand(sql, conn);
            dr = cmd.ExecuteReader();
            if (dr.Read())
            {
                return true;
            }
            else
                return false;
        }
        catch
        {
            return false;
        }
        finally
        {
            conn.Close();
        }
    }
}
```

【代码分析】

上述代码是创建一个 Web Services。运行程序，Web Services 即创建完成。

10.5　Web Service 的发布

【工作任务】

【实例 10-2】发布 Web Service。

【实现步骤】

(1) 将 GetBooks 项目复制到网站发布的根目录下。

(2) 打开 IIS 管理器，添加网站，如图 10.6 所示。

第 10 章 Web Service

图 10.6 添加网站时的界面图

(3) 设置好网站后单击"确定"按钮，如图 10.7 所示。

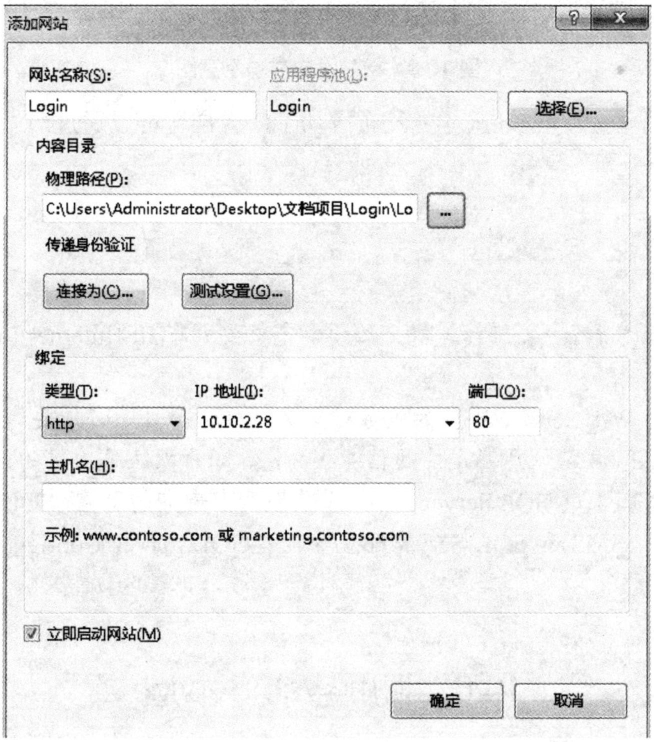

图 10.7 设置网站界面图

(4) 在功能视图中双击选择默认文档。

(5) 在操作下面选择添加，输入 Web Service 的"对象文档名.后缀名"。

(6) 浏览发布的网站。如果浏览器中浏览出 Web Service 提供的接口，如图 10.8 所示，表示成功。

(7) 在目标浏览中单击"启动"命令。

(8) 要对权限进行设置。

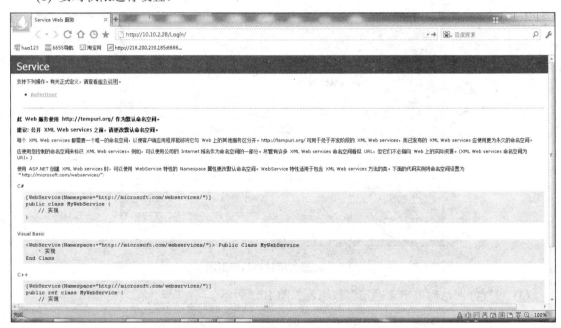

图 10.8　网站发布成功示意图

通过上面的 6 个步骤，Web 服务就发布成功了，客户端可以通过网站的网址来调用发布的 Web 服务。

工程师提示

(1) 在发布 Web Service 之前计算机上必须要完整安装有 IIS(Internet Information Services) 服务。

(2) 默认文档和 Web Service 服务的服务对象名一样，而且还必须要加上对象的后缀名。

(3) SQL Server 2008 默认是不允许远程连接的，sa 账户默认是禁用的。如果想要在本地用 SSMS 连接远程服务器上的 SQL Server 2008，需要做两个部分的配置：SQL Server Management Studio Express(简写 SSMS)和 SQL Server 配置管理器/SQL Server Configuration Manager(简写 SSCM)。

10.6　调用 Web Service

无论 B/S 模式还是 C/S 模式在调用 Web Service 之前一定要知道 Web Service 的网址，只

第 10 章 Web Service

有通过这个网络地址才能调用 Web Service 服务。

10.6.1 C/S 模式的调用

【工作任务】

【实例 10-3】C/S 模式调用 Web Service,验证用户是否可以登录。

【实现步骤】

(1) 打开 Visual Studio 2008 新建项目,在项目类型中选择"Visual C#"项目下面的"Windows",模板中选择"Windows 窗体应用程序"命令,命名为"WindowsLogin",单击"确定"按钮,创建完成。

(2) 服务端控件及其属性设置见表 10-1。

表 10-1 窗体的控件属性

控 件 名	属 性	属 性 值
label1	Text	用户名:
label2	Text	密码:
textBox1	Name	txt_user
textBox2	Name	txt_pwd
button1	Text	登录
	Name	btn_Login

(3) 窗体的控件和布局如图 10.9 所示。

图 10.9 用户登录窗体控件和布局图

(4) 在解决方案选择项目右击选择"添加服务引用"命令,打开添加服务引用窗口,如图 10.10 所示。

(5) 双击"登录"按钮,添加代码如下:

```
private void btn_Login_Click(object sender, EventArgs e)
    {
        ServiceReference1.ServiceSoapClient de =
            new ServiceReference1.ServiceSoapClient();
        if (txt_user.Text == "" || txt_pwd.Text == "")
```

· 249 ·

```
        {
            MessageBox.Show("请输入完整信息!");
            txt_user.Text = "";
            txt_pwd.Text = "";

        }
        else
        {
            if (de.ReferUser(txt_user.Text.Trim(), txt_pwd.Text.Trim()))
            {
                MessageBox.Show("登录成功!");
            }
            else
            {
                MessageBox.Show("登录失败!");
            }
        }
    }
```

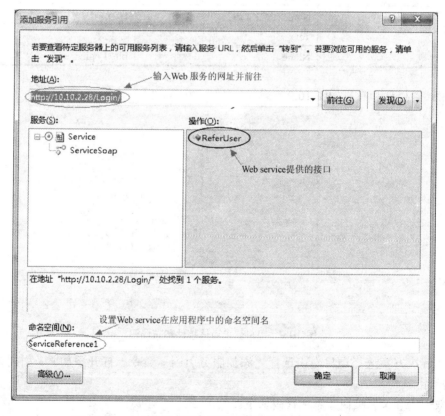

图 10.10　右击选择"添加服务引用"快捷菜单后的效果图

运行程序效果图，如图 10.11 所示。

第 10 章 Web Service

图 10.11 运行结果图

10.6.2 B/S 模式的调用

【工作任务】

【实例 10-4】B/S 模式调用 Web Service，验证用户是否可以登录。

【实现步骤】

(1) 打开 Visual Studio 2008 新建项目，在项目类型中选择"Visual C#"下面的"Web"，在模板中选择"ASP.NET Web 应用程序"命令，命名为"WebLogin"，单击"确定"按钮，创建完成。

(2) 添加 Web Service 引用与 10.6.1 中 C/S 模式(实例 10-3)的引用相同。

(3) 页面代码如下：

```
<form id="form1" runat="server">
    <div style="text-align:center">
        <table>
            <tr><td colspan="3"><span style="font-size:30px">用户登录</span></td></tr>
            <tr>
                <td>用户名：</td>
                <td>
<asp:TextBox ID="txt_user" runat="server"></asp:TextBox></td>
                <td></td>
            </tr>
            <tr>
                <td>密码：</td>
                <td>
<asp:TextBox ID="txt_pwd" runat="server"></asp:TextBox></td>
                <td></td>
            </tr>
            <tr>
                <td colspan="3"><table style="text-align:center;"><tr><td style="width:100px;">
                <asp:Button ID="Button1" runat="server" Text="取消" /></td><td style="width:100px;">
    <asp:Button ID="btn_Login" runat="server" Text="登录" /></td></tr></table>
</td>
            </tr>
        </table>
```

```
        </div>
    </form>
```

(4) 单击"登录"按钮添加代码如下：

```
protected void btn_Login_Click(object sender, EventArgs e)
{
    WebReference.Service web = new WebReference.Service();
    if (txt_user.Text == "" || txt_pwd.Text == "")
    {
        Response.Write("<script language='javascript'>alert('请输入完整信息!')</script>");
    }
    else
    {
        if (web.ReferUser(txt_user.Text.Trim(), txt_pwd.Text.Trim()))
        {
            Response.Write("<script language='javascript'>alert('登录成功!')</script>");
        }
        else
        {
            Response.Write("<script language='javascript'>alert('登录失败!')</script>");
        }
    }
}
```

运行后效果如图 10.12 所示。

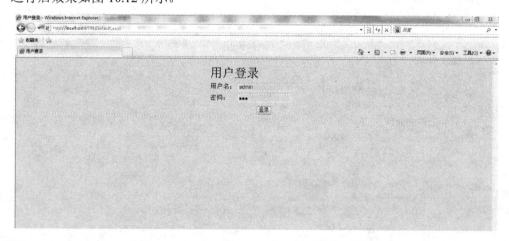

图 10.12　B/S 模式调用 Web Service 运行结果图

10.7　Web Service 开发应注意的问题

(1) 接口是自己说明的。接口的名称，参数和返回值应该见明知意。

(2) 接口参数要尽量简单。只有一个参数的服务，往往不能满足业务的需求，但是过多的参数也增加了出错的几率，增加了测试的成本，因此，参数适当即可。

第 10 章 Web Service

(3) 要提出对接口参数和返回值的验证。严格地说，对接口参数和返回值的验证应该是 Web Services 接口声明的一部分，增加对参数和返回值的验证有利于减少调用者的疑惑，但是必须有一个好的权衡，否则由于限制太多，调用者会觉得提供的方法很难调用。比较好的系统应该是宽进窄出，目标用户越多越应该注意这点。

(4) 谨慎地抛出异常。对 Web Services 中的任何异常都应该进行相应的处理。可以归为接口返回值是简单类型，比如 bool 型，就只有 true 和 false 两种情况，不抛出异常怎么办？对于这种情况，选择有两种，一是抛出异常，二是改变接口，返回 int，用 0 和 1 对应 false 和 true，用 -1 表示异常。

10.8 解决 Web Service 的安全的方式

(1) 通过 SoapHeader 来增强 Web Services 的安全性。通过 SoapHeader 可以让具有指定用户口令的用户来访问 Web 服务接口。

(2) 采用 SSL 实现加密传输。在一般情况下，IIS 通过 HTTP 协议以明文(加密前的原始数据)的形式传输数据，Web Services 就是使用 HTTP 协议进行数据传输的。Web Services 传输的数据是 XML 格式的明文。没有采用任何的加密措施，用户的重要数据是很容易被窃取，因此通过 SSL(Security Socket Layer，加密套接字协议层)来实现加密传输数据。SSL 位于 HTTP 协议层和 TCP 协议层之间，用于建立用户和服务器之间的加密通信，确保所传递的信息的安全性，同时 SSL 安全机制是依靠数字证书来实现的。

SSL 是基于公用密钥和私人密钥的，用户使用公共密钥来加密数据，但是在解密数据时要用相应的私人密钥。

① 使用 SSL 安全机制的通信过程。用户与 IIS 服务器建立连接后，服务器会把数字证书与公共密钥发送给用户，用户端生成会话密钥，并用公共密钥对会话进行加密，然后传递给服务器，服务器用私人密钥进行解密，这样用户和服务器端就建立了一条安全通道，只有 SSL 允许的用户才能与 IIS 服务器进行通信。

② 使用 SSL 存在着优点和缺点。优点：对 Web 服务提供的数据完整性没有任何影响，当值返回给客户时，值还是保持原样，不会因为使用加密技术传输而发生改变。缺点：SSL 对数据进行了很多加密和解密工作，所以对网站的整体性能有一定的影响。

(3) 访问 IP 限制。除了上面的两种方式外，还有一种比较简单的验证方式，就是通过对来源 IP 的检查来进行验证。为了只允许指定 IP 的服务器来访问，保证点对点的安全，可以在 Web Services 的方法中加入对 IP 的检查。

工程师提示

SSL 网站不同于一般的 Web 网站，它使用 HTTPS 协议，而不是普通的 HTTP 协议，因此它的 URL 格式为 "https://网站域名"。

【工作任务】

【实例 10-5】创建一个查看图书信息的 Web Service，并发布和调用。

· 253 ·

【解题思路】

在 Visiual Studio 2008 首先选择"其他项目类型"创建一个"Web Services 服务",并在数据库中创建 Tb_BooksInfo 表,通过 IIS 发布这个 Services,然后创建"Windows 窗口应用程序"对服务器进行添加。"Windows 窗口应用程序"可以通过 Web 调用此 Services 查询 Tb_BooksInfo 表中的数据(注:Web 和 Windows 窗口都是在 Visual Studio 解决方案里创建)。它们之间的关系如图 10.13 所示。

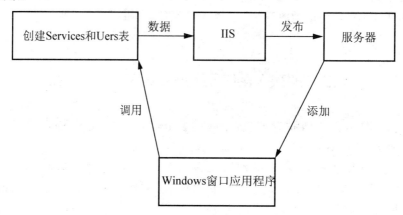

图 10.13　Services、表、IIS、服务器和 Windows 窗口应用程序之间的关系图

【实现步骤】

(1) 打开 Visual Studio 2008 首先在 Framework 3.5 新建一个空项目解决方案"Web Services",然后,添加新项目,在项目类型中选择"Visual C#"下面的"Web",在模板中选"ASP.NET Web 服务应用程序"命令,命名为"GetBooks"单击"确定"按钮,创建完成,如图 10.14 所示。

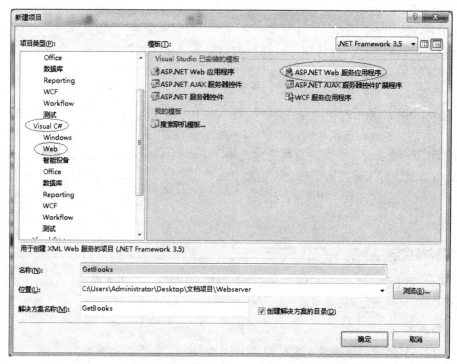

图 10.14　GetBooks Web 应用程序创建过程图

(2) 编写代码。
(3) 添加引用 using System.Data.SqlClient。
(4) 在类中添加如下方法：

```csharp
public class Getbooks : System.Web.Services.WebService
 {

    /// <summary>
    /// 查看图书信息
    /// </summary>
    /// <param name="bookname"></param>
    /// <returns></returns>
    [WebMethod]
    public string[] GetBook(string bookname)

    {
      string sql = "select * from Tb_BooksInfo where BookName='"+bookname+ "'";
      SqlConnection conn =
   new SqlConnection("Data Source=.;database=Books;uid=用户名;pwd=密码");
        try
        {
            conn.Open();
            SqlCommand cmd = new SqlCommand(sql, conn);
            SqlDataReader dr = null;
            dr = cmd.ExecuteReader();
            if (dr.Read())
            {
                string[] book = new string[4];
                book[0] = dr["BookName"].ToString();
                book[1] = dr["Author"].ToString();
                book[2] = dr["Price"].ToString();
                book[3] = dr["Press"].ToString();
                return book;

            }
            else
                return null;
        }
        catch
        {
            return null;
        }
        conn.Close();
    }
```

运行程序，查询图书的 Web Services 编写就完成了。接下来将 Web Services 发布供其他的 Web Services 和应用程序调用。

(5) 在实例 10-5 的 Web Services 解决方案中添加 Windows 窗口应用程序，命名为 "Windows Books"。

(6) 在做程序之前，首先要通过 Web Services 的网址引用 Web Services 服务。
(7) 服务端控件及其属性设置见表 10-2。

表 10-2 窗体的控件属性

控 件 名	属 性	属 性 值
label1	Text	图书名：
label2	Text	书名：
label3	Text	价格：
label4	Text	作者：
label5	Text	出版社：
textBox1	Name	txt_tname
textBox2	Name	txt_sname
textBox3	Name	txt_price
textBox4	Name	txt_author
textBox5	Name	txt_press
button1	Text	查询
	Name	button1

(8) 窗体的控件和布局如图 10.15 所示。

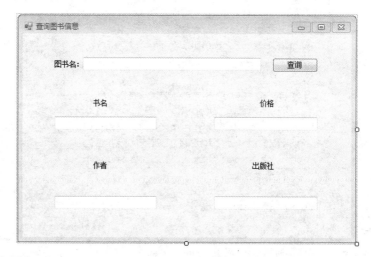

图 10.15 查询图书信息窗体控件和布局

(9) 双击"查询"按钮，添加代码如下：

```
private void button1_Click(object sender, EventArgs e)
    {
        //创建代理类
        getbooks.GetbooksSoapClient get =
                new getbooks.GetbooksSoapClient();
        if (txt_tname.Text == "")
        {
            MessageBox.Show("请输入图书名!");
            txt_sname.Text = "";
```

第 10 章　Web Service

```
            txt_author.Text ="";
            txt_price.Text = "";
            txt_press.Text ="";
        }
    else
    {
        string[] books = get.GetBook(txt_tname.Text.Trim()).ToArray();
        if (books == null)
        {
            MessageBox.Show("没有这样的图书!");
        }
        else
        {
            txt_sname.Text = books[0];
            txt_author.Text = books[1];
            txt_price.Text = books[2];
            txt_press.Text = books[3];
        }
    }
}
```

运行后效果如图 10.16 所示。

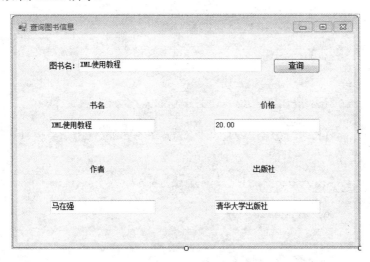

图 10.16　查询图书信息运行结果图

工程师提示

根据传输数据量的大小和 Web 服务的性能考虑，如果传输的数据量比较大，可以通过序列化、压缩等方式来提高 Web 服务的性能。

【工作任务】
【实例 10-6】创建一个 Web Services，用于用户登录和查询书籍信息。
【解题思路】
在 Visiual Studio 2008 工具里创建一个 Web Services 服务，在移动开发里调用 Web Services

接口，如图10.17所示。

图 10.17　Web Services 与移动开发关系图

【实现步骤】

(1) 在项目类型中选择"Visual C#"下面的"Web"，在模板中选择"ASP.NET Web 服务应用程序"命令，命名为"ServicesMobile"。

(2) 添加引用 using System.text。

(3) 在该类中添加如下代码：

```csharp
public class Service1 : System.Web.Services.WebService
{
    [WebMethod(Description = "输入用户名和密码验证登录")]
    public bool ReferUser(string U_name, string U_pwd)
    {
        return Login(U_name, U_pwd);
    }
    [WebMethod (Description="返回图书表")]
    public DataTable Getbooks()
    {
        return Getbook();
    }

    private bool Login(string U_name, string U_pwd)
    {
        string sql = "select * from Users Where U_name='" + U_name + "'and U_pwd='" + U_pwd + "'";
        SqlConnection conn = new SqlConnection("server=10.10.47.209; database=Books;uid=sa;pwd=topcsa201;");
        SqlDataReader dr = null;
        try
        {
            conn.Open();
            SqlCommand cmd = new SqlCommand(sql, conn);
            dr = cmd.ExecuteReader();
            if (dr.Read())
            {
                return true;
            }
            else
                return false;
        }
        catch
        {
            return false;
        }
        finally
```

```
            {
                conn.Close();
            }
        }
        private DataTable Getbook()
        {
            string sql = "select * from Tb_BooksInfo";
            SqlConnection conn = new
SqlConnection("Server=10.10.47.209; database=Books;uid=sa;pwd=topcsa201");
            try
            {
                conn.Open();
                SqlDataAdapter da = new SqlDataAdapter(sql,conn);
                DataSet ds = new DataSet();
                da.Fill(ds);
                DataTable table=ds.Tables[0];
                if (table.Rows.Count > 0)
                {
                    return table;
                }
                else
                {
                    return null;
                }
            }
            catch
            {
                return null;
            }
        }
    }
```

(4) 依照实例 10-6 将创建的任务发布在互联网上，第 11 章移动开发访问数据库会调用这个 Web Service。

工程师提示

实例 10-6 中 Web Service 提供了两个方法，一个是用户登录，另外一个是查询所有书的信息，也可以直接访问 http: //10.10.47.209:8080(笔者已经发布好的 Web Service)调用这个 Web Service。

本 章 小 结

本章主要介绍 ASP.NET 开发中使用的 Web Service 的功能。先向读者介绍什么是 Web Service，Web Service 的与平台无关性和 Web Service 的发展。然后介绍 Web Service 的原理和关键技术。Web Service 是以 XML 作为数据传输格式；SOAP 提供访问 Web Service 访问协议；

WSDL 用来说明 Web Service 的用途；UDDI 是 Web Service 的注册中心。然后再向读者介绍 Web Service 的创建与发布，发布分别从 B/S 和 C/S 模式向读者讲解，让读者从实际操作中明白 Web Service 的用途。因为 Web Service 是以 XML 作为数据传输格式，所以与平台无关，涉及到移动开发实例，创建一个 Web Service 在移动开发中的调用。最后介绍 Web Service 应注意的安全问题。

课后练习

一、判断题

1. Web Service 编译后只能供一些特定的平台调用，不能实现代码的重用和共享。
（   ）
2. 当要访问一个 Web Service 时，只需要知道 Web Service 所在服务器的名称即可。
（   ）
3. WSDL 只有机器才能阅读。（   ）
4. SOAP 是一种能运行在其他任何传输协议上的协议。（   ）

二、填空题

1. Web Service 平台需要一套协议来实现分布式应用程序的创建。任何平台都有它的数据和_____。要实现互操作性，Web Service 平台必须提供一套标准的类型系统，用于沟通不同平台、_____和_____不同类型系统。
2. Web 服务是_____，客户端可以通过编程方式请求得到它的服务，而不需要知道所请求的服务是怎样实现的，这一点与传统的分布式组件对象模型不同。Web 服务的体系结构是基于_____、_____、_____和_____3 个动作构建的。
3. Web 服务提供者接收到_____并转发给 Web Service 处理器，处理器的作用在于，解析接收到的_____，调用 Web Service，然后再生成相应的应答并执行相应的 Web 服务。
4. Web Service 可以通过 HTTP 协议的_____和_____与远程机器交互。
5. Web Service 希望实现不同的系统之间能够用_____的方式相互调用，实现_____的目标。
6. WSDL 是基于 XML 的语言，用来描述 Web Service 及其_____、_____、_____。
7. UDDI 的目的是为电子商务建立标准；UDDI 是一套基于 Web 的、分布式的、为 Web Service 提供的_____的实现标准规范，同时也包含一组使企业能将自身提供的 Web Service 注册，以使别的企业能够发现的访问协议的实现标准。
8. UDDI 商业注册所提供的信息从概念上来说分为 3 个部分：_____、_____、_____。
9. Web Service 可以通过_____、_____、_____等方式来增强 Web Service 的安全性。

第 11 章 Windows 移动开发

内容提示

微软针对移动平台而开发的手机操作系统 Windows Moblie 为手机移动平台市场带来了新的一页。

教学要求

(1) 了解 Windows 移动平台手机操作系统家族成员。
(2) 下载使用 Windows Mobile 开发工具。
(3) 环境的配置。

内容框架图

移动开发
- Windows CE、Windows Mobile概念介绍
- Windows Mobile开发
- 实例开发

11.1　Windows CE、Windows Mobile 概念介绍

1. Windows CE

1) 概念

Windows CE 操作系统是 Windows 家族中最新的成员,是专门为掌上型电脑(HPCs) 设计的。这样的操作系统可使完整的可携式技术与现有的 Windows 桌面技术整合工作。 Windows CE 被设计成针对小型设备的通用操作系统(它是典型的拥有有限内存的无磁盘系统)。

2) 特点

Windows CE 具有模块化、结构化、基于 Win32 应用程序接口和与处理器无关等特点。Windows CE 不仅继承了传统的 Windows 图形界面,并且在 Windows CE 平台上可以使用 Windows 95/98 上的编程工具(如 Visual Basic、Visual C++等)、使用同样的函数、使用同样的界面风格,使绝大多数的应用软件只需简单的修改和移植就可以在 Windows CE 平台上继续使用。

2. Windows Mobile

1) 概述

Windows Mobile 是微软针对移动产品以 Windows CE 为内核而开发的手机操作系统,而在 Windows Mobile 6.5 发布的同时,微软宣布以后的 Windows Mobile 产品将改名为 Windows Phone,以改变现在落后的形象。Windows Mobile 捆绑了一系列针对移动设备而开发的应用软件,这些应用软件创建在 Microsoft Win32 API 的基础上。可以运行 Windows Mobile 的设备包括 Pocket PC、Smartphone 和 Portable Media Center。该操作系统的设计初衷是尽量接近于桌面版本的 Windows。

2) 特点

(1) 界面类似于台式机的 Windows,便于熟悉电脑的人操作。

(2) 预装软件丰富,内置 Office Word、Excel、Power Point,可浏览甚至编辑,内置 Internet Explorer、Media Player。

(3) 电脑同步非常便捷,完全兼容 Outlook、Office Word、Excel 等。

(4) 多媒体功能强大,借助第三方软件可播放几乎任何主流格式的音视频文件。

(5) 触摸式操作,可与 iPhone 媲美。

(6) 极为丰富的第三方软件,特别是词典、卫星导航软件均可运行。

3) 缺点

(1) 对不熟悉电脑的人来说操作较为复杂。

(2) 相机目前最大为五百万像素(Samsung I8000U,2011 年)。

(3) 对硬件要求较高。

(4) 体积略大,许多操作需借助触摸笔。

11.2　Windows Mobile 开发

(1) Windows Mobile 技术的基本开发环境配置见表 11-1。

第 11 章 Windows 移动开发

表 11-1 Windows Mobile 技术的基本开发环境配置

配置项	配置要求	备 注
操作系统	Windows XP	支持 Unicode
开发工具	Visual Studio 2008 以上	建议计算机内存至少 1GB
	Visual Studio 2008 SP1	
	.NET CF 3.5 SP1	
	ActiveSync 4.5	
	Windows Mobile 6.0 Professional SDK	
	Windows Mobile 6 Standard SDK	

(2) 配置开发环境。需要的文件列表如下。

① Visual Studio 2008；

② Visual Studio 2008 的补丁 SP1；

③ ActiveSync 版本 4.5；

④ Windows Mobile 6.0 Professional SDK；

⑤ Windows Mobile 6 Professional 中文镜像。

开发环境安装顺序：首先安装 Visual Studio 2008，然后安装 Visual Studio 2008 SP1，安装 ActiveSync 版本 4.5，安装 Windows Mobile 6.0 Professional SDK，安装 Windows Mobile 6 Professional 中文镜像。安装过程说明及其注意点如下。

(1) 默认状态下，安装 Windows Mobile 6.0 Professional SDK 会自动安装 Windows Mobile 6.0 的英文设备仿真器，而中文的设备仿真器(Windows Mobile 6 Professional 中文镜像)是需要单独下载进行安装的。

(2) 当 Windows Mobile 6.0 SDK 安装完毕后，就可以通过 Visual Studio 2008 来开发针对 Windows Mobile 6.0 的智能设备程序了。在"智能设备"栏中会发现多了"Windows Mobile 6 Professional"这一项，而且通过右侧的模板，可以创建 5 种不同类型的项目。

(3) 安装 SDK 过程中如果遇到错误提示"Failure: Cannot create WScript shell object"时单击确定按钮，完成安装后，需要在命令行执行以下"...\Microsoft Visual Studio 8\Common7\IDE"目录下的"devenv.exe"，即键入"devenv.exe/setup"，即安装就成功了！

【工作任务】

【实例 11-1】怎样安装 Visual Studio 2008。

【实现步骤】

(1) Visual Studio 2008 的安装。安装过程如图 11.1 和图 11.2 所示。

(2) ActiveSync v4.5 Simplified Chinese Setup.msi 的安装，此项安装完毕后会重启电脑，ActiveSync 也会随着启动至图标栏，如图 11.3 和图 11.4 所示。

(3) Windows Mobile 6 Professional SDK Refresh.msi 的安装，如图 11.5、图 11.6 和图 11.7 所示。

图 11.1 Visual Studio 2008 安装过程选择图

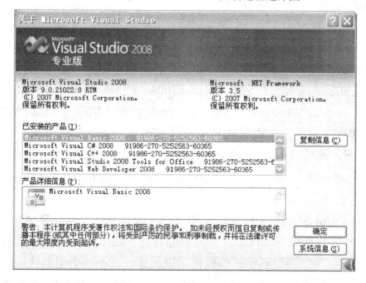

图 11.2 关于 Microsoft Visual Studio 界面图

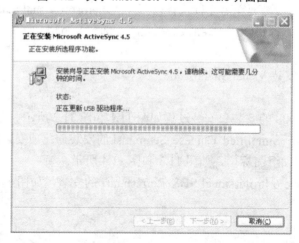

图 11.3 安装 Microsoft ActiveSync 4.5

图 11.4　Microsoft ActiveSync 4.5 安装完成图

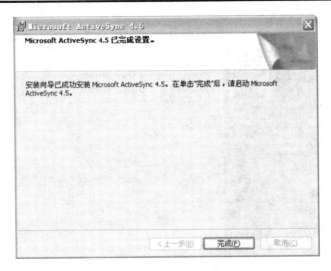

图 11.5　安装 Windows Mobile 6 Professional SDK 初始图

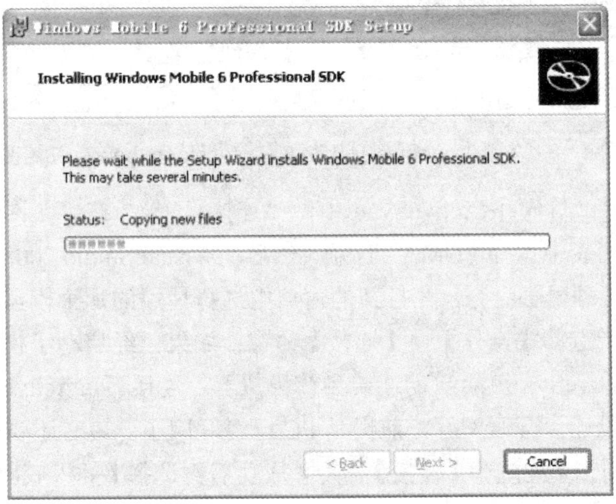

图 11.6　安装 Windows Mobile 6 Professional SDK 过程图

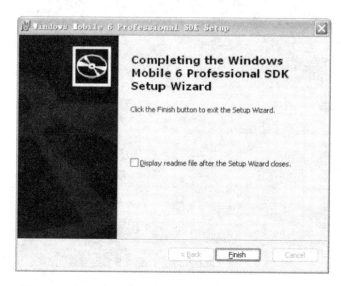

图 11.7　安装 Windows Mobile 6 Professional SDK 完成图

　　(4) Windows Mobile 6 Professional Images(CHS).msi 的安装，如图 11.8、图 11.9 和图 11.10 所示。

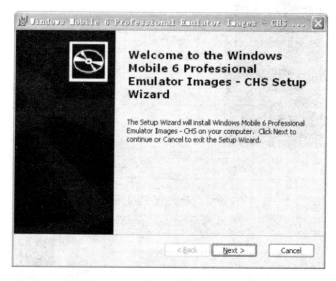

图 11.8　安装 Windows Mobile 6 Professional Image 初始图

　　(5) 软件安装完后，首先在 ActiveSync 中做"连接设置"，在"允许连接到以下其中一个端口"复选框的下拉列表中选择"DMA"选项，然后在 Visual Studio 2008 主菜单里，选择【工具】→【设备仿真器管理器】命令，在打开的窗口中选择使用的那个模拟器，如果该模拟器还没有启动，则在菜单中选择【操作】→【连接】命令；如果已经启动了模拟器，则选择"插入底座"命令。然后 ActiveSyn 就会自动连接到该模拟器。连接后，AcitveSyn 就可以同步该模拟器，而模拟器也可以连上互联网了，前提是 PC 已经联网了。最后还要插入在设备管理器操作，右击要连接的模拟器，先选择【连接】命令，成功后再选择【插入底座】命令，如图 11.11、图 11.12、图 11.13 和图 11.14 所示。

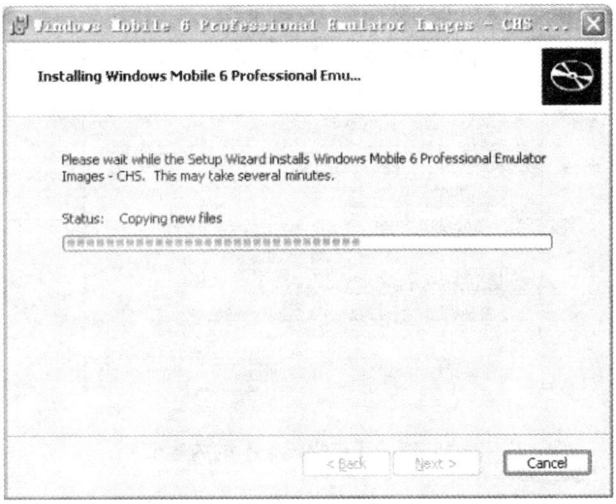

图 11.9 安装 Windows Mobile 6 Professional Image 过程图

图 11.10 安装 Windows Mobile 6 Professional Image 完成图

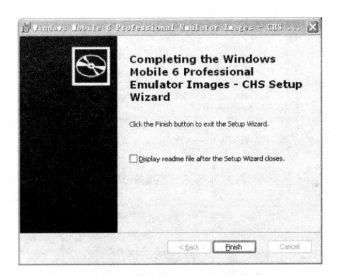

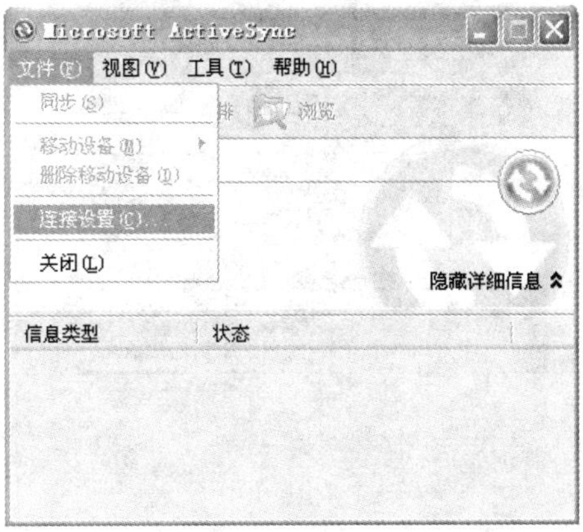

图 11.11 选择【文件】→【连接设置】

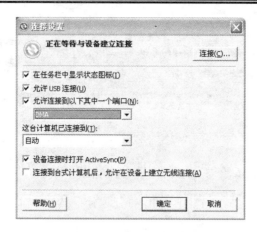

图 11.12 【连接设置】的内容值

图 11.13 右击连接的模拟器

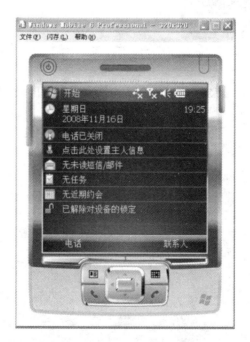

图 11.14 程序成功运行结果图

11.3 实 例 开 发

【工作任务】
【实例 11-2】 这里将综合第 10 章建好的 WEB SERVERS 服务进行手机的简单实例开发。
【实现步骤】
(1) 按照 11.2 小节内容配置好环境，启动 Windows Mobile 设备，切记不要关闭。
(2) 打开 Visual Studio 2008 选择【新建】→【项目】，在打开的窗口中依次选择智能设备、智能设备项目、目标平台命令，再次选择"Windows Mobile 6 Professional SDK"。现在第一个 Windows Mobile 项目创建好了，命名为"fist_mobile"。
(3) 添加 Windows Form 窗体，并添加控件见表 11-2。

表 11-2 Windows Form 窗体属性

控件名	属性名	属性值
textBox1	Name	lg_name
	Text	空
textBox2	Name	lg_password
	Text	空
button1	Name	button1
	Text	登录
button2	Name	button2
	Text	退出

(4) 添加引用："引用"→"添加 Web 引用"，然后输入 URL(web server 的发布地址)，添加完成。
(5) 登录界面：双击"登录"按钮。效果如图 11.15 所示。

```
        private void button1_Click(object sender, EventArgs e)
        {
            WebReference.Service1 servers = new WebReference.Service1();//调用web server 创建代理类
            if (servers.ReferUser(lg_name.Text.Trim(), lg_password.Text.Trim()))
            {
                DbShow ds = new DbShow();
                ds.Show();
            }
            else
            {
                MessageBox.Show("登录失败,检查用户信息或网络");
            }
        }
```

图 11.15 掌声图书登录界面运行结果

(6) 登录成功后,进入掌声图书,查看所有书籍。

```
        private void DbShow_Load(object sender, EventArgs e)
        {
            databinds();//调用
        }
        /// <summary>
        /// 数据查询
        /// </summary>
        public void databinds()
        {
    WebReference.Service1 servers = new SmartDeviceProject2.WebReference.Service1();
            //创建数据表,存放查询数据
            DataTable dt = new DataTable();
            //获取数据
            dt = servers.Getbooks();
            //数据绑定
            dataGrid1.DataSource = dt;

        }
```

运行后效果如图 11.16 所示。

工程师提示

在环境部署好了以后,不要将 AcitveSyn 关掉,否则无法连接上 Web Servers。

图 11.16　登录成功后运行结果图

本 章 小 结

本章简要介绍 Windows 移动开发。通过这章简单的介绍相信各位初学者能够对它有了小小的认识，同时作为一位忠实的微软开发人员应该知道现在 Windows 移动开发的动向，手机的不断改朝换代也带来了更新的知识面和领域。本章以基础为主，讲解了 Windows 移动开发的发展，环境的搭配，简单的实例开发，让初学者轻松地步入 Windows 移动开发的殿堂，同时希望在这块知识沃土上有更多发展的爱好者，依然深入地学习下去。

课 后 练 习

简答题

1. 什么是 WinCE？
2. WinCE 特点是什么？
3. Windows Mobile 有什么优缺点？

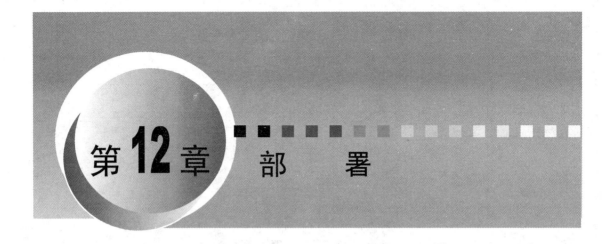

第12章 部 署

内容提示

在建成某网站后,可以将该网站部署到用于测试的 Web 服务器(测试服务器)或部署到用户可以使用该网站的服务器(成品服务器)。

教学要求

(1) 了解 .NET Framework。
(2) 了解 .NET 几种部署。
(3) 了解 B/S,C/S 打包。

内容框架图

部署
- .NET Framework的概述
- 部署的几种常用模式
- B/S模式打包
- C/S模式打包

12.1 .NET Framework 的概述

.NET Framework 是新的开发平台，可对通过局域网(LAN)和因特网而运作的分布式企业应用程序提供一致而有效的支持。这个新平台的主要功能包括以下几个方面。

(1) 提供一致的、和语言无关的、面向对象式开发环境，以利用开发人员的程序设计知识。

(2) 提供简易的软件部署，避开了使用相关组件的版本控制问题。使一个丰富的执行模型和存放位置无关，组件可以在本机储存并执行，或是储存在远程但在本机执行，或者是储存在远程因特网位置并从该处执行。

(3) 提供安全程序代码执行，使用较高的安全性设定以符合今日公司组织的安全性需求。

.NET Framework 替 Windows 和 Web 应用程序提供一致的程序设计环境，经由 Windows 和 Web 应用程序环境中有效率的程序代码编译来增进这两种应用程序的执行效能和通信标准兼容，以确保.NET 应用程序可以和其他应用程序与其他平台整合及共存，.NET Framework 有两个主要的组件：Common Language Runtime(CLR)和.NET Framework 类别库。

12.2 部署的几种常用模式

1. XCOPY .NET 部署

和先前的版本(即 XCOPY 部署)相较之下，.NET 组件的部署显得非常容易。XCOPY.NET 部署是表示在许多情况下，只经由将应用程序目录复制到目的位置就可以部署.NET 应用程序。下列.NET 功能可以实现这个简单的部署程序。

(1) 每个组件都是自我说明的，因为组件包含了定义其内容的元数据。这个功能消除了登录项目的无尽需求，登录项目的用途是定义每个组件的公用接口。

(2) 涉及任何.NET 组件的每个组件都是使用标准位置，所以没有必要在登录的特定项目中定义它们。

(3) 组态档可以修改特定组件的位置，但组件会在标准位置中寻找这些组态档，以避免不必要的注册程序。然而，某些状况下的部署程序比较复杂，例如，.NET 应用程序和 COM 组件的相互操作性仍然需要注册。

相较之下，事先将组件编译成远程计算机上的机器码比直接将档案复制到目的地目录需要更多的处理程序。将组件安装到远程计算机的"全局程序集缓存"中，需要更多步骤才能让这个组件成为全局共享程序集。

当安装使用.NET Framework 开发的 Windows 服务时，该服务必须在目标系统中注册为这样的 Windows 服务。

需要在其他服务(例如 Active Directory、Internet Information Server 和.NET Enterprise Server)中设定对象的.NET 应用程序，其安装程序需要执行一些进一步的应用程序或脚本，以建立及设定这些对象。

当自定义用户环境时，例如"开始"菜单项、桌面快捷方式、控制面板 Applet、自定义文件夹以及 Office 增益功能，这些设定都需要安装应用程序来建立所有的这些自定义项目。

2. 使用 Windows Installer 部署.NET

Windows Installer 提供一致的方案，让用户部署所有类型的应用程序和组件。这种部署是经由 Windows Installer 档案来完成。Windows Installer 档案具有.msi 扩展名，并且包含安装应用程序的说明，其中包括以下几个方面。

(1) 所有处于压缩模式的应用程序文件。
(2) 使用图形用户界面或自动安装模式时，所有经由安装程序可供使用的选项。
(3) 应用程序档的位置。
(4) 用户环境设定，例如"开始"菜单项以及桌面快捷方式和图标。
(5) 卸载信息。
(6) 注册需求，如果有需要。
(7) 其他顺利安装和注册应用程序所需的设定值。

部署.NET 应用程序需要使用 Windows Installer 2.0(含)以后版本，Windows 2000、Windows XP 和 Windows Server 2003 的所有版本都有提供适用的 Windows Installer。本章稍后会提供有关如何取得适合其他平台的 Windows Installer 更新版本的详细信息。

如果要建立.msi 档，需要使用第三方工具。独立的软件厂商也提供不同的产品，例如 InstallShield Software Corporation(www.installshield.com)和 Wise Solutions Inc.(www.wise. com)，这些都可以用来撰写.msi 封装。使用这些工具的替代方案是使用 Microsoft Visual Studio .NET，本章稍后会加以说明。

3. 使用 Microsoft Application Center 部署.NET

Application Center 2000 提供在负载平衡的 Web Farm 或服务器故障转移丛集中部署.NET 应用程序的工具。在 Application Center 2000 中，丛集中的所有服务器都被当成单一服务器来管理。丛集同步处理可以保证应用程序影像会自动复写到所有参与的服务器上。

用户可以在不关闭任何服务的情况下升级服务器应用程序，这改善了可用性。Application Center 2000 可以从开发工作站协助新应用程序或新版本的部署，万一部署失败，也可以复原这些变更。经由 Application Center 2000，用户也可以使用脚本语言来将部署程序自动化，这得感谢其完整的 API。

Application Center 2000 功能的进一步说明超出本文的主题范围。如需这项产品的其他信息，请参考 http://www.microsoft.com/taiwan/applicationcenter/。

4. 使用 Microsoft System Management Server 部署.NET

Microsoft System Management Server(SMS)可以针对 Windows Installer 封装提供其他功能，尤其是有关将 Windows .NET 应用程序散发到客户端计算机，以及将 ASP.NET 和 Web 服务散发到多个.NET Web 服务器。

使用 SMS 时，用户可以获得变更和设定的其他利益，例如：

(1) 智能型的软件散发，可以依据事先定义的系统管理规则来将软件散发到目标用户和计算机。
(2) 可在目标系统上预先检查硬件和软件需求。
(3) 进阶的软件测量，以追踪软件的使用，这可协助用户设计基础结构，以处理实际和预测的工作量。

(4) 进阶诊断和疑难解答工具，可以微调系统和网络基础结构。

如果要使用 SMS 2.0 来部署 Windows Installer 安装套件，必须执行下列工作。

(1) 在所有目标计算机上确认 Windows Installer Runtime 的可用性。
(2) 使用 Windows Installer 的系统管理安装来设定封装来源目录。
(3) 建立封装。
(4) 设定有弹性的资源(选用项目)。
(5) 使用 Windows Installer 命令行语法建立封装程序。
(6) 指定封装的散发点。
(7) 指定封装的存取账户(选用项目)。
(8) 建立广告。

12.3　B/S 模式打包

方法 1：

(1) 打开一个 Web 项目，右击【解决方案】，选择"生成解决方案"命令，如果生成成功，则进行下一步操作。右击 UI 层，选择"发布网站"命令，弹出"发布网站"对话框，然后选择路径，单击"确定"按钮，如图 12.1 所示。

图 12.1　【发布网站】对话框

(2) 完成整个打包过程。

方法 2：

(1) 右击网站名称，选择"复制网站"命令，打开复制网站窗口，如图 12.2 所示。

图 12.2 【复制网站】窗体图

(2) 然后选择【连接】命令,选择复制目的地,如果是复制到远程站点,就选择【远程站点】,这里复制到【本地 IIS】的一个网站上,从而创建新的 Web 应用程序,如图 12.3 所示。

图 12.3 本地 IIS 上创建新的应用程序图

(3) 单击【打开】按钮，开始复制。
(4) 完成整个打包过程。

12.4 C/S 模式打包

(1) 打开一个项目，右击解决方案，选择【生成解决方案】命令，如果生成成功，则进行下一步操作。右击"解决方案"项目名，选择【添加】→【新建项目】命令，在【添加新项目】对话框中，选择【其他项目类型】→【安装和部署】→【安装项目】命令，然后输入名称和路径，单击【确定】按钮，如图 12.4 所示。

图 12.4 "添加新项目"窗体图

(2) 右击刚才创建的【安装项目】，然后选择【添加】→【项目输出】命令，弹出【添加项目输出组】对话框，如图 12.5 所示。
(3) 生成项目。
(4) 运行项目文件下的 exe 文件安装程序，完成。

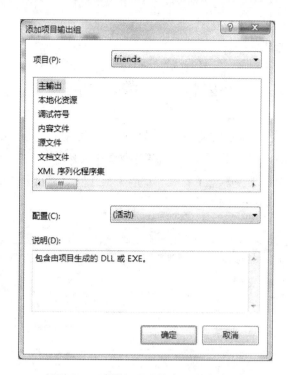

图 12.5 【添加项目输出组】窗体图

本 章 小 结

本章简要介绍了 Microsoft .NET 框架为开发者提供了一个强大的可扩展的平台来生成安全的、可伸缩的解决方案。.NET 框架还扩展了 Windows 2000、IIS 以及 SQL Server 已有的某些功能,但是这些新的解决方案的部署与过去有着很大的区别。本章提供了关于如何使用 Windows 安装程序和 XCOPY 的方式部署.NET 应用程序的详尽说明。但是本章最重要的目标是强调在部署过程中进行谨慎地设计和测试以在最终产品环境中成功地进行部署。

课 后 练 习

一、判断题

1. .NET Framework 是新的开发平台,可对通过局域网(LAN)和因特网而运作的分布式企业应用程序提供一致而有效的支持。( )

2. .NET 框架为 Windows2000、IIS 以及 MYSQL 提供了已有的某些功能。( )

3. .NET Framework 是由 Common Language Runtime (CLR)和.NET Framework 4.0 类别库组件组成的。( )

4. .NET 应用程序和 COM 组件的相互操作性不需要注册。( )

5. .NET 应用程序需要使用 Windows Installer 2.0 版本,Windows 2000、Windows XP 和 Windows Server 2003 的所有版本都有提供适用的 Windows Installer。( )

第 12 章 部　　署

二、填空题

1. .NET Framework 替_____和_____应用程序提供一致的程序设计环境。
2. .NET Framework 提供简易的软件部署，避开了_____的版本控制问题。
3. .NET Framework 提供一致的、_____、_____，以利用开发人员的程序设计知识。
4. 智能型的软件散发，可以依据事先定义的系统管理规则来将软件散发到_____和_____。
5. 使用.NET Framework 开发的 Windows 服务时，该服务必须在_____注册_____。

三、选择题

1. .NET Framework 是新的开发平台，它的主要功能有(　　)。
    A．提供一致的、和语言无关的、面向对象式开发环境
    B．提供简易的软件部署，避开了使用相关组件的版本控制问题
    C．提供安全程序代码执行，使用较高的安全性设定
    D．编程语言
2. 部署的常见模式有(　　)。
    A．XCOPY .NET 部署
    B．使用 Windows Installer 部署.NET
    C．使用 Microsoft Application Center 部署.NET
    D．使用 Microsoft System Management Server 部署.NET
3. 使用 SMS 2.0 来部署 Windows Installer 安装套件，必须(　　)。
    A．在目标计算机上确认 Windows Installer Runtime 的可用性
    B．使用 Windows Installer 的系统管理安装来设定封装来源目录
    C．建立封装、设定有弹性的资源、指定封装的散发点
    D．使用 Windows Installer 命令行语法建立封装程序
4. .NET Framework 提供的软件部署组件可以(　　)。
    A．不用在本机储存并执行
    B．可以储存在远程但在本机执行
    C．可以储存在远程因特网位置并从该处执行
    D．可以在本机储存并执行
5. .NET Framework 组件包括(　　)。
    A．.Common Language Runtime
    B．.NET Framework 2.0 类别库
    C．.NET Framework 类别库
    D．Active Directory

四、简要地概述.NET Framework 及其作用。

第13章 GEO 飞行模拟系统

13.1 项目背景

Google Earth 这款桌面版的地球软件，大家都不陌生，但如何使用 Google Earth 提供的 API，开发出一款按照用户设计的路线漫游周边环境的软件呢？暂时将开发这款软件的项目起名为"GEO 飞行模拟系统"。

13.2 项目需求分析

"GEO 飞行模拟系统"需提供友好的用户操作界面，根据 Google 官方发布的卫星地图自动更新，并且能提供实时的导航信息(需导航硬件设备，如 GPS)。

分别针对以下几方面说明。

(1) 本软件的使用用户：大众。

(2) 功能分析如下。

① 手动导入 KML 文件，实现飞行航线的自动添加。

② 用户使用鼠标在卫星图上添加航点，形成航线。

③ 用户设置飞行模式，并按设置的模式沿着航线飞行。

④ 对 Google Earth 中的图层进行管理，查看感兴趣的图层。

⑤ 通过外围 GPS 设备实现自动导航、跟踪功能(扩展功能)。

(3) 技术需求。

① KML 技术。KML 是一种文件格式，类似 XML，遵循所有 XML 规则，只是增加了必需标签和属性。

KML 用于在地球浏览器(例如 Google 地球、Google 地图和谷歌手机地图)中显示地理数据。KML 使用含有嵌套元素和属性的基于标记的结构。所有标记都区分大小写，而且完全如 KML 参考中列出的那样显示。该参考指出了哪些标记是可选的。在指定元素内，标记必须按照参考中显示的顺序显示。由于 KML 技术和标签太多，限于篇幅，这里不可能一一介绍和讲解，更多的内容请读者参阅 Google 的《KML 教程》、《KML 参考》。

第13章 GEO飞行模拟系统

以下只以地标、路径、多边形为例进行介绍。

地标：地标是 Google 地球中最常用的地图项之一。它使用黄色图钉作为图标，在地球表面标记出位置，如图 13.1 所示。最简单的地标只包含一个<Point>元素，它指定地标的位置。用户可以指定地标的名称和自定义图标，还可以为地标添加其他几何元素。

图 13.1　KML 中的地标

简单地标的 KML 代码如下：

```
<?xml version="1.0" encoding="UTF-8"?>
<kml xmlns="http://www.opengis.net/kml/2.2">
        <Placemark>
            <name>Simple placemark</name>
            <description> this is the description information</description>
            <Point>
            <coordinates>103.921,30.783,0</coordinates>
            </Point>
        </Placemark>
    </kml>
```

该文件的结构分解如下。

XML 标头：这是每个 KML 文件的第 1 行。该行前面不能有空格或其他字符。

KML 名称空间声明：这是每个 KML 2.2 文件的第 2 行。

地标对象包含以下元素：用于标识地标的"名称"，附着到地标的"气泡框"中显示的"说明"，指定地标在地球表面位置的"点"、"经度"、"纬度"及"高"(可选)。

用户通常认为的 Google 地球中的"地标"，实际上是 KML 中的<Placemark>元素，包含一个<Point>子元素。点地标是用户在Google地球的三维查看器中绘制图标和标签的唯一途径。默认情况下，该图标是黄色图钉。

在 KML 中，<Placemark>可包含一个或多个几何元素，例如 LineString、Polygon 或 Model，但只有具有点的<Placemark>可以有图标和标签。点用于放置图标，但点本身并无图形表示。

· 281 ·

路径(重要)：在 Google 地球中可以创建多种不同类型的路径，并且可轻松地利用数据充分发挥创造力。在 KML 中，路径是用<LineString>元素创建的，如图 13.2 所示。

图 13.2　KML 中的路径

一个较为完整的路径的 KML 代码如下：

```
<?xml version="1.0" encoding="UTF-8"?>
<kml xmlns="http://www.opengis.net/kml/2.2">
  <Document>
<name>Paths</name>
    <description>this is the description part</description>
      <Style id="yellowLineGreenPoly">
        <LineStyle>
          <color>7f00ffff</color>
          <width>4</width>
        </LineStyle>
        <PolyStyle>
          <color>7f00ff00</color>
        </PolyStyle>
      </Style>
    <Placemark>
      <name>Absolute Extruded</name>
      <description>Transparent green wall with yellow outlines</description>
      <styleUrl>#yellowLineGreenPoly</styleUrl>
      <LineString>
        <extrude>1</extrude>
        <tessellate>1</tessellate>
        <altitudeMode>absolute</altitudeMode>
        <coordinates>
            -112.2550785337791,36.07954952145647,2357
```

```
                    -112.2549277039738,36.08117083492122,2357
                    -112.2552505069063,36.08260761307279,2357
                    -112.2564540158376,36.08395660588506,2357
                    -112.2580238976449,36.08511401044813,2357
                    -112.2595218489022,36.08584355239394,2357
                    -112.2608216347552,36.08612634548589,2357
                    -112.262073428656,36.08626019085147,2357
                    -112.2633204928495,36.08621519860091,2357
                    -112.2644963846444,36.08627897945274,2357
                    -112.2656969554589,36.08649599090644,2357
                </coordinates>
            </LineString>
        </Placemark>
    </Document>
</kml>
```

该文件的结构分解如下。

Document：Document 是特征和样式的容器。如果 KML 文件使用"共享样式"，则需要该元素。建议使用共享样式，它需要遵循以下步骤。

在 Document 中定义所有样式，为每个样式指定唯一的 ID。

在指定的地图项或 StyleMap 中，用<styleUrl>元素引用样式 ID。(更多内容请查阅《KML 参考》)

LineString：定义一组连起来的线段。用 <LineStyle> 指定颜色、颜色模式和线宽。凸出 LineString 时，该线会延伸到地面上，形成一个有点像墙或篱笆的多边形。对凸出的 LineString，线本身会使用当前的 LineStyle，而凸出部分会使用当前的 PolyStyle。

tessellate：布尔值，指定是否允许线依从地形。较大的线应启用拼贴地形，这样它们会依从地球的曲率铺设(否则它们会进入地下而被隐藏)。

extrude：布尔值，指定是否将线连到地面。要凸出该几何图形，海拔高度模式必须为 relativeToGround、relativeToSeaFloor 或 absolute。只凸出线的端点，而不是几何图形的中心。这些端点向地球中心凸出。

altitudeMode：指定如何解释<coordinates>元素中的"海拔高度"分量，可能的值包括以下几种。

clampToGround——(默认值)指示忽略海拔高度规范(例如，在<coordinates>标签中)。

relativeToGround——设置元素以特定位置实际地面高度为基准的海拔高度。例如，如果某位置的地面高度正好与海平面齐平，某点的海拔高度设置为 9m，则在该模式下点地标高度的图标高度是 9m。但是，如果在地面高度为高于海平面 10m 的位置上设置相同的坐标，则坐标高度是 19m。该模式的一个典型应用就是放置电线杆或滑雪缆索。

absolute——设置坐标以海平面为基准的海拔高度，而不管该元素下地形的实际高度如何。例如，如果用"absolute"海拔高度模式将坐标的海拔高度设置为 10m，那么当下面的地形也高于海平面 10m 时，点地标的图标看上去就在地平面上。如果地形高于海平面 3m，则地标会高于该地形 7m。该模式的典型应用是放置飞机。

多边形(选看)：可以使用多边形来创建简单的建筑物及其他形状。图 13.3 中五角大楼的示例是通过绘制简单的内外壳，然后将它们向下凸出到地面生成的。

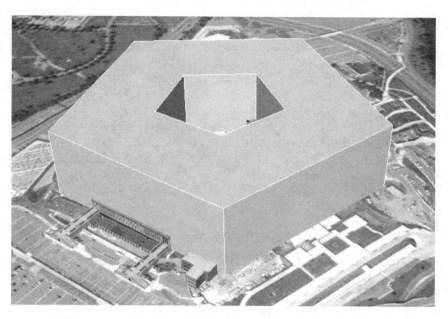

图 13.3 KML 中的多边形

代码如下:

```xml
<?xml version="1.0" encoding="UTF-8"?>
<kml xmlns="http://www.opengis.net/kml/2.2">
 <Placemark>
 <name>The Pentagon</name>
   <Polygon>
     <extrude>1</extrude>
     <altitudeMode>relativeToGround</altitudeMode>
     <outerBoundaryIs>
       <LinearRing>
         <coordinates>
           -77.05788457660967,38.87253259892824,100
           -77.05465973756702,38.87291016281703,100
           -77.05315536854791,38.87053267794386,100
           -77.05552622493516,38.868757801256,100
           -77.05844056290393,38.86996206506943,100
           -77.05788457660967,38.87253259892824,100
         </coordinates>
       </LinearRing>
     </outerBoundaryIs>
     <innerBoundaryIs>
       <LinearRing>
         <coordinates>
           -77.05668055019126,38.87154239798456,100
           -77.05542625960818,38.87167890344077,100
           -77.05485125901024,38.87076535397792,100
           -77.05577677433152,38.87008686581446,100
           -77.05691162017543,38.87054446963351,100
           -77.05668055019126,38.87154239798456,100
         </coordinates>
```

```
        </LinearRing>
      </innerBoundaryIs>
    </Polygon>
  </Placemark>
</kml>
```

② Google Earth API 接口技术。Google Earth 提供了 COM 接口，开发人员可以使用支持 COM 的可视化编程语言工具进行开发，如用 Delphi、Visual C#等可视化编程语言来调用 COM 的接口、添加业务逻辑、构建程序，高级用户甚至可以使用 Python 来调用 Google Earth 的 COM 接口。

Google Earth 的 API 函数遵循 COM 的规范。Google Earth COM API 接口主要由以下五大部分组成，见表 13-1。

表 13-1 Google Earth COM API 接口组成

接口名称	功能说明
IApplicationGE	Google Earth COM API 的主要接口，外部应用程序可以使用该接口加载 Google Earth，并对其进行查询和控制
ICameraInfoGE	描述的是元素在 Google Earth 上的相机视角信息，以及相机相对于元素的方位信息
IFeatureCollectionGE	描述的是元素的集合，其描述的是元素集合的简单信息
IFeatureGE	描述加载到 Google Earth 中的 KML 元素的简单功能的接口
IViewExtentsGE	描述由经纬度组成的视角框范围的接口

以下分别针对这 5 个接口中的重要属性和方法进行介绍。

IApplicationGE 接口属性，见表 13-2。

表 13-2 IApplicationGE 接口的属性

名称	类型	属性过程	功能
StreamingProgressPercentage	long	get	当前数据流百分比
AutoPilotSpeed	double	get,set	自动飞行速度
ViewExtents	IViewExtentsGE	get	当前视图范围
VersionMajor	int	get	GE 软件版本主号码
VersionMinor	int	get	GE 软件版本次号码
VersionBuild	int	get	GE 软件版本构造号码
VersionAppType	AppTypeGE	get	GE 软件版本类型
ElevationExaggeration	double	get,set	地面高程设置

IApplicationGE 接口的方法见表 13-3。

表 13-3 IApplicationGE 接口的方法

数据类型	名称和参数	功能
HRESULT	GetCamera ([in] BOOL considerTerrain,[out, retval] ICameraInfoGE **pCamera)	得到运行中实例的观察视角

续表

数据类型	名称和参数	功能
HRESULT	SetCamera ([in] ICameraInfoGE *camera,[in] double speed) 备注：speed(0-5)	设置视角和飞行速度
HRESULT	SetCameraParams ([in] double lat,[in] double lon,[in] double alt,[in] AltitudeModeGE altMode,[in] double range,[in] double tilt,[in] double azimuth,[in] double speed)	设置相机视角参数
HRESULT	SaveScreenShot ([in] BSTR fileName,[in] long quality) 备注：quality(0-100)	输出黑白影像截图(质量低)
HRESULT	OpenKmlFile ([in] BSTR fileName,[in] BOOL suppressMessages)	加载 KML 文件
HRESULT	LoadKmlData ([in] BSTR *kmlData)	加载 KML 数据
HRESULT	GetFeatureByName ([in] BSTR name,[out, retval] IFeatureGE **pFeature)	通过 name 获取元素
HRESULT	GetFeatureByHref ([in] BSTR href,[out, retval] IFeatureGE **pFeature)	通过 href 获取元素
HRESULT	SetFeatureView ([in] IFeatureGE *feature,[in] double speed)	设置元素的视角范围
HRESULT	GetPointOnTerrainFromScreenCoords([in]double screen_x, [in]double screen_y,[out, retval] SAFEARRAY (double)* coords)	通过屏幕坐标返回点
HRESULT	IsInitialized([out, retval] BOOL *isInitialized)	判定是否和服务器连接
HRESULT	IsOnline([out, retval] BOOL *isOnline)	判定是否与数据服务器连接
HRESULT	Login()	登录默认会话
HRESULT	Logout()	退出当前会话
HRESULT	ShowDescriptionBalloon([in] IFeatureGE *feature)	显示元素的描述信息
HRESULT	HideDescriptionBalloons()	隐藏元素的描述信息
HRESULT	GetHighlightedFeature([out, retval] IFeatureGE **pFeature)	返回当前高亮元素
HRESULT	GetMyPlaces([out, retval] IFeatureGE **pMyPlaces)	返回"My Places"文件夹
HRESULT	GetTemporaryPlaces ([out, retval] IFeatureGE **pTemporaryPlaces)	返回"Temporary Places"文件夹
HRESULT	GetLayersDatabases([out, retval] IFeatureCollectionGE **pDatabases)	从层列表返回数据库
HRESULT	GetMainHwnd([out, retval] OLE_HANDLE *hwnd)	返回 GE 主窗口的 Windows 句柄

ICameraInfoGE 接口的属性，见表 13-4。

表 13-4 ICameraInfoGE 接口的属性

名称	类型	属性过程	功能
FocusPointLatitude	double(-90，90)	get, set	获取、设置视点的纬度(degree)
FocusPointLongitude	double(-180，180)	get, set	获取、设置视点的经度(degree)
FocusPointAltitude	double	get, set	获取、设置视点的海拔(meters)

续表

名称	类型	属性过程	功能
FocusPointAltitudeMode	AltitudeModeGE	get, set	相机视角海拔模型
Range	double	get, set	相机与元素距离(meters)
Tilt	double(0，90)	get, set	相机倾斜角度(degree)
Azimuth	double(-180，180)	get, set	相机的方位角(degree)

修改一个或多个 ICameraInfoGE 属性不会改变当前元素在 GE 上的相机视角信息,需要调用 IApplicationGE::SetCamera 方法来改变在 GE 上的相机视角信息。

IFeatureCollectionGE 接口的属性,见表 13-5。

表 13-5 IFeatureCollectionGE 接口的属性

名称	类型	属性过程	功能
Item([in]long index)	IFeatureGE	get	从集合中返回一项
Count	Long	get	集合中元素的数目

IFeatureGE 接口的属性,见表 13-6。

表 13-6 IFeatureGE 接口的属性

名称	类型	属性过程	功能
Name	BSTR	get	返回元素的名称
Visibility	BOOL	get,set	元素是否可见
HasView	BOOL	get	元素是否具有视角
Highlighted	BOOL	get	元素是否高亮显示

IFeatureGE 接口的方法,见表 13-7。

表 13-7 IFeatureGE 接口的方法

数据类型	名称、参数	功能
HRESULT	Highlight ()	高亮显示元素
HRESULT	GetParent ([out,retval]IFeatureGE **pParent)	返回元素的上一级元素
HRESULT	GetChildren([out,retval] IFeatureCollectionGE **pChildren)	返回元素的集合

IViewExtentsGE 接口的属性,见表 13-8。

表 13-8 IViewExtentsGE 接口的属性

名称	类型	属性过程	功能
North	double	get	北边界(最大纬度)
South	double	get	南边界(最小纬度)

续表

名称	类型	属性过程	功能
East	double	get	东边界(最大经度)
West	double	get	西边界(最小经度)

③ 串口通信技术。本系统功能之一是连接外围 GPS 设备实现导航和定位,这就需要将 GPS 接收机接收到的信息通过计算机串口接入系统。

结合本系统的功能,从实用的角度考虑,这里不介绍串口通信的具体协议以及电气特性,考虑到笔记本电脑没有提供串口,所以通过一个驱动程序将串口数据转换为 USB 口输入。

13.3 系统设计

13.3.1 功能结构图

功能结构图如图 13.4 所示。

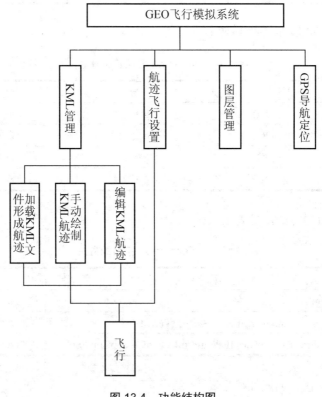

图 13.4 功能结构图

13.3.2 功能业务流程图

功能业务流程图如图 13.5 所示。

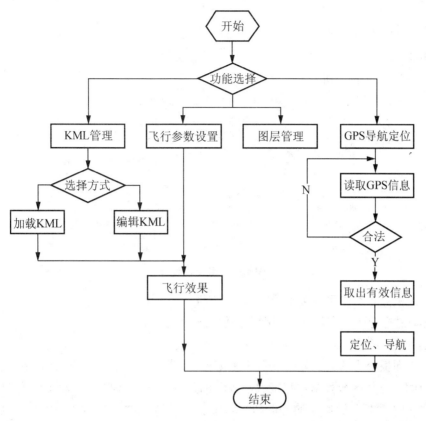

图 13.5 功能业务流程图

13.3.3 界面设计

1. 主体界面设计

主体界面主要由菜单栏、状态栏、窗体分割器、TabControl 控件、分组控件、列表控件、状态栏等组成。具体的布局如图 13.6 所示。

图 13.6 主体界面设计

2. 分级菜单、选项设计

1) 菜单项设计

菜单项设计如图 13.7 所示。

图 13.7　菜单项设计

提示：这里只是给出了各菜单项的 Text 属性——图中所对应每一项的名称，并未对其属性中的 Name 进行更改，在程序中原则上都使用默认名称。

2) 主面板的设计

系统的主面板分为两大部分：一是左边系统启动后用于显示 Google Earth 界面的区域，二是右边用户的主操作区域。从用户能灵活拖动的角度考虑，这两部分采用了窗体分割器控件("工具箱"中"容器"分组下的 SplitContainer 控件)作为容器，并设置为水平分割。

主面板设计如图 13.8 所示。

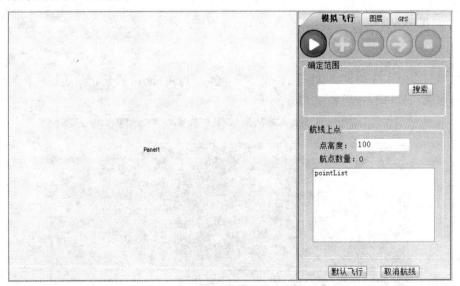

图 13.8　主面板设计

因左边部分是用来显示 Google Earth 界面，所以不予修改，这里只针对右边用户操作区域的 3 个功能给出详细的图解和说明。

用户操作区的 3 个功能界面如图 13.9、图 13.10、图 13.11 所示。

第 13 章　GEO 飞行模拟系统

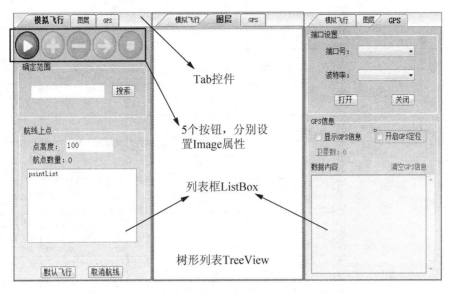

图 13.9　模拟飞行操作　图 13.10　图层控制操作界面　图 13.11　GPS 导航定位
　　　　界面　　　　　　　　　　　　　　　　　　　　　　　　　　控制界面

3) 其他

状态栏，在窗体的最下部放置一状态栏控件，用来显示用户当前的操作状态、信息提示、特殊说明以及时间显示等友好信息(这一功能，请读者自行设置，这里未列出)。

4) 控件的详细说明

控件的详细说明见表 13-9。

表 13-9　控件的详细说明

图示	控件类型	Name 属性	Text 属性	其他
	tabControl	tabControl1	tabControl1	Dock：Fill
		tabAirline	模拟飞行	
		tabLayers	图层	
		tabGPS	GPS	
		toolStrip1	toolStrip1	
	ToolStripButton	tsbStart	开始编辑	Image：Button-Start Enable：True
	ToolStripButton	tsbAddPoint	添加航线	Image：Button-Add Enable：False
	ToolStripButton	tsbDelPoint	删除航点	Button-Delete Enable：False
	ToolStripButton	tsbMovePoint	移动航点	Button-Next Enable：False

续表

图示	控件类型	Name 属性	Text 属性	其他
	ToolStripButton	tsbStop	停止编辑	Button-Stop Enable：False
	TextBox	txtSearch		
	Button	btSearch	搜索	
	TextBox	txtPointHeigh		Text：100
	Label	lblPointCount		Text：0
	ListBox	pointList		有水平、垂直滚动条
	Button	btDefalutFly	默认飞行	
	Button	btCancelLine	取消航线	
	ComboBox	cbComId		Items：1、2、3…10
	ComboBox	cbBand		Items：2400、4800…
	Button	btOpen	打开	
	Button	btClose	关闭	
	CheckBox	cbIsGPSLocat	开启 GPS 定位	
	CheckBox	cbIsShowGPSInfo	显示 GPS 信息	
	LinkLabel	llClearGPSInfo	清空 GPS 信息	LinkBehavior：NeverUnderline
	Label	lblGPSNum	卫星数：0	
	TextBox	txtGPSInfo		Multiline：True

13.4 项目架构分析

13.4.1 项目多层体系图

项目多层体系如图 13.12 所示。

说明：

(1) 顶层是功能层，也就是用户能直接操作和使用的功能，这里如之前所解释，本系统有 4 个基本功能，分别是 KML 文件管理、GE 图层管理、模拟飞行、GPS 导航和定位。

(2) 中间层是业务逻辑层，是支撑顶层功能的程序代码和关键接口(API)、类以及其他，其中，NativeMethods、DoublePoint、RECT、Win32API 是自定义类；HookAPI 是要产生的一个

DLL 文件，目的是加深用户对 DLL 的理解；EARTHLib 是 Google Earth 提供的 COM 接口，需要先引用到项目中。

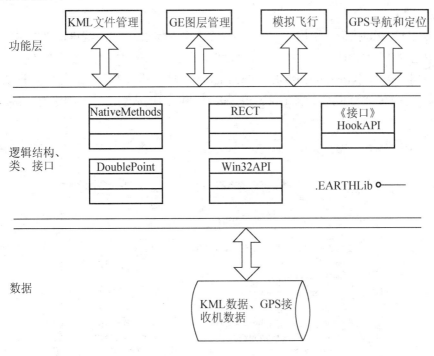

图 13.12　项目多层体系图

(3) 底层是数据层，这里的数据不是数据库中的数据。这里不需要数据库，只需要 KML 文件作为数据源。在 GPS 功能中，需要从 GPS 接收机传回的符合特定格式的信息码作为数据源。这样就大大简化了数据库的创建，不受表的关系等限制，同时也便于数据维护。

13.4.2　构建多层体系及编码

本软件共有 3 层结构(如图 13.12 所示)，第二层接口、类组织如图 13.13 所示。

图 13.13　接口、类组织结构图

1. Google Earth 接口的引用、自定义 DLL 的实现和引用

【实现步骤】

(1) Google Earth 接口的引用。在"解决方案资源管理器"中右键单击"引用"项,在弹出的菜单中选择"添加引用"命令,打开对话框,如图 13.14 所示,选择"COM"选项卡,在列表中找到并选中"Google Earth 1.0 Type Library"项,然后单击"确定"按钮(如未找到此项,请先确认是否已经成功安装了 Google Earth 软件)。引用成功后在主程序的 using 中添加以下引用:

```
using EARTHLib;
```

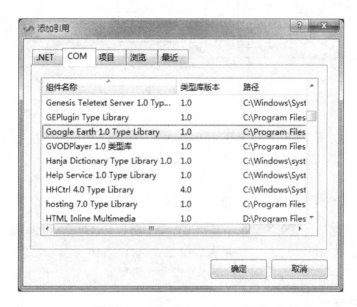

图 13.14 添加 Google Earth 引用

(2) 创建 HookAPI.dll 动态链接库,并将其引用到本项目中。这个 DLL 的主要功能是对鼠标操作的监控和管理(又称为鼠标钩子)。因为 Google Earth 提供的只是一个接口,和 Visual Studio 中的控件以及其他第三方控件不同,在窗体设计中,无法将其拖放到窗体中,只能在程序运行后动态的添加,也就是事先无法在 Google Earth 控件(没有这一称谓,暂时先这样叫)定义好鼠标的事件。HookAPI.dll 文件就是为了程序在运行中根据用户的操作来临时监听鼠标动作而设计的。

这里只给出 DLL 中几个方法讲解,其他方法请读者自己学习或者咨询作者。

创建 HookAPI.dll 的过程如下。

① 创建名为 HookAPI 的 DLL 项目。打开 Visual Studio 2008,在"新建项目"对话框的"项目类型"中选择"Visual C#"→"Windows"命令,在右边的"模板"列表中选择"类库"命令,在下面的"名称"文本框中输入"HookAPI",并设置好存放路径(这里是"E:\工作\书\临时",读者根据自己情况而定,但要记住,后面会用到该路径下的 HookAPI.dll 文件),单击"确定"按钮,如图 13.15 所示。

图 13.15 创建 HookAPI 动态链接库

② 添加"HookAPI"文件夹，并在其下添加类，如图 13.16 所示。

图 13.16 添加 HookAPI 文件夹

③ 在 HookAPI 文件下添加接口、类，接口、类的列表，如图 13.17 所示。

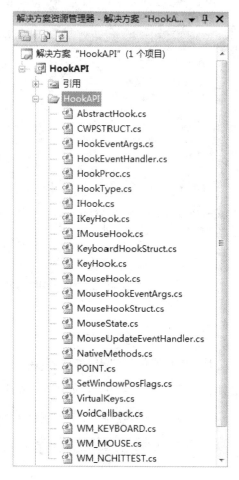

图 13.17　HookAPI.dll 中接口、类列表

④ 类的实现。这里讲解 MouseHook.cs 类，功能介绍见代码中的注释。

```
//引用
    using System;
    using System.Drawing;
    using System.Runtime.CompilerServices;
    using System.Runtime.InteropServices;
    using System.Windows.Forms;
//继承 AbstractHook 类、IMouseHook 接口
    public class MouseHook : AbstractHook, IMouseHook
    {
        private HookAPI.HookProc hookProc;
        private DateTime lastClickTime;
        private int state;
        private Point tempMousePoint;
        public event MouseEventHandler MouseClick;
        public event MouseEventHandler MouseDbClick;
        public event MouseEventHandler MouseDown;
        public event EventHandler MouseEnter;
        public event EventHandler MouseHover;
        public event EventHandler MouseLeave;
```

```csharp
public event MouseEventHandler MouseMove;
public event MouseEventHandler MouseUp;
public event MouseEventHandler MouseWheel;
//构造函数
public MouseHook()
{
    this.Init();//初始化,下面有该函数的定义
}
//构造函数重载
public MouseHook(IntPtr hWnd) : base(hWnd)
{
    this.Init();
}
internal bool GetState(int flag)
{
    return ((this.state & flag) != 0);
}
//定义鼠标的按键
protected System.Windows.Forms.MouseButtons GetXButton(int wParam)
{
    switch (wParam)
    {
        case 1:
            return System.Windows.Forms.MouseButtons.XButton1;

        case 2:
            return System.Windows.Forms.MouseButtons.XButton2;
    }
    return System.Windows.Forms.MouseButtons.None;
}
//初始化
private void Init()
{
    this.hookProc = new HookAPI.HookProc(this.MouseHookProc);
    this.tempMousePoint = Point.Empty;
    this.state = 0x2000e;
    this.lastClickTime = DateTime.MinValue;
}

protected virtual int MouseHookProc(int code, IntPtr wParam, IntPtr lParam)
{
    base.Code = code;
    base.WParam = wParam;
    base.LParam = lParam;
    if (base.Code < 0)
    {
        //hookProc = base.HHook;
        base.HookProcResult = HookAPI.NativeMethods.CallNextHookEx(base.HHook, code, wParam, lParam);
        return base.HookProcResult;
```

```csharp
            }
            this.OnHookInvoked(new HookEventArgs(base.Code, base.WParam, base.LParam));
            Message msg = new Message();
            msg.HWnd = base.HHook;
            msg.LParam = lParam;
            msg.WParam = wParam;
            msg.Msg = (int) wParam;
            this.WmProc(ref msg);
            if (!base.HasCallNext)
            {
                base.HookProcResult = HookAPI.NativeMethods.CallNextHookEx(base.HHook, code, wParam, lParam);
            }
            return base.HookProcResult;
        }
        //定义鼠标的单击事件
        protected virtual void OnMouseClick(MouseEventArgs e)
        {
            if (this.MouseClick != null)
            {
                this.MouseClick(this, e);
            }
        }
        //定义鼠标的双击事件
        protected virtual void OnMouseDbClick(MouseEventArgs e)
        {
            if (this.MouseDbClick != null)
            {
                this.MouseDbClick(this, e);
            }
        }
        //定义鼠标按键按下事件
        protected virtual void OnMouseDown(MouseEventArgs e)
        {
            if (this.MouseDown != null)
            {
                this.MouseDown(this, e);
            }
        }

        protected virtual void OnMouseEnter(EventArgs e)
        {
            if (this.MouseEnter != null)
            {
                this.MouseEnter(this, e);
            }
        }
        //定义鼠标离开事件
        protected virtual void OnMouseHover(EventArgs e)
        {
```

```csharp
        if (this.MouseHover != null)
        {
            this.MouseHover(this, e);
        }
    }

    protected virtual void OnMouseLeave(EventArgs e)
    {
        if (this.MouseLeave != null)
        {
            this.MouseLeave(this, e);
        }
    }
    //定义鼠标的移动事件
    protected virtual void OnMouseMove(MouseEventArgs e)
    {
        if (this.MouseMove != null)
        {
            this.MouseMove(this, e);
        }
    }
    //定义鼠标的按键弹起事件
    protected virtual void OnMouseUp(MouseEventArgs e)
    {
        if (this.MouseUp != null)
        {
            this.MouseUp(this, e);
        }
    }
    //定义鼠标的滚轮滑动事件
    protected virtual void OnMouseWheel(MouseEventArgs e)
    {
        if (this.MouseWheel != null)
        {
            this.MouseWheel(this, e);
        }
    }
    //定义不同对象间鼠标点的转换函数
    public Point PointToClient(Point p)
    {
        return this.PointToClientInternal(p);
    }

    internal Point PointToClientInternal(Point p)
    {
        HookAPI.POINT pt = new HookAPI.POINT();
        pt.X = p.X;
        pt.Y = p.Y;
        HookAPI.NativeMethods.MapWindowPoints(HookAPI.NativeMethods.NullHandleRef,new HandleRef(this, base.HWnd), pt, 1);
        return new Point(pt.X, pt.Y);
```

```csharp
            }

            public Point PointToScreen(Point p)
            {
                HookAPI.POINT pt = new HookAPI.POINT();
                pt.X = p.X;
                pt.Y = p.Y;
                HookAPI.NativeMethods.MapWindowPoints(new HandleRef(this, base.HWnd), HookAPI.NativeMethods.NullHandleRef, pt, 1);
                return new Point(pt.X, pt.Y);
            }

            internal void SetState(int flag, bool value)
            {
                this.state = value ? (this.state | flag) : (this.state & ~flag);
            }

            protected virtual void WmMouseDown(ref Message m, System.Windows.Forms.MouseButtons button, int clicks)
            {
                MouseHookStruct struct2 = (MouseHookStruct) Marshal.PtrToStructure(m.LParam, typeof(MouseHookStruct));
                if (button == MouseButtons)
                {
                    this.OnMouseDown(new MouseEventArgs(button, clicks, struct2.Point.X, struct2.Point.Y, 0));
                }
            }

            protected virtual void WmMouseEnter(ref Message m)
            {
                this.OnMouseEnter(EventArgs.Empty);
            }

            protected virtual void WmMouseHover(ref Message m)
            {
                this.OnMouseHover(EventArgs.Empty);
            }

            protected virtual void WmMouseLeave(ref Message m)
            {
                this.OnMouseLeave(EventArgs.Empty);
            }

            protected virtual void WmMouseMove(ref Message m)
            {
                MouseHookStruct struct2 = (MouseHookStruct) Marshal.PtrToStructure(m.LParam, typeof(MouseHookStruct));
                this.OnMouseMove(new MouseEventArgs(System.Windows.Forms.MouseButtons.None, 0, struct2.Point.X, struct2.Point.Y, 0));
            }
```

```csharp
        protected virtual void WmMouseUp(ref Message m, System.Windows.Forms.MouseButtons button, int clicks)
        {
            MouseHookStruct struct2 = (MouseHookStruct) Marshal.PtrToStructure(m.LParam, typeof(MouseHookStruct));
            TimeSpan span = (TimeSpan) (DateTime.Now - this.lastClickTime);
            long totalMilliseconds = (long) span.TotalMilliseconds;
            if (totalMilliseconds <= SystemInformation.DoubleClickTime)
            {
                this.OnMouseDbClick(new MouseEventArgs(button, 2, struct2.Point.X, struct2.Point.Y, 0));
            }
            else
            {
                this.OnMouseClick(new MouseEventArgs(button, clicks, struct2.Point.X, struct2.Point.Y, 0));
            }
            this.OnMouseUp(new MouseEventArgs(button, clicks, struct2.Point.X, struct2.Point.Y, 0));
            this.lastClickTime = DateTime.Now;
        }

        protected virtual void WmMouseWheel(ref Message m)
        {
            MouseHookStruct struct2 = (MouseHookStruct) Marshal.PtrToStructure(m.LParam, typeof(MouseHookStruct));
            Point p = new Point(struct2.Point.X, struct2.Point.Y);
            p = this.PointToClient(p);
            HandledMouseEventArgs e = new HandledMouseEventArgs(System.Windows.Forms.MouseButtons.None, 0, p.X, p.Y, ((int) (struct2.MouseData >> 0x10)) & 0xffff);
            this.OnMouseWheel(e);
        }

        protected override void WmProc(ref Message m)
        {
            switch (m.Msg)
            {
                case 0x200:
                    this.WmMouseMove(ref m);
                    return;

                case 0x201:
                    this.WmMouseDown(ref m, System.Windows.Forms.MouseButtons.Left, 1);
                    return;

                case 0x202:
                    this.WmMouseUp(ref m, System.Windows.Forms.MouseButtons.Left, 1);
```

```
            return;
        case 0x203:
            this.WmMouseDown(ref m, System.Windows.Forms.MouseButtons.Left, 2);
            return;
        case 0x204:
            this.WmMouseDown(ref m, System.Windows.Forms.MouseButtons.Right, 1);
            return;
        case 0x205:
            this.WmMouseUp(refm,System.Windows.Forms.MouseButtons.Right, 1);
            return;
        case 0x206:
            this.WmMouseDown(ref m, System.Windows.Forms.MouseButtons.Right, 2);
            return;
        case 0x207:
            this.WmMouseDown(ref m, System.Windows.Forms.MouseButtons.Middle, 1);
            return;
        case 520:
            this.WmMouseUp(ref m, System.Windows.Forms.MouseButtons.Middle, 1);
            return;
        case 0x209:
            this.WmMouseDown(ref m, System.Windows.Forms.MouseButtons.Middle, 2);
            return;
        case 0x20a:
            this.WmMouseWheel(ref m);
            return;
        case 0x20b:
            this.WmMouseDown(ref m, this.GetXButton(HookAPI.NativeMethods.HIWORD(m.WParam)), 1);
            return;
        case 0x20c:
            this.WmMouseUp(ref m, this.GetXButton(HookAPI.NativeMethods.HIWORD(m.WParam)), 1);
            return;
        case 0x20d:
```

```csharp
                this.WmMouseDown(ref  m,  this.GetXButton(HookAPI.Native-
Methods.HIWORD(m.WParam)), 2);
                return;

            case 0x2a1:
                this.WmMouseHover(ref m);
                return;

            case 0x2a2:
                break;

            case 0x2a3:
                this.WmMouseLeave(ref m);
                break;

            default:
                return;
        }
    }

    public override HookAPI.HookProc HookProc
    {
        get
        {
            return this.hookProc;
        }
    }
    //定义鼠标按键
    public static System.Windows.Forms.MouseButtons MouseButtons
    {
        get
        {
            System.Windows.Forms.MouseButtons none = System.Windows.Forms.MouseButtons.None;
            if (HookAPI.NativeMethods.GetKeyState(1) < 0)
            {
                none |= System.Windows.Forms.MouseButtons.Left;
            }
            if (HookAPI.NativeMethods.GetKeyState(2) < 0)
            {
                none |= System.Windows.Forms.MouseButtons.Right;
            }
            if (HookAPI.NativeMethods.GetKeyState(4) < 0)
            {
                none |= System.Windows.Forms.MouseButtons.Middle;
            }
            if (HookAPI.NativeMethods.GetKeyState(5) < 0)
            {
                none |= System.Windows.Forms.MouseButtons.XButton1;
            }
            if (HookAPI.NativeMethods.GetKeyState(6) < 0)
            {
```

```
                none |= System.Windows.Forms.MouseButtons.XButton2;
            }
            return none;
        }
    }
}
```

提示：其余的类和接口，请参考本章最后给出的完整示例。

⑤ 引用 HookAPI.dll。HoopAPI 项目完成后，单击 Visual Studio 2008 工具栏中的"运行"图标，在弹出的对话框中单击"确定"按钮，然后在该项目的路径下(具体请参考第①点中设置的项目路径)找到名为 HookAPI.dll 的 DLL 文件，并将其复制到本项目"GEO 飞行模拟系统"的 bin\Debug 目录下。

接下来要做的就是引用该 DLL，如图 13.18 所示。

图 13.18 引用 HookAPI.dll

引用成功后在主程序的 using 中添加以下引用：

```
using EARTHLib;
```

至此，本项目的对外部接口的引用已经全部完成。为了优化界面，使窗体更加美观，作者这里引用了第三方控件。

完整的"引用"如图 13.19 所示。

图 13.19 本系统的引用

(3) 添加资源"Resources"。在"解决方案"中添加文件夹，重新命名为"Resources"，并在项目路径下的 Resources 文件夹下添加几个图像文件，用于设置"飞行模拟"功能中的 5 个按钮图像。图像文件如图 13.20 所示，设置后的按钮外观如图 13.21 所示。

图 13.20 图像文件

图 13.21 设置了 Image 属性的按钮

2．添加并完成公共类

按如图 13.22 所示的方法添加 DoublePoint.cs、NativeMethods.cs、RECT.cs、Win32API.cs 类。

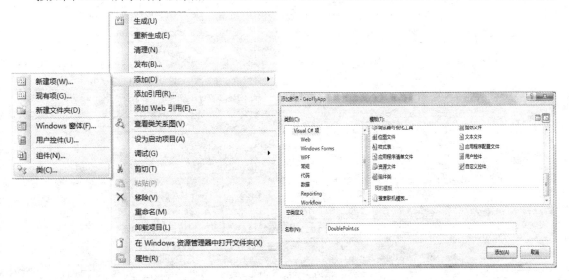

图 13.22 添加新类

1) NativeMethods 类的实现

NativeMethods 类的功能：在启动程序，窗体打开的同时，载入 Google Earth，并去掉 Google Earth 自身的标题栏、工具条等，只将 Google Earth 的主体显示在窗体的容器中。

本类中属性和函数的功能见代码中的注释。

```
using System;
using System.Collections.Generic;
using System.Text;
using System.Runtime.InteropServices;

namespace GeoFlyApp//解决方案名称,按用户自己的名称更改
{
    class NativeMethods
```

```csharp
        {
            [DllImport("user32.dll", CharSet = CharSet.Auto, SetLastError = true)]
            //改变一个子窗口,弹出式窗口式顶层窗口的尺寸,位置和 Z 序
            public static extern bool SetWindowPos(IntPtr hWnd, IntPtr hWndInsertAfter, int x, int y, int cx, int cy, UInt32 uflags);
            [DllImport("user32.dll", CharSet = CharSet.Auto)]
            /*该函数将一个消息放入(寄送)到与指定窗口创建的线程相联系的消息队列里,
            不等待线程处理消息就返回,是异步消息模式*/
            public static extern IntPtr PostMessage(int hWnd, int msg, int wParam, int lParam);

            #region
            public static readonly IntPtr HWND_BOTTOM = new IntPtr(1);
            public static readonly IntPtr HWND_NOTOPMOST = new IntPtr(-2);
            public static readonly IntPtr HWND_TOP = new IntPtr(0);
            public static readonly IntPtr HWND_TOPMOST = new IntPtr(-1);
            public static readonly UInt32 SWP_NOSIZE = 1;
            public static readonly UInt32 SWP_NOMOVE = 2;
            public static readonly UInt32 SWP_NOZORDER = 4;
            public static readonly UInt32 SWP_NOREDRAW = 8;
            public static readonly UInt32 SWP_NOACTIVATE = 16;
            public static readonly UInt32 SWP_FRAMECHANGED = 32;
            public static readonly UInt32 SWP_SHOWWINDOW = 64;
            public static readonly UInt32 SWP_HIDEWINDOW = 128;
            public static readonly UInt32 SWP_NOCOPYBITS = 256;
            public static readonly UInt32 SWP_NOOWNERZORDER = 512;
            public static readonly UInt32 SWP_NOSENDCHANGING = 1024;
            #endregion

            public delegate int EnumWindowsProc(IntPtr hwnd, int lParam);
            [DllImport("user32", CharSet = CharSet.Auto)]
            //获得一个指定子窗口的父窗口句柄
            public extern static IntPtr GetParent(IntPtr hWnd);
            [DllImport("user32", CharSet = CharSet.Auto)]
            //改变指定窗口的位置和大小
            public extern static bool MoveWindow(IntPtr hWnd, int X, int Y, int nWidth, int nHeight, bool bRepaint);
            [DllImport("user32", CharSet = CharSet.Auto)]
            //改变某个子窗口的父窗口
            public extern static IntPtr SetParent(IntPtr hWndChild, IntPtr hWndNewParent);
            [DllImport("user32.dll", ExactSpelling = true, CharSet = CharSet.Auto)]
            //返回与指定窗口有特定关系(如 Z 序或所有者)的窗口句柄
            public static extern IntPtr GetWindow(IntPtr hWnd, int uCmd);
            public static int GW_CHILD = 5;
            public static int GW_HWNDNEXT = 2;

        }
    }
```

2) DoublePoint 类的实现

DoublePoint 类的功能：实现用户通过鼠标单击 Google Earth 界面,将鼠标单击处的屏幕坐标(或控件坐标)转换为相应的基于 Google Earth 的地理坐标。

本类中属性和函数的功能见代码中的注释。

```csharp
using System;
using System.Collections.Generic;
using System.Text;
namespace GeoFlyApp//解决方案名称,如不一样,按用户自己的名称更改
{
    public class DoublePoint
    {
        //x,y 为横纵坐标,或经纬坐标
        private double x;
        private double y;
        //构造函数,实例化x,y
        public DoublePoint()
        {
            this.x = -1.0;
            this.y = -1.0;
        }
        //构造函数重载
        public DoublePoint(double dx, double dy)
        {
            this.x = dx;
            this.y = dy;
        }
        //X 属性,能存能取
        public double X
        {
            get{return this.x;}
            set{this.x = value;}
        }
        //XY 属性,能存能取
        public double Y
        {
            get{ return this.y;}
            set{this.y = value;}
        }
    }
}
```

3) RECT 类的实现

RECT 类的功能：设置或调整控件、容器等的大小,使其成为一个矩形范围,有起始点坐标 x、y,有矩形的长 Width 和高 Height。此类中只有一个结构体,代码如下：

```csharp
namespace GeoFlyApp//解决方案名称,如不一样,请按用户自己的名称更改
{
    using System;
```

```csharp
using System.Runtime.InteropServices;

//结构体.Sequential,顺序布局
[StructLayout(LayoutKind.Sequential)]
//范围
public struct RECT
{
    public int X;
    public int Y;
    public int Width;
    public int Height;
}
}
```

4) Win32API 类的实现

Win32API 类的功能：调整 Google Earth 在容器中的显示，比如对窗体放大，同时也放大 Google Earth。

本类中属性和函数的功能见代码中的注释。

```csharp
namespace GeoFlyApp//解决方案名称,如不一样,按用户自己的名称更改
{
    using System;
    using System.Drawing;
    using System.Runtime.CompilerServices;
    using System.Runtime.InteropServices;

    internal class Win32API
    {
        public static int GW_CHILD = 5;
        public static int GW_HWNDNEXT = 2;
        public static readonly IntPtr HWND_BOTTOM = new IntPtr(1);
        public static readonly IntPtr HWND_NOTOPMOST = new IntPtr(-2);
        public static readonly IntPtr HWND_TOP = new IntPtr(0);
        public static readonly IntPtr HWND_TOPMOST = new IntPtr(-1);
        public static int RP_BLACKNESS = 0x42;
        public static int RP_DSTINVERT = 0x550009;
        public static int RP_MERGECOPY = 0xc000ca;
        public static int RP_MERGEPAINT = 0xbb0226;
        public static int RP_NOTSRCCOPY = 0x330008;
        public static int RP_NOTSRCERASE = 0x1100a6;
        public static int RP_PATCOPY = 0xf00021;
        public static int RP_PATINVERT = 0x5a0049;
        public static int RP_PATPAINT = 0xfb0a09;
        public static int RP_SRCAND = 0x8800c6;
        public static int RP_SRCCOPY = 0xcc0020;
        public static int RP_SRCERASE = 0x440328;
        public static int RP_SRCINVERT = 0x660046;
        public static int RP_SRCPAINT = 0xee0086;
        public static int RP_WHITENESS = 0xff0062;
        public static readonly uint SWP_FRAMECHANGED = 0x20;
```

```csharp
public static readonly uint SWP_HIDEWINDOW = 0x80;
public static readonly uint SWP_NOACTIVATE = 0x10;
public static readonly uint SWP_NOCOPYBITS = 0x100;
public static readonly uint SWP_NOMOVE = 2;
public static readonly uint SWP_NOOWNERZORDER = 0x200;
public static readonly uint SWP_NOREDRAW = 8;
public static readonly uint SWP_NOSENDCHANGING = 0x400;
public static readonly uint SWP_NOSIZE = 1;
public static readonly uint SWP_NOZORDER = 4;
public static readonly uint SWP_SHOWWINDOW = 0x40;
public static readonly int WM_COMMAND = 0x112;
public static readonly int WM_PAINT = 15;
public static readonly int WM_QT_PAINT = 0xc2dc;
public static readonly int WM_SIZE = 5;
//功能函数区域
[DllImport("gdi32.dll")]
public static extern int BitBlt(IntPtr hdcDest, int nXDest, int nYDest, int nWidth, int nHeight, IntPtr hdcSrc, int nXSrc, int nYSrc, int dwRop);
[return: MarshalAs(UnmanagedType.Bool)]
[DllImport("kernel32.dll", SetLastError=true)]
public static extern bool CloseHandle(IntPtr hObject);
[DllImport("gdi32.dll")]
public static extern IntPtr CreateCompatibleBitmap(IntPtr hdc, int nWidht, int nHeight);
[DllImport("gdi32.dll")]
public static extern IntPtr CreateCompatibleDC(IntPtr hwnd);
[DllImport("gdi32.dll")]
public static extern IntPtr CreateDC(string lpszDriver, string lpszDevice, string lpszOutput, IntPtr lpInitData);
[DllImport("gdi32.dll")]
public static extern int DeleteDC(IntPtr hdc);
[DllImport("user32.dll")]
public static extern IntPtr FindWindow(string className, string windowTitle);
[DllImport("user32.dll")]
//获取窗口客户区的坐标,客户区坐标指定客户区的左上角和右下角
public static extern bool GetClientRect(IntPtr hWnd, out RECT rect);
[DllImport("user32")]
public static extern IntPtr GetDC(IntPtr hwnd);
[DllImport("user32.dll")]
public static extern IntPtr GetDesktopWindow();
[DllImport("user32", CharSet=CharSet.Auto)]
public static extern IntPtr GetParent(IntPtr hWnd);
[DllImport("user32.dll", CharSet=CharSet.Auto, ExactSpelling=true)]
public static extern IntPtr GetWindow(IntPtr hWnd, int uCmd);
[DllImport("user32")]
public static extern IntPtr GetWindowDC(IntPtr hwnd);
[DllImport("user32.dll")]
//该函数返回指定窗口的边框矩形的尺寸
public static extern bool GetWindowRect(IntPtr hWnd, out RECT rect);
```

```csharp
[DllImport("user32", CharSet=CharSet.Auto)]
public static extern bool MoveWindow(IntPtr hWnd, int X, int Y, int nWidth, int nHeight, bool bRepaint);
[DllImport("user32.dll", CharSet=CharSet.Auto)]
//将一个消息发送到一个线程的消息队列后立即返回
public static extern IntPtr PostMessage(IntPtr hWnd, int msg, int wParam, int lParam);
[DllImport("user32")]
public static extern bool PrintWindow(IntPtr hWnd, IntPtr hdcBlt, uint nFlags);
[DllImport("gdi32.dll")]
public static extern bool Rectangle(IntPtr hdc, int nLeftRect, int nTopRect, int nRightRect, int nBottomRect);
[DllImport("user32")]
public static extern long ReleaseDC(IntPtr handle, IntPtr hdc);
[DllImport("gdi32.dll")]
public static extern IntPtr SelectObject(IntPtr hdc, IntPtr hgdiobj);
[DllImport("user32.dll")]
//将指定的消息发送到一个或多个窗口。此函数为指定的窗口调用窗口程序，直到窗口程序处理完消息再返回
public static extern int SendMessage(IntPtr hWnd, uint Msg, int wParam, int lParam);
[DllImport("user32", CharSet=CharSet.Auto)]
public static extern IntPtr SetParent(IntPtr hWndChild, IntPtr hWndNewParent);
[DllImport("user32.dll", CharSet=CharSet.Auto, SetLastError=true)]
//改变一个子窗口,弹出式窗口式顶层窗口的尺寸,位置和Z序
public static extern bool SetWindowPos(IntPtr hWnd, IntPtr hWndInsertAfter, int x, int y, int cx, int cy, uint uflags);
[DllImport("user32.dll")]
public static extern bool ShowWindowAsync(int hWnd, int nCmdShow);
[DllImport("user32")]
public static extern IntPtr WindowFromPoint(Point point);
public delegate int EnumWindowsProc(IntPtr hwnd, int lParam);
    }
  }
```

3. 具体功能的实现

(1) 程序启动和关闭时 Google Earth 装载与关闭进程的实现。

① 装载。程序启动时，装载 Google Earth 到窗体容器中的实现流程如图 13.23 所示。代码如下：

```csharp
//公共变量
//用来关闭Google Earth的消息定义
static readonly Int32 WM_QUIT = 0x0012;
private IntPtr GEHWnd = (IntPtr)5;
private IntPtr GEHrender = (IntPtr)5;
private IntPtr GEParentHrender = (IntPtr)5;
```

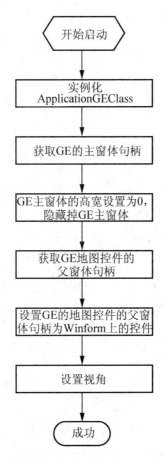

图 13.23 装载 Google Earth 流程

```
//定义 GE 的应用实例
ApplicationGEClass GeApp;
//窗体的 Load 事件,启动时加载 GE。( 说明:作者的窗体的 Name 属性为 GeoFlyApp)
private void GeoFlyApp_Load(object sender, EventArgs e)
{
    try
    {
        /*Google Earth 设置*/
        GeApp = new ApplicationGEClass();
        //获取 GE 的主窗体句柄
        GEHWnd = (IntPtr)GeApp.GetMainHwnd();
        //将 GE 主窗体的高宽设置为 0,隐藏掉 GE 主窗体
        NativeMethods.SetWindowPos(GEHWnd, NativeMethods.HWND_BOTTOM, 0, 0, 0, 0,
            NativeMethods.SWP_NOSIZE + NativeMethods.SWP_HIDEWINDOW);
        GEHrender = (IntPtr)GeApp.GetRenderHwnd();
        //获取 GE 地图控件的父窗体句柄
        GEParentHrender = (IntPtr)NativeMethods.GetParent(GEHrender);
        //设置 GE 的地图控件的父窗体句柄为 Winform 上的控件
        NativeMethods.SetParent(GEHrender, this.splitContainer1.Panel1.Handle);
```

```
            autosize();//函数，下面实现。功能：Google 的大小随窗体的改变而改变
            //设置视角
            GeApp.SetCameraParams(30.783, 103.921, 100.0, AltitudeModeGE.Absolute
AltitudeGE, 5000, 45, 0, 0.5);
            //设定启动时,主窗体右边用户操作区域的大小限定
            this.splitContainer1.Panel2.Width = 290;
        }
        catch(Exception Ex)
        {}
    }
    private void GeoFlyApp_SizeChanged(object sender, EventArgs e)
    {
        autosize();//实现函数，功能：Google 的大小随窗体的改变而改变
        int all = Convert.ToInt32(Convert.ToDouble(
        this.splitContainer1.Panel2.Height - gbPoints.Location.Y));
        int offset = Convert.ToInt32(Convert.ToDouble(
        this.splitContainer1.Panel2.Height) * (1 / 7.6));
        int y = all - offset;
        this.gbPoints.Height = y;
        this.gbGPSInfo.Height = all-30;
        btDefalutFly.Location = new Point(55,Convert.ToInt32(
        Convert.ToDouble(this.splitContainer1.Panel2.Height) * (8.8 / 10)));
        btCancelLine.Location = new Point(150, Convert.ToInt32(
        Convert.ToDouble(this.splitContainer1.Panel2.Height) * (8.8 / 10)));
        this.pointList.Height = this.gbPoints.Height - 80;
        this.txtGPSInfo.Height = this.gbGPSInfo.Height-120;
    }
    //函数。功能:Google 的大小随窗体的改变而改变。调整 GE 大小,使用其容器范围。
    private void autosize()
    {
        RECT clientRect;
        Win32API.SendMessage(this.GEHWnd, (uint)Win32API.WM_COMMAND, Win32API.WM_PAINT, 0);
        Win32API.PostMessage(this.GEHWnd, Win32API.WM_QT_PAINT, 0, 0);
        RECT mainRect = new RECT();
        Win32API.GetWindowRect(this.GEHWnd, out mainRect);
        clientRect = new RECT();
        Win32API.GetClientRect(this.GEHrender, out clientRect);
        int offsetW = mainRect.Width - clientRect.Width;
        int offsetH = mainRect.Height - clientRect.Height;
        int newWidth = this.splitContainer1.Panel1.Width + offsetW;
        int newHeight = this.splitContainer1.Panel1.Height + offsetH;
        Win32API.SetWindowPos(this.GEHWnd, Win32API.HWND_TOP, 0, 0, newWidth,
newHeight, Win32API.SWP_FRAMECHANGED);
        Win32API.SendMessage(this.GEHWnd, (uint)Win32API.WM_COMMAND, Win32API.WM_SIZE, 0);
    }
```

② 关闭窗体并退出 Google Earth。代码如下：

```
    private void GeoFlyApp_FormClosing(object sender, FormClosingEventArgs e)
```

```
    {
        //退出 Google Earth 进程
        try
        {
            NativeMethods.PostMessage(GeApp.GetMainHwnd(), WM_QUIT, 0, 0);
            System.Diagnostics.Process[] process = System.Diagnostics.Process.GetProcesses();
            foreach (System.Diagnostics.Process p in process)
            {
                if (p.ProcessName == "googleearth")
                {
                    p.Kill();
                }
            }
        }
        catch (SystemException)
        { }
    }
```

(2) "模拟飞行"面板功能的实现。

① "范围确定"功能。"范围确定"功能是：方便用户将地图定位到感兴趣的区域，用户可以在文本框中输入中文地名(如成都)、地名的汉语拼音(如 chengdu)或者经度纬度(如30.783,103.921)，单击"确定"按钮即可定位。

代码如下：

```
//确定飞行的大致范围
private void btSearch_Click(object sender, EventArgs e)
{
    if (GeApp !=null && txtSearch.Text.Trim().Length > 0)
    {
        GeApp.SearchController.Search(txtSearch.Text.Trim());
    }
}
```

② "航线编辑"功能。"航线编辑"包含 5 个操作：启动编辑、添加航线、移动航迹点、删除航迹点、停止编辑。

本章前面针对为何要创建 HookAPI.dll 做了说明。要在 Google Earth 上添加航线，就要启用针对 Google Earth 任何操作的鼠标钩子，这些操作包括在 Google Earth 上单击鼠标左键创建航线，以及对航线进行编辑等其他操作。

这里必须明确地指出：只是启用 Google Earth 的鼠标钩子，在窗体的其他位置并不使用。所以在创建航线、编辑航线之前必须要先启用鼠标钩子(HookAPI.dll 中的一个函数)，在完成对航线的操作之后停用鼠标钩子。

步骤为：启动编辑→操作(添加、移动、删除)→停止编辑。一旦单击了"停止编辑"按钮，则本次航线的编辑已经完成，不能再次对其进行编辑。

为完成这些功能，先做以下准备。

在该下面文件夹的 bin\Debug 目录下创建一个名称为"CustomerHJ"的文件夹，在此文件夹下创建一个名称为"temp.kml"的文件，文件内容为空。

定义鼠标在 Google Earth 中的左键单击事件。

```csharp
//实现鼠标钩子的左键单击事件
void mouseHook_MouseClick(object sender, MouseEventArgs e)
{
    try
    {
        IntPtr hWnd =HookAPI.NativeMethods.WindowFromPoint(e.Location);
        if (hWnd == this.GEHrender)//判断鼠标是否落在 GE 中
        {
            //得到鼠标点坐标
            Point point = this.splitContainer1.Panel1.PointToClient(e.Location);
            //方法 DetermineScreenCoordinates 在后面定义
            DoublePoint dp = this.DetermineScreenCoordinates(point);
            //添加航点,并形成轨迹
            if (tsbAddPoint.Checked && e.Button == MouseButtons.Left)
            {
                /*此方法原型为:
                Thread newThread = new Thread(new ParameterizedThreadStart(Work.DoWork));
                    详细请参见 msdn(http://msdn.microsoft.com/zh-cn/library/
                    system.threading.parameterizedthreadstart(v=vs.80).aspx#Y1000)*/

                //添加线,后面有此方法的定义
                ParameterizedThreadStart pts = new ParameterizedThreadStart(this.AddLine);
                new Thread(pts).Start(dp);
            }
            //删除鼠标单击处的航点
            if (tsbDelPoint.Checked && e.Button == MouseButtons.Left)
            {
                //后面定义,删除点
                ParameterizedThreadStart pts = new ParameterizedThreadStart(this.DeletePoint);new Thread(pts).Start(dp);
            }
            //鼠标单击移动航点的位置(操作分为两步:得到要移动的点、移动到新位置)
            //移动航迹点稍微麻烦,下面会有详细的介绍
            if (tsbMovePoint.Checked)
            {
                //对变量 m 的定义后面会给出,m 是保存当前用户选中要移动的航迹点的编号
                if (m == 0)
                {
                    //定义获取点
                    ParameterizedThreadStart pts = new
                            ParameterizedThreadStart(this.GetMovePoint);
                    new Thread(pts).Start(dp);
                }
                else
                {
                    /*此处作者假定:鼠标左键单击是选择航迹点,选择后将鼠标移动到其他地方并再次单击鼠标左键,实现航迹点的移动,并单击鼠标右键结束。*/
```

```csharp
                if (e.Button == MouseButtons.Left)
                {
                    //定义移动点
                    ParameterizedThreadStart pts = new
                                ParameterizedThreadStart(this.MovePoint);
                    new Thread(pts).Start(dp);
                }
                if (e.Button == MouseButtons.Right)
                {
                    m = 0;//完成本次航迹点的移动
                }
            }
        }
    }
    catch (Exception Ex)
    {
        MessageBox.Show(Ex.Message);
    }
}

//坐标转换函数
internal DoublePoint DetermineScreenCoordinates(Point point)
{
    DoublePoint dpoint = new DoublePoint();
    dpoint.X=((Convert.ToDouble(point.X)/((double)this.splitContainer1.Panel1.Width))*2.0)- 1.0;
    dpoint.Y = -(((Convert.ToDouble(point.Y)/((double)this.splitContainer1.Panel1.Height))*2.0) -1.0);
    return dpoint;
}
```

实现"添加航线"的函数功能，代码如下：

```csharp
/*添加航迹点,并形成航迹(轨迹线,也就是本章开始讲到的 KML 文件,线类型的 KML)
主要的标签就是<coordinates>,只需找到此标签,并在里面添加航迹点即可*/
string strKML;
string strHJKML;//一个全局变量,用来记录所要创建的 KML 文件
private void AddLine(object obj)
{
    try
    {
        DoublePoint dp = (DoublePoint)obj;
        PointOnTerrainGE pGe = this.GeApp.GetPointOnTerrainFromScreenCoords(dp.X, dp.Y);
        //增加点到 pointList 列表中
        pointList.Items.Add(pGe.Longitude.ToString() + "," + pGe.Latitude.ToString() + "," + txtPointHeigh.Text.Trim());
        lblPointCount.Text = "航点数量: " + pointList.Items.Count.ToString();
        if (pointList.Items.Count > 1)//航线至少由两个点构成
```

```csharp
        {   /*以下是文件流的形式操作 KML 文件(虽然 KML 遵循 XML 的标准,但是无法使用 XML 的
方法来操作 KML,请读者自行查阅文件)*/
            StreamReader sr = new StreamReader(strHJKML);
            strKML = sr.ReadToEnd();
            //找到"<coordinates>"标签开始的位置
            int nCoordStart = strKML.IndexOf("<coordinates>") + 13;
            //找到"<coordinates>"标签结束的位置
            int nCoordEnd = strKML.IndexOf("</coordinates>");
            //保留"<coordinates>"标签开始的全部字符串
            string strStart = strKML.Substring(0, nCoordStart);
            //保留"<coordinates>"标签结束的全部字符串
            string strEnd = strKML.Substring(nCoordEnd);
            //将 pointList 列表中的坐标对添加进<coordinates>中
            string strNewPoints = "";
            for (int i = 0; i < pointList.Items.Count; i++)
            {
                strNewPoints += pointList.Items[i].ToString() + "\r\n";
            }
            //完成三者的组合
            strKML = strStart + strNewPoints + strEnd;
            sr.Close();
            StreamWriter sw = new StreamWriter(strHJKML, false);
            sw.Write("");
            sw.Close();
            File.AppendAllText(strHJKML, strKML);
            //在主窗体中重新加载 KML
            System.Diagnostics.Process[] process = System.Diagnostics.
                     Process.GetProcessesByName("googleearth.exe");
            foreach (System.Diagnostics.Process p in process)
            {
                p.Kill();
            }
            GeApp.OpenKmlFile(strHJKML, 1);
            ICameraInfoGE CGE = GeApp.GetCamera(1);
            CGE.Tilt = 45.0;
        }
    }
    catch (Exception Ex)
    {
        MessageBox.Show(Ex.Message);
    }
}
```

实现"删除航迹点"的函数功能,代码如下:

```csharp
//删除鼠标单击处的航迹点
/*删除航迹点,即删除鼠标选中的点。此操作作者的思路是:首先在航线上的点上单击鼠标左键,因存在
误差,用户不可能刚好点中某一航迹点,因此只能用误差最小的方法求得所选择的点。下面有功能的详细解释*/
private void DeletePoint(object obj)
{
    try
    {
        DoublePoint dp = (DoublePoint)obj;
```

```csharp
            PointOnTerrainGE pGe = this.GeApp.GetPointOnTerrainFromScreenCoords
(dp.X,dp.Y);
            //鼠标单击处的经度坐标
            string strlon = pGe.Longitude.ToString();
            //鼠标单击处的纬度坐标
            string strlat = pGe.Latitude.ToString();
            //取经度的7位和纬度的6位。作者尝试发现,越精确越难选中;而越大越
            //不精确,存在偏差也越大,因此取该值
            string Lon = strlon.Substring(0, 7);
            string Lat = strlat.Substring(0, 6);
            for (int k = 0; k < pointList.Items.Count; k++)
            {
                //将经过取舍后的鼠标点坐标和pointList列表中的坐标对进行比较,找出误差最小
                //的一组,即是被选中的,并将其删除
                if (Lon == pointList.Items[k].ToString().Substring(0,7) && Lat ==
                    pointList.Items[k].ToString().Substring(pointList.Items
[k].ToString().IndexOf(",") + 1, 6))
                {
                    pointList.Items.RemoveAt(k);
                    pointList.Refresh();
                    //将pointList列表中剩余的坐标对形成航线,即为删除掉航迹点后的新航线
                    if (pointList.Items.Count > 1)
                    {
                        StreamReader sr = new StreamReader(strHJKML);
                        strKML = sr.ReadToEnd();
                        int nCoordStart = strKML.IndexOf("<coordinates>") + 13;
                        int nCoordEnd = strKML.IndexOf("</coordinates>");
                        string strStart = strKML.Substring(0, nCoordStart);
                        string strEnd = strKML.Substring(nCoordEnd);
                        string strNewPoints = "";
                        for (int i = 0; i < pointList.Items.Count; i++)
                        {
                            strNewPoints += pointList.Items[i].ToString() + "\r\n";
                        }
                        strKML = strStart + strNewPoints + strEnd;
                        sr.Close();
                        StreamWriter sw = new StreamWriter(strHJKML, false);
                        sw.Write("");
                        sw.Close();
                        File.AppendAllText(strHJKML, strKML);
                        //在主窗体中重新加载KML
                        System.Diagnostics.Process[] process = System.Diagnostics.
                            Process.GetProcessesByName("googleearth.exe");
                        foreach (System.Diagnostics.Process p in process)
                        {
                            p.Kill();
                        }
                        GeApp.OpenKmlFile(strHJKML, 1);
                        ICameraInfoGE CGE = GeApp.GetCamera(1);
                        CGE.Tilt = 45.0;
                    }
                    lblPointCount.Text = "航点数量: " + pointList.Items.Count.ToString();
```

```
                break;
            }
        }
    }
    catch (Exception)
    { }
}
```

实现"移动航线"的函数功能，代码如下：

说明：移动航线是通过移动航线的点来实现的。此操作分两步。

鼠标选择要移动的航迹点。一位哲学家说过"不可能两次跨入同一条河流"。这里也一样，在选择航迹点时，不可能刚好选中；怎么办呢？近似法，即此处单击鼠标看离航线上哪个点最近，则认为此点被选中，也将被移动到其他地方。

开始移动，并单击鼠标右键结束。移动，作者理解为：先删除，并在原位置上插入新的点，单击右键后，形成新的 KML 文件，并添加至 Google Earth 中。代码如下：

```
int m = 0;//或许选中点在 pointList 列表中的编号
//鼠标单击移动航点的位置(操作分为两步：得到要移动的点、移动到新位置)
//这里是得到要移动的点的编号——代码理解请参阅上面的删除航迹点函数
private void GetMovePoint(object obj)
{
    DoublePoint dp = (DoublePoint)obj;
    PointOnTerrainGE pGe = this.GeApp.GetPointOnTerrainFromScreenCoords(dp.X, dp.Y);
    string strlon = pGe.Longitude.ToString();
    string strlat = pGe.Latitude.ToString();
    string Lon = strlon.Substring(0, 7);
    string Lat = strlat.Substring(0, 6);
    for (int t = 0; t < pointList.Items.Count; t++)
    {
        if (Lon == pointList.Items[t].ToString().Substring(0, 7) && Lat == pointList.Items[t].ToString().Substring(pointList.Items[t].ToString().IndexOf(",") + 1, 6))
        {
            m = t;
            break;
        }
    }
}

//鼠标单击移动航点的位置(操作分为两步：得到要移动的点、移动到新位置)
//移动选中的点
private void MovePoint(object obj)
{
    try
    {
        DoublePoint dp = (DoublePoint)obj;
        PointOnTerrainGE pGe = this.GeApp.GetPointOnTerrainFromScreenCoords(dp.X,dp.Y);
        pointList.Items.RemoveAt(m);
```

```csharp
        pointList.Items.Insert(m, pGe.Longitude.ToString() + "," +
                    pGe.Latitude.ToString() + "," + txtPointHeigh.Text.Trim());
        pointList.Refresh();
        lblPointCount.Text = "航点数量：" + pointList.Items.Count.ToString();

        if (pointList.Items.Count > 1)
        {
            StreamReader sr = new StreamReader(strHJKML);
            strKML = sr.ReadToEnd();
            int nCoordStart = strKML.IndexOf("<coordinates>") + 13;
            int nCoordEnd = strKML.IndexOf("</coordinates>");
            string strStart = strKML.Substring(0, nCoordStart);
            string strEnd = strKML.Substring(nCoordEnd);
            string strNewPoints = "";
            for (int i = 0; i < pointList.Items.Count; i++)
            {
                strNewPoints += pointList.Items[i].ToString() + "\r\n";
            }

            strKML = strStart + strNewPoints + strEnd;
            sr.Close();
            StreamWriter sw = new StreamWriter(strHJKML, false);
            sw.Write("");
            sw.Close();
            File.AppendAllText(strHJKML, strKML);
            //在主窗体中重新加载 KML
            System.Diagnostics.Process[] process = System.Diagnostics.Process.
                    GetProcessesByName("googleearth.exe");
            foreach (System.Diagnostics.Process p in process)
            {
                p.Kill();
            }
            GeApp.OpenKmlFile(strHJKML, 1);
            ICameraInfoGE CGE = GeApp.GetCamera(1);
            CGE.Tilt = 45.0;
        }
    }
    catch (Exception)
    { }
}
```

【开始编辑】按钮的功能，代码如下：

```csharp
//开始编辑
MouseHook mouseHook;
private void tsbStart_Click(object sender, EventArgs e)
{
    tsbStart.Checked = true;
    tsbStart.Enabled = false;
    tsbAddPoint.Enabled = true;
    tsbDelPoint.Enabled = true;
```

```csharp
        tsbMovePoint.Enabled = true;
        tsbStop.Enabled = true;
        try
        {
            tsbStart.Checked = true;
            tsbStart.Enabled = false;
            tsbAddPoint.Enabled = true;
            tsbDelPoint.Enabled = true;
            tsbMovePoint.Enabled = true;
            tsbStop.Enabled = true;
            //启动鼠标钩子,为后面在 GE 中对鼠标的操作做准备
            mouseHook = new MouseHook();
            //鼠标的单击事件(Google Earth 中的)
            mouseHook.MouseClick += new MouseEventHandler(mouseHook_MouseClick);
            mouseHook.StartHook(HookType.WH_MOUSE_LL, 0);
            //创建一个新的航迹文件,以当前操作的时间命名
            string strTime = DateTime.Now.ToString("yyyyMMddHHmmss");
            string strAppPath = Application.StartupPath;
            //新创建的航迹文件保存在应用程序下的 CustomerHJ 目录中
            string strNewKMLPath = strAppPath + @"\CustomerHJ\";
            File.Copy(strAppPath + @"\HJkml.kml", strNewKMLPath + @"\HJkml.kml");
            //将 copy 过去的文件改名(以创建的时间命名)
            File.Move(strNewKMLPath + "HJkml.kml", strNewKMLPath + strTime + ".kml");
            //得到新创建 KML 文件的路径,下面要经常使用
            strHJKML = strNewKMLPath + strTime + ".kml";
        }
        catch (Exception Ex)
        { MessageBox.Show(Ex.Message); }
    }
```

【添加航线】按钮的功能,代码如下:

```csharp
    private void tsbAddPoint_Click(object sender, EventArgs e)
    {
        tsbAddPoint.Checked = true;
        tsbDelPoint.Checked = false;
        tsbMovePoint.Checked = false;
    }
```

【移动航线】按钮的功能,代码如下:

```csharp
    private void tsbMovePoint_Click(object sender, EventArgs e)
    {
        tsbAddPoint.Checked = false;
        tsbDelPoint.Checked = false;
        tsbMovePoint.Checked = true;
    }
```

【删除航迹点】按钮的功能,代码如下:

```csharp
    private void tsbDelPoint_Click(object sender, EventArgs e)
    {
```

```
    tsbAddPoint.Checked = false;
    tsbDelPoint.Checked = true;
    tsbMovePoint.Checked = false;
}
```

【停止编辑】按钮的功能，代码如下：

```
private void tsbStop_Click(object sender, EventArgs e)
{
    tsbAddPoint.Checked = false;
    tsbStart.Enabled = true;
    tsbAddPoint.Enabled = false;
    tsbDelPoint.Enabled = false;
    tsbDelPoint.Checked = false;
    tsbMovePoint.Enabled = false;
    tsbMovePoint.Checked = false;
    tsbStart.Checked = false;
    tsbStop.Enabled = false;
    //停止鼠标钩子
}
```

③ "航线上点"。

"点高度"：输入数据，表示航点离里面的相对高度，默认设置为100m。

"航点数量"：当用户添加、删除航点时，向用户提示当前所添加航线上航点的数量。

"航点列表"：列出用户所添加的航点信息，包含有纬度、经度、高度3者。

④ "默认飞行"按钮的功能。"默认飞行"即飞机模型沿着航线的起点飞向末点后，飞行就停止。

往窗体中添加timer控件，将Name属性设置为"tmFly"。

添加飞机模型。飞机模型是用Google SketchUp工具制作的，读者也可以在Google网站上下载。这里为了方便，请将作者给出的Fly.kml文件和models文件夹内的全部内容复制到本项目的Debug文件夹下，效果如图13.24所示。

图13.24　飞机模型的添加

功能实现代码如下:

```csharp
/*飞行,按照飞行参数飞行。如果没设置飞行参数,则默认,即飞行完成就停止,不再原路返回*/
int pointCouts;
private void btDefalutFly_Click(object sender, EventArgs e)
{
    pointCouts = pointList.Items.Count;
    tmFly.Interval = 6000;
    tmFly.Enabled = true;
}
//飞行
int i;
private void tmFly_Tick(object sender, EventArgs e)
{
    string strRow = "";
    string[] JWG;
    string[] nextJWG;
    double WD = 0;
    double JD = 0;
    double H = 0;
    double nextWD = 0;
    double nextJD = 0;

    double arc=0;//飞机模型头部的方位角
    try
    {
        if (i < pointCouts)
        {
            strRow = pointList.Items[i].ToString();
            JWG = strRow.Split(',');
            WD = Convert.ToDouble(JWG[0]);
            JD = Convert.ToDouble(JWG[1]);
            H = Convert.ToDouble(JWG[2]);
            strRow = pointList.Items[i + 1].ToString();
            nextJWG = strRow.Split(',');
            nextWD = Convert.ToDouble(nextJWG[0]);
            nextJD = Convert.ToDouble(nextJWG[1]);

            //使用飞机模型,使用xml文件处理方式做,但是飞的效果不逼真,
            //如果更加真实,还要计算出每条直线的方位角,读者可以参阅作者给出的
            //方位角计算公式进行修改
            SetFlyMode(JWG[1],JWG[0],JWG[2]);//添加并设置飞机模型,下面实现该函数
            GeApp.SetCameraParams(JD, WD, H,
                AltitudeModeGE.RelativeToGroundAltitudeGE, 600, 45, 30, 0.1);
            i++;
        }
        else
        {
            tmFly.Enabled = false;
            MessageBox.Show("飞行结束");
            //这里也可以加上代码,询问用户是否需要重新飞行
```

```csharp
            //如果需要,重新定义飞行的起点,并启用 timer 控件
          }
        }
        catch(Exception)
        {
            GeApp.SetCameraParams(JD, WD, H,
            AltitudeModeGE.RelativeToGroundAltitudeGE, 1000, 0, arc, 0.4);
            tmFly.Enabled = false;
        }
}
//设置飞机模型.XML 实现.
//程序中的注释,是用另一种方式实现飞机模型的设置.请读者自己理解
void SetFlyMode(string Lat,string Lon,string heigh)
{
    XmlDocument doc = new XmlDocument();
    doc.Load(Application.StartupPath + "\\Fly.kml");
    XmlElement root = doc.DocumentElement;
    //修改视角 LookAt
     //XmlNode nodeLookAtLatitude = doc.SelectSingleNode("/kml/Folder/Look-At/latitude");
        root.ChildNodes[0].ChildNodes[3].ChildNodes[2].InnerText = Lat;
        //XmlNode nodeLookAtLongitude = doc.SelectSingleNode("/kml/Folder/Look-At/longitude");
        root.ChildNodes[0].ChildNodes[3].ChildNodes[3].InnerText = Lon;
        //XmlNode nodeLookAtRange = doc.SelectSingleNode("/kml/Folder/Look-At/range");
        root.ChildNodes[0].ChildNodes[3].ChildNodes[4].InnerText = heigh;
        //修改模型位置
    //XmlNode nodePlacemarkLatitude =
           doc.SelectSingleNode("/kml/Folder/Placemark/Model/Location/latitude");
    root.ChildNodes[0].ChildNodes[4].ChildNodes[3].ChildNodes[1].ChildNodes[0
].InnerText = Lat;
    //XmlNode nodePlacemarklongitude =
    doc.SelectSingleNode("/kml/Folder/Placemark/Model/Location/longitude");
    root.ChildNodes[0].ChildNodes[4].ChildNodes[3].ChildNodes[1].ChildNodes[1
].InnerText = Lon;

    //保存 KML 并加载
    doc.Save(Application.StartupPath + "\\Fly.kml");
    GeApp.OpenKmlFile(Application.StartupPath + "\\Fly.kml",1);
}
```

⑤ "取消航线"按钮的功能。删除当前用户所添加的航线。功能代码如下:

```csharp
//取消掉 GE 中的航迹线
private void btCancelLine_Click(object sender, EventArgs e)
{
    try
    {
        pointList.Items.Clear();
        File.Delete(strHJKML);
        lblPointCount.Text = "航点数量: " + pointList.Items.Count.ToString();
```

```
            GeApp.GetHighlightedFeature().Visibility = 0;
            tsbStop_Click(sender, e);
        }
        catch (Exception)
        {
            MessageBox.Show("没有航迹可以清除!");
        }
    }
```

(3) "图层"面板功能的实现。"图层"面板主要是列出和显示(隐藏)Google Earth 中的图层。图层的种类、名称以及其他属性从 Google 官方数据库获取。

① 列出当前 Google Earth 服务器上的所有图层名,并判断是否被选中。

```
//初始化 tablecontrol 控件
    private void tabControl1_SelectedTabChanged(object sender,DevComponents.DotNetBar.TabStripTabChangedEventArgs e)
    {
        //选择 GPS
        if (tabControl1.SelectedTabIndex == 2)
        {
            cbComId.SelectedIndex = 0;
            cbBand.SelectedIndex = 1;
            if (!sp.IsOpen)
            {
                cbIsShowGPSInfo.Enabled = false;
                cbIsGPSLocat.Enabled = false;
            }
        }
        //选择图层,装载 Google 中的图层到 TreeView 中
        if (tabControl1.SelectedTabIndex == 1)
        {
            this.treeView1.Nodes.Clear();
            FeatureCollectionGE FcGe = GeApp.GetLayersDatabases();
            foreach (FeatureGE fge in FcGe)
            {
                treeView1.Nodes.Add(fge.Name);
                if (fge.Visibility == 1)
                { treeView1.Nodes[0].Checked = true; }
                int i=0;
                foreach (FeatureGE fg in fge.GetChildren())
                {
                    treeView1.Nodes[0].Nodes.Add(fg.Name);
                    if (fg.Visibility == 1)
                        treeView1.Nodes[0].Nodes[i].Checked = true ;
                    if (fg.GetChildren().Count > 1)
                    {
                        int m = 0;
                        foreach (FeatureGE f in fg.GetChildren())
                        {
                            treeView1.Nodes[0].Nodes[i].Nodes.Add(f.Name);
                            if (f.Visibility == 1)
```

```
                        treeView1.Nodes[0].Nodes[i].Nodes[m].Checked =
true;
                        m++;
                    }
                }
                else
                {
                    i++;
                    continue;
                }
                i++;
            }
        }
    }
}
```

② 改变图层的选择状态，代码如下：

```
//以下两个事件aftercheck和mousemove是为了获取选中的图层名,并设置选择状态
private void treeView1_AfterCheck(object sender, TreeViewEventArgs e)
{
    try
    {
        if (nodeName != "")
        {
            FeatureGE f = GeApp.GetFeatureByName(nodeName);
            if (isCheked)
                f.Visibility = 0;
            else
                f.Visibility = 1;
        }
    }
    catch (Exception)
    { }
}
string nodeName="";
bool isCheked;
private void treeView1_MouseMove(object sender, MouseEventArgs e)
{
    TreeNode tn = treeView1.GetNodeAt(e.Location);
    if (tn != null)
    {
        nodeName = tn.Text;
        if (tn.Checked)
            isCheked = true;
        else
            isCheked = false;
    }
    else
        nodeName = "";
}
```

(4)"GPS"面板功能的实现。"GPS"面板中的功能流程图如图 13.25 所示。

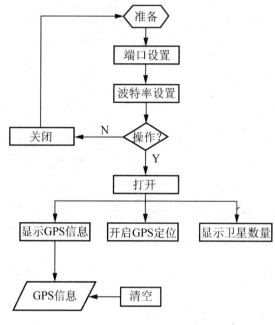

图 13.25 "GPS"面板中功能流程图

① 打开 GPS 端口,代码如下:

```
//以下对 GPS 的操作,请先引用 using System.IO.Ports
//打开 GPS 端口
SerialPort sp = new SerialPort();
private void btOpen_Click(object sender, EventArgs e)
{
    try
    {
        sp.PortName = "COM" + cbComId.Text;
        sp.BaudRate = Convert.ToInt32(cbBand.Text);
        if (!sp.IsOpen)
        {
            sp.Open();
            btOpen.Enabled = false;
            cbIsShowGPSInfo.Enabled = true ;
            cbIsGPSLocat.Enabled = true;
        }
    }
    catch (Exception Ex)
    {
        MessageBox.Show(Ex.Message);
    }
}
```

② 关闭 GPS 端口,代码如下:

```
//关闭 GPS 端口
private void btClose_Click(object sender, EventArgs e)
```

```
        {
            if (sp.IsOpen)
            {
                sp.Close();
                btOpen.Enabled = true;
                cbIsShowGPSInfo.Enabled = false;
                cbIsGPSLocat.Enabled = false;
            }
        }
```

③ 显示 GPS 信息(或停止显示 GPS 信息)。此功能可以使用线程或 timer 控件来完成，作者这里使用的是 timer 控件，每隔一定的时间间隔从串口读出 GPS 信息，并显示在列表中。(当用户选中了"显示 GPS 信息"复选框后，该选项的名称就更改为"停止显示 GPS 信息"，用户再次选中复选框，就可停止显示。对 timer 控件的操作，在第④中有详细的代码。)

```
        //显示 GPS 信息
        private void cbIsShowGPSInfo_CheckedChanged(object sender, EventArgs e)
        {
            if (cbIsShowGPSInfo.Checked)
            {
                cbIsShowGPSInfo.Text = "停止显示 GPS 信息";
                //启动线程或 timer 控件,返回 GPS 信息
                tmGPSInfo.Interval = 500;
                tmGPSInfo.Enabled = true;
            }
            else
            {
                cbIsShowGPSInfo.Text = "显示 GPS 信息";
                //挂起线程或者停止 timer 控件
                tmGPSInfo.Enabled = false;
            }
        }
```

④ 开启 GPS 定位(关闭 GPS 定位)。当用户选中"开启 GPS 定位"复选框后，此选项的名称就更改为"停止 GPS 定位"，再次选中复选框，即可停止定位。(关于 GPS 信息格式的说明，请读者参阅 NMEA0183 协议。)

```
        //开启 GPS 定位
        int flagOpenGPS = 0;//定义一个是否开启导航的标识,0 停止,1 开启
        private void cbIsGPSLocat_CheckedChanged(object sender, EventArgs e)
        {
            if (cbIsGPSLocat.Checked)
            {
                cbIsGPSLocat.Text = "停止 GPS 定位";
                //处理 GPS 信号,实现在 Google Earth 中定位。这里为了方便,不显示定位的标签
                flagOpenGPS = 1;
            }
            else
            {
                cbIsGPSLocat.Text = "开启 GPS 定位";
                flagOpenGPS = 0;
```

```csharp
        }
    }

    //启用timer控件,返回GPS接收机的信号,并实现GPS定位
    private void tmGPSInfo_Tick(object sender, EventArgs e)
    {
        try
        {
            if (sp.IsOpen)
            {
                //显示GPS信息在列表中
                txtGPSInfo.AppendText(sp.ReadLine());
                //开启GPS定位
                if (flagOpenGPS == 1)
                {
                    string strText = sp.ReadExisting().Trim();
                    int n = strText.IndexOf("$GPGGA");
                    int nxh = 0;
                    string strWeiDu = "";
                    string strJingDu = "";
                    if (n != -1)
                    {
                        strText = strText.Substring(n);
                        nxh = strText.IndexOf("*");
                        if (nxh != -1)
                        {
                            strText = strText.Substring(0, nxh);
                            string[] str = strText.Split(',');
                            strWeiDu = str[2];
                            strJingDu = str[4];

                            strWeiDu = (Convert.ToDouble(strWeiDu.Substring(0, 2)) + Convert.ToDouble(strWeiDu.Substring(2)) / 60).ToString();
                            strJingDu = (Convert.ToDouble(strJingDu.Substring(0, 3)) + Convert.ToDouble(strJingDu.Substring(3)) / 60).ToString();

                            double dWD = Convert.ToDouble(strWeiDu);
                            double dJD = Convert.ToDouble(strJingDu);
                            //导航定位
                            GeApp.SetCameraParams(dWD, dJD, 50.0, AltitudeModeGE.AbsoluteAltitudeGE, 600, 0, 0, 0.5);
                        }
                    }
                }
            }
        }
        catch (Exception )
        {
            txtGPSInfo.AppendText("未接受到数据。\r\n");
        }
    }
```

⑤ 清空 GPS 信息，代码如下：

```csharp
//清空文本框中的GPS信息
private void llClearGPSInfo_LinkClicked(object sender, LinkLabelLinkClicked EventArgse)
{
    txtGPSInfo.Text = "";
}
```

(5) 菜单条功能的实现。

①【文件】→【打开】，【打开】菜单实现代码如下：

```csharp
private void 打开ToolStripMenuItem_Click(object sender, EventArgs e)
{
    OpenFileDialog ofd = new OpenFileDialog();
    ofd.Title = "打开";
    ofd.Filter = "KML 文件(*.kml)|*.kml|KMZ 文件(*.kmz)|*.kmz";
    if (ofd.ShowDialog() == DialogResult.OK)
    {
        //GeApp 是 ApplicationGEClass 对象,是 Google Earth 对象
        //OpenKmlFile 方法是打开 KML 文件
        GeApp.OpenKmlFile(ofd.FileName,1);
    }
}
```

②【文件】→【保存】→【航线】，实现代码如下：

```csharp
//保存航线(KML文件)
SaveFileDialog sfd=new SaveFileDialog();//保存文件对话框
private void 航线ToolStripMenuItem_Click(object sender, EventArgs e)
{
    if (pointList.Items.Count > 1)
    {
        sfd.Title = "保存航迹文件";
        sfd.Filter = "Google Earth 的 KML 文件(*.KML)|*.KML";
        sfd.FileName = "未命名的航迹";
        if (sfd.ShowDialog() == DialogResult.OK)
        {
            File.Move(strHJKML, sfd.FileName);
        }
    }
    else
    {
        MessageBox.Show("航点的数量少于2个,不能形成航迹文件!");
    }
}
```

③【文件】→【保存】→【图像】，【图像】菜单实现代码如下：

```csharp
//保存当前的屏幕范围的图像
private void 图像ToolStripMenuItem_Click(object sender, EventArgs e)
{
    SaveFileDialog sfd;
    sfd = new SaveFileDialog();
```

```
        sfd.Title = "保存";
        sfd.Filter = "图像文件(*.jgp)|*.*";
        if (sfd.ShowDialog() == DialogResult.OK)
        {
            /*Google API 只提供保存为黑白图像的函数,图像的位数由第二个参数
            确定。读者也可以查阅相关文档,自己写方法,将图像保存为彩色形式*/
            GeApp.SaveScreenShot(sfd.FileName, 128);
        }
    }
```

④【文件】→【退出】,【退出】菜单实现代码如下:

```
    private void 退出ToolStripMenuItem_Click(object sender, EventArgs e)
    {
        //退出Google Earth 进程
        try
        {
            NativeMethods.PostMessage(GeApp.GetMainHwnd(), WM_QUIT, 0, 0);
            System.Diagnostics.Process[] process = System.Diagnostics.Process.GetProcesses();
            foreach(System.Diagnostics.Process p in process)
            {
                if(p.ProcessName == "googleearth")
                {
                p.Kill();
                }
            }
        }
        catch(SystemException)
        { }
        //关闭程序
        Application.Exit();
    }
```

⑤【编辑】→【添加航线】,【添加航线】菜单实现代码如下:

```
    //启动开始编辑按钮,并单击添加航线按钮
    private void 添加ToolStripMenuItem_Click(object sender, EventArgs e)
    {
        tsbStart_Click(sender,e);
        tsbAddPoint_Click(sender, e);
    }
```

⑥【编辑】→【删除航线】,【删除航线】菜单实现代码如下:

```
    private void 删除航线ToolStripMenuItem_Click(object sender, EventArgs e)
    {
        //执行"取消航线"按钮的功能
        btCancelLine_Click(sender, e);
    }
```

⑦【图层】菜单及其下拉菜单实现代码如下:

```
    //得到当前默认显示的图层,并在下拉菜单的前面打钩"√"
    FeatureGE fge;
```

```csharp
private void 图层ToolStripMenuItem_Click(object sender, EventArgs e)
{
    try
    {
        string[] strLayerName = { "边界和地名", "地方", "照片", "道路", "3D 建筑",
                                    "海洋", "气象" };
        ToolStripMenuItem[] tsmi = { 边界和地名ToolStripMenuItem,
                                    地方ToolStripMenuItem, 照片ToolStripMenuItem,
                                    道路ToolStripMenuItem, sdToolStripMenuItem,
                                    海洋ToolStripMenuItem, 气象ToolStripMenuItem};
        for (int i = 0; i < 7; i++)
        {
            fge = GeApp.GetFeatureByName(strLayerName[i]);
            if (fge.Visibility == 1)
            {tsmi[i].Checked = true;}
        }
    }
    catch (Exception Ex)
    {
        MessageBox.Show(Ex.Message);
    }
}
private void 边界和地名ToolStripMenuItem_Click(object sender, EventArgs e)
{
    fge = GeApp.GetFeatureByName("边界和地名");
    if (边界和地名ToolStripMenuItem.Checked)
    {
        fge.Visibility = 0;
        边界和地名ToolStripMenuItem.Checked = false;
    }
    else
    {
        fge.Visibility = 1;
        边界和地名ToolStripMenuItem.Checked = true;
    }
}

private void 地方ToolStripMenuItem_Click(object sender, EventArgs e)
{
    fge = GeApp.GetFeatureByName("地方");
    if (地方ToolStripMenuItem.Checked)
    {
        fge.Visibility = 0;
        地方ToolStripMenuItem.Checked = false;
    }
    else
    {
        fge.Visibility = 1;
        地方ToolStripMenuItem.Checked = true;
```

```csharp
        }
    }

    private void 照片ToolStripMenuItem_Click(object sender, EventArgs e)
    {
        fge = GeApp.GetFeatureByName("照片");
        if (照片ToolStripMenuItem.Checked)
        {
            fge.Visibility = 0;
            照片ToolStripMenuItem.Checked = false;
        }
        else
        {
            fge.Visibility = 1;
            照片ToolStripMenuItem.Checked = true;
        }
    }

    private void 道路ToolStripMenuItem_Click(object sender, EventArgs e)
    {
        fge = GeApp.GetFeatureByName("道路");
        if (道路ToolStripMenuItem.Checked)
        {
            fge.Visibility = 0;
            道路ToolStripMenuItem.Checked = false;
        }
        else
        {
            fge.Visibility = 1;
            道路ToolStripMenuItem.Checked = true;
        }
    }

    private void sdToolStripMenuItem_Click(object sender, EventArgs e)
    {
        fge = GeApp.GetFeatureByName("3D 建筑");
        if (sdToolStripMenuItem.Checked)
        {
            fge.Visibility = 0;
            sdToolStripMenuItem.Checked = false;
        }
        else
        {
            fge.Visibility = 1;
            sdToolStripMenuItem.Checked = true;
        }
    }

    private void 海洋ToolStripMenuItem_Click(object sender, EventArgs e)
    {
        fge = GeApp.GetFeatureByName("海洋");
```

```csharp
        if (海洋ToolStripMenuItem.Checked)
        {
            fge.Visibility = 0;
            海洋ToolStripMenuItem.Checked = false;
        }
        else
        {
            fge.Visibility = 1;
            海洋ToolStripMenuItem.Checked = true;
        }
    }
    private void 气象ToolStripMenuItem_Click(object sender, EventArgs e)
    {
        fge = GeApp.GetFeatureByName("气象");
        if (气象ToolStripMenuItem.Checked)
        {
            fge.Visibility = 0;
            气象ToolStripMenuItem.Checked = false;
        }
        else
        {
            fge.Visibility = 1;
            气象ToolStripMenuItem.Checked = true;
        }
    }
```

⑧【飞行】→【开始飞行】,【开始飞行】功能是以默认的方式让飞机模型沿着用户创建的航线飞行,即从起始点飞行,到终止点后飞行自动停止。实现代码如下:

```csharp
    private void 开始飞行ToolStripMenuItem_Click(object sender, EventArgs e)
    {
        //执行"默认飞行"按钮的功能
        btDefalutFly_Click(sender, e);
    }
```

⑨【飞行】→【停止飞行】,【停止飞行】功能是在用户飞行的过程中,暂停当前的飞行。实现代码如下:

```csharp
    private void 停止飞行ToolStripMenuItem_Click(object sender, EventArgs e)
    {
        //停止飞行的timer事件
        tmFly.Enabled = false;
    }
```

⑩【飞行】→【飞行设置】(暂无),【飞行设置】功能是设置飞行方式,即飞行一次或者循环飞行。设置成功后,飞机模型将按照设置的方式进行飞行。

⑪【工具】→【GPS】,启用GPS功能面板。关于GPS功能的设置要在GPS面板中完成。

```csharp
    private void gPSToolStripMenuItem_Click(object sender, EventArgs e)
    {
        //启用GPS面板
```

```
            this.tabControl1.SelectedTabIndex = 2;
        }
```

⑫【工具】→【长度】→【直线】，测量一条直线(线段)的长度。

⑬【工具】→【长度】→【曲线】，测量曲线的长度。

针对以上第⑫、⑬点，作者给出一个计算地球上两点间距离的函数，代码如下，请读者自行添加这两个功能。

```
private const double EARTH_RADIUS = 6378.137;//地球半径
private static double rad(double d)
    {
        return d * Math.PI / 180.0;
    }
    public static double GetDistance(double lat1, double lng1, double lat2, double lng2)
{
        double radLat1 = rad(lat1);
        double radLat2 = rad(lat2);
        double a = radLat1 - radLat2;
        double b = rad(lng1) - rad(lng2);
        double s = 2 * Math.Asin(Math.Sqrt(Math.Pow(Math.Sin(a/2),2) +
            Math.Cos(radLat1)*Math.Cos(radLat2)*Math.Pow(Math.Sin(b/2),2)));
        s = s * EARTH_RADIUS;
        s = Math.Round(s * 10000) / 10000;
        return s;
    }
```

⑭【帮助】→【帮助】。

⑮【帮助】→【关于】。

项目源文档，请读者下载。

参 考 文 献

[1] [美] Anders Hejlsberg, Scott Wiltamuth, Peter Golde. The C# Programming Language[M]. 北京：人民邮电出版社，2007
[2] [美] H.M.Deitel, P.J.Deitel, J.A.listfiedld, et al. C# Expericenced Programmers[M]. 北京：电子工业出版社，2003
[3] 严月浩. VisalC#程序设计基础[M]. 北京：机械工业出版社，2009
[4] 严月浩. 基于.Net 平台的 Web 开发[M]. 北京：北京大学出版社，2011

全国高职高专计算机、电子商务系列教材推荐书目

【语言编程与算法类】

序号	书号	书名	作者	定价	出版日期	配套情况
1	978-7-301-13632-4	单片机C语言程序设计教程与实训	张秀国	25	2012	课件
2	978-7-301-15476-2	C语言程序设计(第2版)(2010年度高职高专计算机类专业优秀教材)	刘迎春	32	2013年第3次印刷	课件、代码
3	978-7-301-14463-3	C语言程序设计案例教程	徐翠霞	28	2008	课件、代码、答案
4	978-7-301-17337-4	C语言程序设计经典案例教程	韦良芬	28	2010	课件、代码、答案
5	978-7-301-20879-3	Java程序设计教程与实训(第2版)	许文宪	28	2013	课件、代码、答案
6	978-7-301-13570-9	Java程序设计案例教程	徐翠霞	33	2008	课件、代码、习题答案
7	978-7-301-13997-4	Java程序设计与应用开发案例教程	汪志达	28	2008	课件、代码、答案
8	978-7-301-15618-6	Visual Basic 2005程序设计案例教程	靳广斌	33	2009	课件、代码、答案
9	978-7-301-17437-1	Visual Basic程序设计案例教程	严学道	27	2010	课件、代码、答案
10	978-7-301-09698-7	Visual C++ 6.0程序设计教程与实训(第2版)	王丰	23	2009	课件、代码、答案
11	978-7-301-22587-5	C#程序设计基础教程与实训(第2版)	陈广	40	2013年第1次印刷	课件、代码、视频、答案
12	978-7-301-14672-9	C#面向对象程序设计案例教程	陈向东	28	2012年第3次印刷	课件、代码、答案
13	978-7-301-16935-3	C#程序设计项目教程	宋桂岭	26	2010	课件
14	978-7-301-15519-6	软件工程与项目管理案例教程	刘新航	28	2011	课件、答案
15	978-7-301-12409-3	数据结构(C语言版)	夏燕	28	2011	课件、代码、答案
16	978-7-301-14475-6	数据结构(C#语言描述)	陈广	28	2012年第3次印刷	课件、代码、答案
17	978-7-301-14463-3	数据结构案例教程(C语言版)	徐翠霞	28	2013年第2次印刷	课件、代码、答案
18	978-7-301-23014-5	数据结构(C/C#/Java版)	唐懿芳等	32	2013	课件、代码、答案
19	978-7-301-18800-2	Java面向对象项目化教程	张雪松	33	2011	课件、代码、答案
20	978-7-301-18947-4	JSP应用开发项目化教程	王志勃	26	2011	课件、代码、答案
21	978-7-301-19821-6	运用JSP开发Web系统	涂刚	34	2012	课件、代码、答案
22	978-7-301-19890-2	嵌入式C程序设计	冯刚	29	2012	课件、代码、答案
23	978-7-301-19801-8	数据结构及应用	朱珍	28	2012	课件、代码、答案
24	978-7-301-19940-4	C#项目开发教程	徐超	34	2012	课件
25	978-7-301-15232-4	Java基础案例教程	陈文兰	26	2009	课件、代码、答案
26	978-7-301-20542-6	基于项目开发的C#程序设计	李娟	32	2012	课件、代码、答案
27	978-7-301-19935-0	J2SE项目开发教程	何广军	25	2012	素材、答案
28	978-7-301-18413-4	JavaScript程序设计案例教程	许旻	24	2011	课件、代码、答案
29	978-7-301-17736-5	.NET桌面应用程序开发教程	黄河	30	2010	课件、代码、答案
30	978-7-301-19348-8	Java程序设计项目化教程	徐义晗	36	2011	课件、代码、答案
31	978-7-301-19367-9	基于.NET平台的Web开发	严月浩	37	2011	课件、代码、答案
32	978-7-301-23465-5	基于.NET平台的企业应用开发	严月浩	44	2014	课件、代码、答案

【网络技术与硬件及操作系统类】

序号	书号	书名	作者	定价	出版日期	配套情况
1	978-7-301-14084-0	计算机网络安全案例教程	陈昶	30	2008	课件
2	978-7-301-23521-8	网络安全基础教程与实训(第3版)	尹少平	38	2014	课件、素材、答案
3	978-7-301-13641-6	计算机网络技术案例教程	赵艳玲	28	2008	课件、习题答案
4	978-7-301-18564-3	计算机网络技术教程	宁芳露	35	2011	课件、习题答案
5	978-7-301-10290-9	计算机网络技术基础教程与实训	桂海进	28	2010	课件、答案
6	978-7-301-10887-1	计算机网络安全技术	王其良	28	2011	课件、答案
7	978-7-301-21754-2	计算机系统安全与维护	吕新荣	30	2013	课件、素材、答案
8	978-7-301-12325-6	网络维护与安全技术教程与实训	韩最蛟	32	2010	课件、习题答案
9	978-7-301-09635-2	网络互联及路由器技术教程与实训(第2版)	宁芳露	27	2012	课件、答案
10	978-7-301-15466-3	综合布线技术教程与实训(第2版)	刘省贤	36	2012	课件、习题答案
11	978-7-301-14673-6	计算机组装与维护案例教程	谭宁	33	2012年第3次印刷	课件、习题答案
12	978-7-301-13320-0	计算机硬件组装和评测及数码产品评测教程	周奇	36	2008	课件
13	978-7-301-12345-4	微型计算机组成原理教程与实训	刘辉珞	22	2010	课件、习题答案
14	978-7-301-16736-6	Linux系统管理与维护(江苏省省级精品课程)	王秀平	29	2013年第3次印刷	课件、习题答案
15	978-7-301-22967-5	计算机操作系统原理与实训(第2版)	周峰	36	2013	课件、答案
16	978-7-301-16047-3	Windows服务器维护与管理教程与实训(第2版)	鞠光明	33	2010	课件、答案
17	978-7-301-14476-3	Windows2003维护与管理技能教程	王伟	29	2009	课件、习题答案
18	978-7-301-18472-1	Windows Server 2003服务器配置与管理情境教程	顾红燕	24	2012年第2次印刷	课件、习题答案
19	978-7-301-23414-3	企业网络技术基础实训	董宇峰	38	2014	课件

【网页设计与网站建设类】

序号	书号	书名	作者	定价	出版日期	配套情况
1	978-7-301-15725-1	网页设计与制作案例教程	杨森香	34	2011	课件、素材、答案
2	978-7-301-15086-3	网页设计与制作教程与实训(第2版)	于巧娥	30	2011	课件、素材、答案
3	978-7-301-13472-0	网页设计案例教程	张兴科	30	2009	课件
4	978-7-301-17091-5	网页设计与制作综合实例教程	姜春莲	38	2010	课件、素材、答案
5	978-7-301-16854-7	Dreamweaver网页设计与制作案例教程(2010年度高职高专计算机类专业优秀教材)	吴鹏	41	2012	课件、素材、答案
6	978-7-301-21777-1	ASP.NET 动态网页设计案例教程(C#版)(第2版)	冯涛	35	2013	课件、素材、答案
7	978-7-301-10226-8	ASP程序设计教程与实训	吴鹏	27	2011	课件、素材、答案
8	978-7-301-16706-9	网站规划建设与管理维护教程与实训(第2版)	王春红	32	2011	课件、答案
9	978-7-301-21776-4	网站建设与管理案例教程(第2版)	徐洪祥	31	2013	课件、素材、答案
10	978-7-301-17736-5	.NET 桌面应用程序开发教程	黄河	30	2010	课件、素材、答案
11	978-7-301-19846-9	ASP.NET Web应用案例教程	于洋	26	2012	课件、素材
12	978-7-301-20565-5	ASP.NET动态网站开发	崔宁	30	2012	课件、素材、答案
13	978-7-301-20634-8	网页设计与制作基础	徐文平	28	2012	课件、素材、答案
14	978-7-301-20659-1	人机界面设计	张丽	25	2012	课件、素材、答案
15	978-7-301-22532-5	网页设计案例教程(DIV+CSS版)	马涛	32	2013	课件、素材、答案
16	978-7-301-23045-9	基于项目的Web网页设计技术	苗彩霞	36	2013	课件、素材、答案
17	978-7-301-23429-7	网页设计与制作教程与实训(第3版)	于巧娥	34	2014	课件、素材、答案

【图形图像与多媒体类】

序号	书号	书名	作者	定价	出版日期	配套情况
1	978-7-301-21778-8	图像处理技术教程与实训(Photoshop版)（第2版）	钱民	40	2013	课件、素材、答案
2	978-7-301-14670-5	Photoshop CS3图形图像处理案例教程	洪光	32	2010	课件、素材、答案
3	978-7-301-13568-6	Flash CS3动画制作案例教程	俞欣	25	2012年第4次印刷	课件、素材、答案
4	978-7-301-18946-7	多媒体技术与应用教程与实训(第2版)	钱民	33	2012	课件、素材、答案
5	978-7-301-17136-3	Photoshop 案例教程	沈道云	25	2011	课件、素材、视频
6	978-7-301-19304-4	多媒体技术与应用案例教程	刘辉珞	34	2011	课件、素材、答案
7	978-7-301-20685-0	Photoshop CS5项目教程	高晓黎	36	2012	课件、素材

【数据库类】

序号	书号	书名	作者	定价	出版日期	配套情况
1	978-7-301-13663-8	数据库原理及应用案例教程(SQL Server版)	胡锦丽	40	2010	课件、素材、答案
2	978-7-301-16900-1	数据库原理及应用(SQL Server 2008版)	马桂婷	31	2011	课件、素材、答案
3	978-7-301-15533-2	SQL Server数据库管理与开发教程与实训(第2版)	杜兆将	32	2012	课件、素材、答案
4	978-7-301-13315-6	SQL Server 2005数据库基础及应用技术教程与实训	周奇	34	2013年第7次印刷	课件
5	978-7-301-15588-2	SQL Server 2005数据库原理与应用案例教程	李军	27	2009	课件
6	978-7-301-16901-8	SQL Server 2005数据库系统应用开发技能教程	王伟	28	2010	课件
7	978-7-301-17174-5	SQL Server数据库实例教程	汤承林	38	2010	课件、习题答案
8	978-7-301-17196-7	SQL Server 数据库基础与应用	贾艳宇	39	2010	课件、习题答案
9	978-7-301-17605-4	SQL Server 2005应用教程	梁庆枫	25	2012年第2次印刷	课件、习题答案
10	978-7-301-18750-0	大型数据库及其应用	孔勇奇	32	2011	课件、素材、答案

【电子商务类】

序号	书号	书名	作者	定价	出版日期	配套情况
1	978-7-301-12344-7	电子商务物流基础与实务	邓之宏	38	2010	课件、习题答案
2	978-7-301-12474-1	电子商务原理	王震	34	2008	课件
3	978-7-301-12346-1	电子商务案例教程	龚民	24	2010	课件、习题答案
4	978-7-301-18604-6	电子商务概论（第2版）	于巧娥	33	2012	课件、习题答案

【专业基础课与应用技术类】

序号	书号	书名	作者	定价	出版日期	配套情况
1	978-7-301-13569-3	新编计算机应用基础案例教程	郭丽春	30	2009	课件、习题答案
2	978-7-301-18511-7	计算机应用基础案例教程(第2版)	孙文力	32	2012年第2次印刷	课件、习题答案
3	978-7-301-16046-6	计算机专业英语教程(第2版)	李莉	26	2010	课件、答案
4	978-7-301-19803-2	计算机专业英语	徐娜	30	2012	课件、素材、答案
5	978-7-301-21004-8	常用工具软件实例教程	石朝晖	37	2012	课件

电子书(PDF版)、电子课件和相关教学资源下载地址：http://www.pup6.com，欢迎下载。
联系方式：010-62750667，liyanhong1999@126.com，linzhangbo@126.com，欢迎来电来信。